L'ÉCLAIRAGE

...CANDESCENCE PAR LE...

...ATIONS À L'ÉCLAIRAGE DES...

...CHEMINS DE FER ET DES...

PAUL LEVY

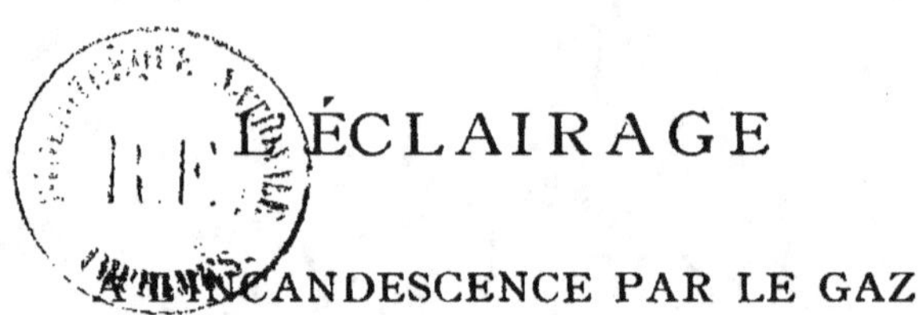

L'ÉCLAIRAGE

À INCANDESCENCE PAR LE GAZ

L'ÉCLAIRAGE

A L'INCANDESCENCE PAR LE GAZ

SES APPLICATIONS A L'ÉCLAIRAGE DES VILLES
DES CHEMINS DE FER ET DES CÔTES

PAR

PAUL LÉVY

Ancien Élève de l'École Polytechnique.
Ingénieur civil.

———

127 figures dans le texte.
8 planches annexes.

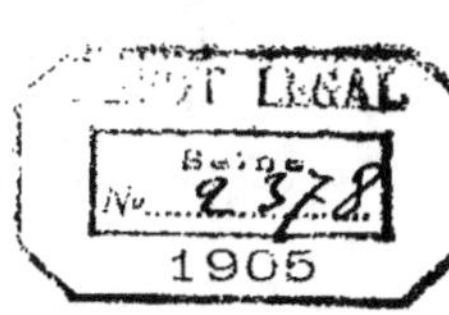

PARIS

PUBLICATIONS SCIENTIFIQUES ET ÉCONOMIQUES

45, RUE DE CHABROL, 45

——

1905

L'ÉCLAIRAGE

A L'INCANDESCENCE PAR LE GAZ

SES APPLICATIONS A L'ÉCLAIRAGE DES VILLES

DES CHEMINS DE FER ET DES CÔTES

INTRODUCTION

Je me propose de faire ressortir dans cette brochure les progrès que la découverte de l'incandescence par le gaz a permis de réaliser dans l'industrie du gaz et notamment dans ses applications à l'éclairage des villes, des chemins de fer et des côtes. Il m'a semblé intéressant de résumer à ce sujet les étapes parcourues et les difficultés vaincues depuis l'apparition de ce nouveau mode d'utilisation du gaz d'éclairage, d'après mon expérience personnelle comme ingénieur s'étant spécialisé dans cette branche d'industrie depuis 1894.

Je diviserai cette étude en 2 parties :

1re Partie. *L'éclairage à l'incandescence par le gaz en général*, comprenant les 3 chapitres suivants :

Chapitre I. — L'éclairage au gaz avant la découverte de l'incandescence ;

Chapitre II. — Découverte de l'incandescence; premières applications et théories s'y rattachant ;

Chapitre III. — Perfectionnements apportés aux brûleurs et manchons ; avantages généraux des becs à incandescence.

2ᵉ PARTIE. — *Application à l'éclairage des villes, des chemins de fer et des côtes,* décomposée elle-même en trois chapitres :

Chapitre I.   — Éclairage des villes.

Chapitre II.   — Éclairage des chemins de fer.

Chapitre III. — Éclairage des côtes.

PREMIÈRE PARTIE

L'ÉCLAIRAGE A L'INCANDESCENCE PAR LE GAZ, EN GÉNÉRAL

CHAPITRE PREMIER

L'éclairage au Gaz avant la découverte de l'Incandescence.

L'Éclairage avant le XIXe siècle. — Découverte du gaz d'éclairage. — Brûleurs employés jusqu'en 1878. — Brûleurs employés depuis 1878 jusqu'à la découverte de l'incandescence par le gaz.

Avant de définir l'incandescence par le gaz et de faire l'historique de sa découverte, il est utile de jeter un coup d'œil rapide sur l'éclairage avant la découverte du gaz, puis sur la situation de l'industrie du gaz, depuis la découverte de ce mode d'éclairage jusqu'à la révolution déterminée dans son utilisation par la belle invention du Docteur Auer.

L'Éclairage avant le XIXe siècle.

Avant le dix-neuvième siècle, l'éclairage était à l'état très rudimentaire.

M. Maréchal, Ingénieur des Ponts et Chaussées, en a fait, en ce qui concerne Paris, dans son intéressant ouvrage intitulé " l'Éclairage à Paris ", un historique que je crois utile de résumer ci-après.

XVIe siècle. — La nécessité d'éclairer les rues, la nuit, ne s'est pratiquement manifestée que vers le milieu du xvie siècle, puisque le premier acte connu à ce sujet est un édit de 1558, par lequel le Parlement décida que des falots ou pots de poix seraient placés aux croisements des rues et également au milieu des rues et places de longueur suffisante. Peu de temps après, d'ailleurs, ces falots, trop facilement soumis à l'influence des intempéries, furent remplacés par des chandelles renfermées dans des lanternes.

XVIIe siècle. — Mais, le Parlement ayant laissé cet éclairage à la charge des riverains, son édit fut peu respecté et les prescriptions en tombèrent rapidement en désuétude. Pour remédier à l'insécurité des rues, Louis XIV organisa d'abord un service de porte-flambeaux accompagnant, moyennant rémunération, les promeneurs nocturnes. Puis, en 1667, il prit une mesure plus énergique, en imposant aux habitants la charge d'entretenir, dans les rues et carrefours, des lanternes munies de chandelles et allumées chaque jour à un signal déterminé (sonneurs parcourant les rues en agitant une petite cloche), jusqu'à deux heures du matin.

XVIIIe siècle. — Cette fois, l'Administration de la Police tint la main à l'observation de cette ordonnance, et ce mode d'éclairage subsista, sans amélioration, jusqu'à la découverte, par Bourgeois de Chateaublanc, en 1765, d'un réverbère à huile qui fut appliqué à toutes les rues en 1769, et dont la concession fut donnée pour vingt ans à un financier.

Certains perfectionnements furent apportés à cet éclairage à l'huile, notamment par un lampiste nommé Quinquet (dont le nom resta aux appareils); mais ils furent peu importants, et le problème de l'éclairage public demeurait ainsi sans solution digne des grandes cités.

Découverte du gaz d'éclairage. — C'est alors que Philippe Lebon procéda en France, de 1791 à 1804, à ses expériences sur les produits de la distillation du bois, pendant que Murdoch, puis son élève, Samuel Cleeg, étudiaient, en Angleterre, la distillation de la houille.

Un nommé Winsor réussit, en 1805, à fonder une Société pour exploiter ces découvertes et obtint, en 1810, le privilège de l'éclairage de Londres. Il voulut alors démontrer à Paris la valeur de ce nouveau procédé d'éclairage et fit, en 1817, dans le Passage des Panoramas, un essai dont les conséquences furent décisives, malgré les détracteurs de toute nouveauté et les difficultés qui empêchèrent les premières Sociétés de se développer et même de vivre.

Avec l'appui de l'Administration, d'autres Sociétés se formèrent à Paris, de 1820 à 1839, époque où, au nombre de six, elles se partageaient le périmètre de Paris. Plus tard, en 1855, elles se fusionnèrent en une seule, la Compagnie Parisienne d'Éclairage et de Chauffage par le gaz, qui a continué, depuis cette date, à être seule concessionnaire de l'éclairage au gaz de la capitale.

La province suivit Paris, et, dès la première moitié du XIXᵉ siècle, l'éclairage au gaz fut adopté par la plupart des grandes villes de France.

La flamme du gaz. — Le gaz d'éclairage, résultant de la distillation de la houille, brûle, lorsqu'il est enflammé au contact de l'air, en produisant une flamme éclairante dont l'intensité lumineuse varie, d'une part, avec la qualité du gaz et, d'autre part, avec le genre de brûleur employé.

D'après Davy, une flamme se compose de trois zônes : l'une intérieure, à température faible, où commence la décomposition des éléments combustibles ; une autre, extérieure, à température très élevée, dans laquelle se produit la combustion vive au contact de la grande quantité d'air ambiant ; enfin, une troisième, intermédiaire, où la décomposition des hydrocarbures s'achève sous l'action de la grande chaleur de la zône extérieure. Cette troisième zône est la zône éclairante, car, l'air n'y arrivant pas en quantité suffisante, les molécules de carbone n'y brûlent pas immédiatement et restent quelque temps en suspension dans la flamme où elles deviennent incandescentes. Il en résulte que le pouvoir éclairant d'un gaz augmente en même temps que la proportion d'hydrocarbures denses qu'il contient et, en fait, le benzol, l'éthylène, etc., sont les principaux facteurs de ce pouvoir éclairant.

D'autres savants, se basant sur des expériences portant notamment sur le défaut d'incandescence de gaz chauffés à des températures très élevées et sur la couleur des flammes, n'ont pas admis la théorie de Davy sur les particules incandescentes de carbone et ont attribué le phénomène lumineux à d'autres causes, par exemple à la formation de raies spectrales sous l'influence de températures très élevées.

Brûleurs employés jusqu'en 1878.

La question n'est pas bien résolue, et, quoi qu'il en soit, les brûleurs primitifs n'ont pas été basés sur la théorie, mais sur les résultats de l'expérience.

Ces brûleurs, seuls connus jusqu'en 1878, rentrent tous dans la catégorie des brûleurs à air libre et utilisent le gaz dans des conditions de rendement très défectueux. On appelle rendement la dépense en litres nécessaire pour produire l'unité de lumière ou carcel.

Ce sont les becs bougie, les becs papillon, les becs Manchester, puis les becs à double courant d'air, munis de cheminées en verre, (becs Argand, Bengel et Albert).

Bec bougie. — Le bec bougie est un simple bouton sphérique, en fonte ou en stéatite, percé d'un trou circulaire; ce bouton termine la conduite qui est entourée d'une bougie en porcelaine. Ce brûleur, qui a un très mauvais rendement, était réservé à l'éclairage de luxe (lustres, appliques, etc.).

Bec papillon. — Le bec papillon est un bouton sphérique creux, en métal ou en stéatite, percé, suivant son diamètre, d'une fente de largeur régulière. Il existe plusieurs numéros de becs papillons, de consommations variables, suivant le diamètre du bouton et la largeur de la fente; le plus employé en éclairage public est le bec de 120 à 140 litres, donnant la carcel pour une dépense de 125 à 130 litres avec le gaz de Paris. A Paris, le bec papillon de ville était le bec de 140 litres, ayant un pouvoir éclairant de 1 carcel, 10 ou 11 bougies, ce qui correspond à un rendement de 127 litres à la carcel.

Bec Manchester. — Pour le bec Manchester, la conduite d'amenée du gaz est fermée, à sa partie supérieure, par un disque percé de deux trous inclinés l'un vers l'autre ; les jets de gaz s'échappent de ces trous, presque à angle droit, et produisent ainsi une flamme plate analogue à celle du papillon.

La consommation des becs Manchester varie de 100 à 200 litres environ, suivant le type, et leur rendement moyen, 135 litres à la carcel, est un peu inférieur à celui du bec papillon.

Becs à double courant d'air. — Les becs à double courant d'air, ou becs ronds, se composent d'une couronne cylindrique, en stéatite ou en porcelaine, percée de trous régulièrement disposés et suffisamment rapprochés pour ne produire qu'une seule flamme ; le gaz y arrive par plusieurs conduits se détachant d'un tronc central. Le bec est muni d'une cheminée cylindrique en verre, activant le tirage. L'air d'alimentation s'introduit par la partie inférieure en double courant, l'un, intérieur, pénétrant dans la couronne cylindrique, l'autre, extérieur, entre la flamme et la cheminée et dirigé sur la flamme par un cône métallique. Le bec le plus employé est le bec à 40 jets, consommant environ 200 litres de gaz et donnant la carcel pour 105 litres.

Parmi ces divers becs, le seul employé en éclairage public est le bec papillon, dont le rendement est meilleur et l'entretien plus facile que ceux des autres becs sans verre. Quant au bec à double courant d'air, trop sensible aux variations de pression et de température, il a été reconnu peu pratique à l'extérieur, son rendement n'étant pas sensiblement supérieur à celui du bec papillon.

L'on arrive ainsi en 1878 sans progrès sensible dans l'utilisation du gaz, sans appareil susceptible d'éclairer convenablement les voies et places importantes des grandes villes.

Il fallut l'Exposition de 1878 pour déterminer l'éclosion d'un progrès important dans l'éclairage des grands espaces, et l'auteur en fut Jablochkoff avec sa lampe électrique à arc appliquée pour essai sur la place et l'avenue de l'Opéra et sur la place du Théâtre-Français. Sous l'influence de ce danger, déjà prévu depuis 1876, époque où Jablochkoff eut la première idée de ses arcs, les gaziers s'émurent et répondirent à l'éclairage de l'avenue de l'Opéra par celui de la rue du Quatre-Septembre, assuré au moyen de brûleurs intensifs à air froid dits "foyers type IV-Septembre".

Becs intensifs à air froid dits becs « Quatre-Septembre ». — Ces appareils sont de deux calibres : l'un consommant 1.400 litres de gaz à l'heure, l'autre 875 litres. Le type 1.400 litres est constitué par une série de six becs papillon de 235 litres environ chacun, à fente de 6/10 de millimètre, répartis sur une circonférence et ayant leur fente tangentielle au rayon correspondant de cette circonférence. Pour obtenir une meilleure combustion, et par suite un meilleur rendement, on appliqua le principe du double courant d'air des becs ronds, au moyen de deux coupes en cristal disposées au-dessous des becs de façon que l'un des courants d'air soit intérieur aux flammes et l'autre extérieur. L'allumage était assuré par une veilleuse consommant environ 15 à 20 litres de gaz à l'heure, et un bec papillon ordinaire de 140 litres, surmontant la couronne, restait seul allumé à partir d'une certaine heure (à Paris, minuit 1/2).

Le bec de 875 litres est basé sur le même principe et ne diffère du précédent que par le nombre et la consommation des papillons. (5 papillons de 175 litres au lieu de 6 de 235 litres) et par la disposition des coupes en cristal.

Ces becs, tout en constituant pour l'éclairage intensif et décoratif des rues un grand progrès sur le papillon seul employé auparavant, avaient l'inconvénient de nécessiter une grande dépense de premier établissement, puisqu'ils devaient être renfermés dans des lanternes rondes spéciales de grand modèle, et un très sensible surcroît de frais de consommation et d'entretien, tout en ne procurant qu'un rendement peu supérieur à celui du papillon. Le bec de 1.400 litres donne en effet 14 carcels et celui de 875 litres 8 carcels, soit 100 litres par carcel pour le premier et 109 litres pour le second, alors que le bec papillon de 140 litres procure la carcel pour environ 127 litres.

Il en résulte que leur emploi demeura forcément limité, même dans une ville comme Paris.

Brûleurs employés depuis 1878 jusqu'à la découverte
de l'incandescence par le gaz.

En fait, à Paris même, ces becs, tout en ayant un grand succès par leur intensité, l'aspect décoratif de leur lanterne et de leur flamme, furent adoptés, en 1879, pour un pavillon des Halles Centrales et pour la place de la Bastille. Ultérieurement, on les utilisa sur un certain nombre de points importants de la ville, mais en 1889, soit 10 ans plus tard, il n'y en avait qu'environ 1.600 sur 50.000 appareils à gaz.

Becs à récupération en général. — De même que l'Exposition de 1878 avait été la cause d'un réel progrès dans l'éclairage par l'apparition des lampes Jablochkoff et des becs du « Quatre-Septembre », de même l'Exposition de 1889 a déterminé un nouvel et grand perfectionnement du fait de la mise en service des becs à récupération dont la découverte remontait déjà à quelques années. Je montrerai plus loin, dans l'historique de l'incandescence par le gaz, que l'Exposition de 1900 a eu le même heureux effet en fournissant à l'éclairage intensif par l'incandescence le stimulant et la publicité nécessaires à son essor. La majeure partie des progrès réalisés dans cette industrie, comme dans la plupart des branches du Génie civil, ont coïncidé avec les Expositions Universelles, qui, donnant un immense élan à l'esprit humain, permettent aux industriels, aux savants, aux inventeurs de présenter au grand public les résultats de leurs recherches et de leurs travaux. Cette raison seule suffirait, et au-delà, à démontrer la grande utilité de ces Expositions que d'aucuns, trop hypnotisés par leurs intérêts personnels et immédiats, décrient à tort.

D'après un principe absolu, le pouvoir éclairant du gaz croit avec la température de combustion et c'est à l'application de ce principe que l'on doit l'apparition des becs à récupération (becs intensifs à air chaud) qui, ayant un meilleur rendement que les becs intensifs à air froid, dits du "Quatre-Septembre", les ont complètement détrônés.

Dans une combustion, il y a deux éléments : le combustible (en l'espèce le gaz d'éclairage), et le comburant (en l'espèce l'air ambiant). Pour augmenter la température de combustion, on peut chauffer l'un de ces deux éléments; mais, si l'on considère qu'il faut 5,5 volumes d'air pour brûler 1 volume de gaz, on en conclut qu'il y a tout avantage à échauffer l'air pour obtenir un résultat satisfaisant.

D'ailleurs, comme le font remarquer MM. Galine et Saint-Paul, dans leur très complet ouvrage sur l'Eclairage, il pourrait y avoir inconvénient à porter le gaz à des températures élevées, car, en ce cas, « on courrait le risque de décomposer les hydrocarbures les « moins fixes, et le carbone, ainsi mis en liberté, se déposerait « sous forme de suie avant d'arriver à la flamme, encrassant les « conduites et faisant perdre au gaz une partie de son pouvoir « éclairant. »

C'est pourquoi la plupart des becs à récupération sont basés sur le chauffage préalable de l'air de combustion, cet air étant réchauffé au moyen des produits de la combustion précédente et circulant en sens inverse des dits produits pour venir se rencontrer avec le gaz, à angle droit, pour que le mélange soit mieux assuré.

Bec Siemens. — Le premier foyer à récupération pratique fut le bec Siemens dans lequel le gaz est distribué par une série de petits tuyaux verticaux; la flamme produite à leur extrémité entoure une rondelle en porcelaine et se renverse vers le bas pour pénétrer dans une chambre qui rassemble, puis évacue par une cheminée, les produits de la combustion. L'air comburant pénètre par une autre chambre entourant celle où se renverse la flamme, au contact des parois de laquelle il se chauffe à environ 500 degrés. L'allumage se fait au moyen d'une veilleuse.

Cet appareil, dont la première apparition date de 1879, comporte plusieurs types de consommation variant entre 350 et 1.250 litres; les plus employés, exigeant environ 1.000 litres de gaz à l'heure, procurent la carcel-heure avec environ 40 litres de gaz.

Le foyer Siemens, qui a eu d'assez nombreuses applications à l'étranger, a été essayé à Paris de 1881 à 1883 sur les places du Carrousel et du Palais-Royal, puis dans la rue Royale. Mais son fonctionnement à l'extérieur a laissé à désirer par suite de son réglage difficile et, l'effet disgracieux et l'entretien coûteux aidant, il fut abandonné et fut seulement employé à l'éclairage intérieur (ateliers, halles, etc.), notamment aux ateliers de la Cie des chemins de fer du Nord à La Chapelle.

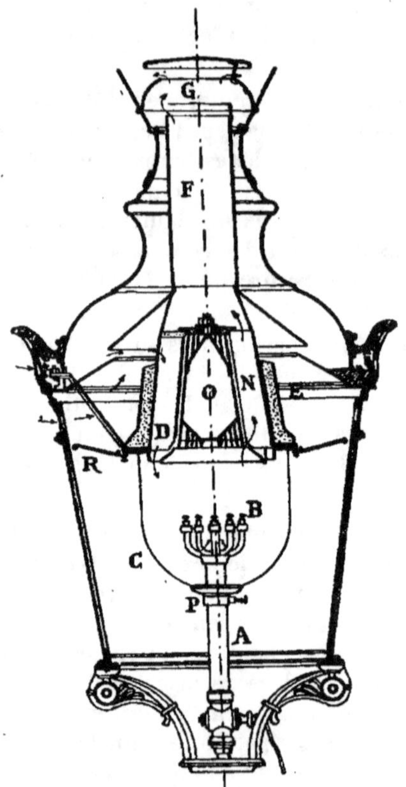

Fig. 1. — Bec Parisien.

Becs Schülke. — Les premiers appareils à récupération pratiques pour l'éclairage public furent les foyers Schülke, introduits à Vienne en 1882. Leur première apparition à Paris date de 1886, sous le nom de foyers Parisiens, et après avoir subi une modification destinée surtout à les rendre plus décoratifs.

Bec Parisien. — Le foyer Parisien est constitué (fig. 1) par un chandelier d'alimentation A vertical terminé par une série de becs papillon Ben stéatite disposés suivant une couronne circulaire autour d'un bec papillon central, dit « bec de minuit », et renfermés dans une coupe en verre C dont la forme est une demi-sphère surmontée d'un cylindre. Pour éviter que les flammes ne se rencontrent et que le bec file, les papillons de la couronne doivent avoir leurs fentes inclinées sur la circonférence.

Dans la partie supérieure de la coupe vient s'engager le récupérateur, formé par une cheminée en nickel N, plissée et tronconique, à l'intérieur de laquelle se trouve un obturateur O en nickel qui renvoie contre les parois de la cheminée N les produits de la combustion. Le récupérateur est protégé extérieurement par une enveloppe en amiante E et est prolongé à la partie supérieure par une grande cheminée F montant jusqu'au sommet de la lanterne.

L'air de la combustion pénètre de haut en bas extérieurement au récupérateur, contre les parois duquel il se réchauffe à la température de 500°, pour arriver dans la coupe où l'air froid ne peut entrer, parce qu'elle est fermée à la partie inférieure par sa forme même et obturée à la partie supérieure par une rondelle en amiante D à fort serrage ne la laissant communiquer qu'avec le récupérateur.

L'allumage se fait au moyen d'une petite veilleuse constante brûlant environ 25 litres à l'heure et le robinet permet de passer de cette veilleuse à l'allumage en plein, de cet allumage au bec de minuit (papillon de 140 litres) et de ce bec à la veilleuse.

L'appareil est complété par un régulateur P, le bec, pour ne pas filer, devant avoir des hauteurs de flamme régulières et par suite une pression aussi constante que possible, et par un réflecteur R. Enfin, à la partie supérieure de la lanterne, sont disposés deux cônes G formant chicanage et destinés à empêcher autant que possible l'introduction de l'eau et le bris consécutif des coupes.

Foyer industriel. — Les premiers foyers Parisiens ont été mis en essai à Paris en 1888 et, cette même année, MM. Lacaze et Cordier ont créé un foyer similaire, appelé "Foyer Industriel", différant surtout du bec Parisien parce que le récupérateur, de forme cylindrique, ne comporte pas d'obturateur intérieur et laisse échapper les produits de la combustion par une série de petits tubes horizontaux que rencontre, en descendant, l'air de combustion, En outre, la coupe est sphérique et, par suite, plus éloignée de la flamme; enfin le bec de minuit et la veilleuse ne font qu'un, le passage de l'un à l'autre s'effectuant simplement par le réglage du robinet.

D'autres foyers à récupération, sensiblement analogues, ont été créés ultérieurement, ne se différenciant des deux types précédents que par des dispositions de détail du récupérateur ; je citerai notamment le bec Moderne construit par la maison Sevestre et le bec Mortimer-Sterling, enfin le bec à lanterne spéciale Oudry supprimant les verres de lanterne et, par suite, la double absorption de lumière de la coupe du récupérateur, puis de la vitrerie de la lanterne.

Autres becs à récupération. — Parmi les autres becs, basés sur le principe de la récupération, sont les lampes Wenham (1882) et Cromartie, toutes deux genre Siemens, et le bec Delmas, bec papillon simple à récupération. Je ne m'étendrai pas sur ces appareils qui, étant à consommation réduite pour des récupérateurs, sont plutôt des appareils d'intérieur. Je n'en connais, comme application extérieure, qu'une installation assez limitée de becs Delmas sur la voie publique à Toulouse, installation qui a d'ailleurs disparu depuis l'adoption des becs à incandescence.

Les becs à récupération ont un rendement d'autant meilleur que le brûleur consomme plus de gaz ; le rendement moyen des récupérateurs les plus généralement employés (foyers de 550 et de 750 litres), peut être évalué à environ 60 litres par carcel. Leur mise en service constitua donc un progrès très sensible sur les becs intensifs à air froid, dits du " Quatre-Septembre ", qui, comme je l'ai indiqué précédemment, donnent la carcel pour 100 à 110 litres en exigeant une consommation d'au moins 875 litres.

Aussi prirent-ils rapidement un grand développement à Paris, à la suite de l'Exposition de 1889, et remplacèrent-ils en quelques années les becs du " Quatre-Septembre " ; cette substitution se fit d'autant plus rapidement qu'elle ne nécessita aucune augmentation de crédit, les dépenses de premier établissement étant amorties par les économies faites sur le gaz consommé.

Le tableau suivant permet de suivre l'essor de ces becs jusqu'en 1894.

ANNÉES	NOMBRE DE BECS INTENSIFS EN SERVICE A PARIS	
	BECS INTENSIFS A AIR FROID dits du " Quatre-Septembre "	BECS INTENSIFS A AIR CHAUD dits " Récupérateurs "
31 Décembre 1889 .	1.582	27
— 1890 .	1.199	1.144
— 1891 .	645	1.444
— 1892 .	520	1.670
1er Mai 1893 . . .	. . . .	1.873
— 1894 . . .	. . . .	2.106

Comparaison des divers becs étudiés. — Le tableau-annexe nº 1, faisant ressortir le prix de revient de la carcel-heure pour les divers becs employés à Paris avant l'application des becs à incandescence, démontre clairement l'avantage des récupérateurs, surtout à partir de la consommation de 550 litres à l'heure.

Comme on le voit, d'après ce tableau, le récupérateur de 350 litres a un rendement inférieur à celui du bec papillon et ne présente donc d'autre intérêt que l'éclairage supérieur qu'il permet d'obtenir en un lieu déterminé. Celui de 430 litres a un rendement égal à celui du bec " Quatre-Septembre " de 1.400 litres et tous les autres (550 litres et au-dessus) ont des rendements supérieurs.

Inconvénients des becs à récupération. — Les objections que j'ai résumées concernant les becs type " Quatre-Septembre " s'appliquent encore aux récupérateurs : ils exigent des frais de premier établissement très importants comme le montrent les prix figurant au tableau-annexe nº 1, qui ne comprennent que le bec, à l'exclusion de la lanterne ronde grand modèle nécessaire ; ils consomment beaucoup de gaz et sont d'un entretien coûteux, le récupérateur ne durant pas plus de quatre ou cinq ans et la coupe en verre étant sujette à des bris fréquents. Enfin leur rendement lumineux diminue assez rapidement, car, d'après M. Maréchal (*L'Éclairage à Paris*), le récupérateur, quoique fait en nickel, métal peu oxydable aux hautes températures, est soumis à une température de 800 à 900° « et subit, à la longue, des modifications moléculaires

« qui diminuent probablement sa conductibilité et qui affaiblissent
« sensiblement le rendement lumineux des appareils. »

Les récupérateurs devaient donc, eux aussi, être réservés à
l'éclairage intensif de certains points importants des grandes villes
et ne résolvaient pas le problème, dont la solution s'imposait cependant urgente, de réaliser, au moyen du gaz, un éclairage général
compatible avec les conditions actuelles de la vie urbaine.

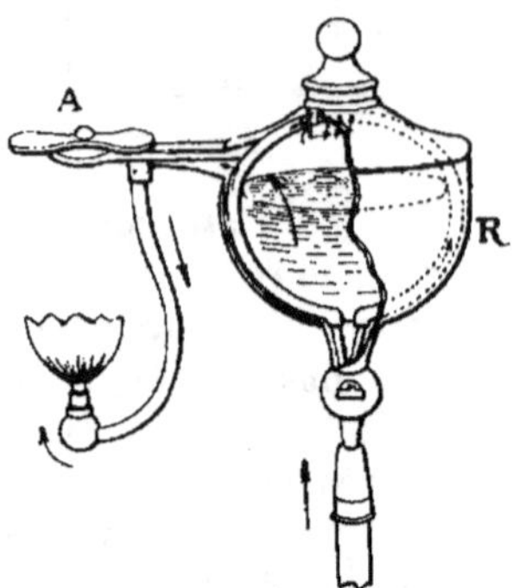

Fig. 2. — Bec Albo-Carbon.

Bec albo-carbon. — Pour améliorer le pouvoir éclairant du gaz,
on a encore adopté, vers 1889, un autre moyen qui consiste à l'enrichir par des vapeurs chargées de carbone ; on y parvient en
utilisant la naphtaline, dont on est obligé de débarrasser le gaz
au moment de sa fabrication, pour éviter l'engorgement des
conduites et brûleurs au moindre abaissement de température,
mais qu'on lui mélange, lors de l'éclairage, sous forme de vapeurs,
dans le bec albo-carbon.

Le principe de ce bec (fig. 2) est le suivant : le gaz pénètre dans un
récipient nickelé R contenant de la naphtaline qui commence à fondre
à 79° pour se volatiliser à 218°, mais qui émet des vapeurs à la température ordinaire. Pour éviter un trop grand enrichissement en carbone, et par suite une flamme fumeuse, on ne chauffe pas directement
la naphtaline, mais on la volatilise par conduction au moyen d'un

ajutage infusible A en saillie qui se détache du récipient R pour s'étendre jusqu'au-dessus de la flamme du bec. Le gaz, suivant le chemin indiqué par les flèches, arrive alors à un bec type Manchester après s'être mélangé aux vapeurs de naphtaline et on obtient ainsi un rendement d'environ 40 litres de gaz et 4 grammes de naphtaline par carcel. On peut d'ailleurs, pour réaliser des foyers intensifs, réunir plusieurs becs autour d'un récipient unique.

Ces becs, qui n'ont eu, en France, d'autre application en éclairage public que l'éclairage momentané d'une place de Tarbes, vers 1893, pendant le Congrès de la Société Technique du Gaz, ont l'inconvénient de nécessiter un approvisionnement assez fréquent en naphtaline, de répandre une odeur désagréable et de ne pouvoir donner leur pouvoir éclairant que lorsque la naphtaline a eu le temps de fondre, soit après 30 ou 40 minutes.

Pas plus que les récupérateurs, ils ne pouvaient donc fournir à l'industrie du gaz les armes nécessaires pour lutter contre l'électricité.

C'est alors qu'apparut l'incandescence par le gaz, dont la découverte pratique a sauvé cette industrie.

CHAPITRE II

Découverte de l'Incandescence. Premières applications et théories s'y rattachant.

———

Principe des Becs à incandescence.

Tous les becs passés en revue jusqu'ici sont basés sur le seul pouvoir lumineux du gaz, c'est-à-dire, d'après la théorie la plus répandue, sur l'incandescence des particules de carbone en suspension dans la flamme.

Cependant, longtemps avant la découverte du manchon Auer, l'idée s'était fait jour, chez certains gaziers, que le gaz pouvait être beaucoup mieux utilisé pour l'éclairage, c'est-à-dire qu'il pouvait avoir un rendement bien supérieur, au moyen de son pouvoir calorifique, employé pour porter à l'incandescence un corps réfractaire convenablement déterminé, qu'au moyen du seul pouvoir lumineux obtenu par combustion directe.

En effet, les particules de carbone dont l'incandescence produit ce pouvoir lumineux ne sont contenues que dans une très petite fraction du volume du gaz, puisqu'elles ne proviennent que de la décomposition des hydrocarbures de la série aromatique et éthylénique, qui, d'après E. Sainte-Claire-Deville, entrent pour 3 à 6 % seulement dans le volume total du gaz. Il en résulte que les corps formant la majeure partie de ce volume total, qui ne peuvent pas contribuer au pouvoir lumineux, mais dont plusieurs ont une valeur calorifique très importante, sont complètement inutilisés dans les brûleurs non basés sur le principe de l'incandescence. C'est cette énergie perdue que ces derniers sont venus utiliser, ce qui leur a permis de procurer un rendement dont aucun des brûleurs des anciens types n'avait encore approché.

Pour faire servir à l'incandescence le pouvoir calorifique du gaz, il convient de brûler ce gaz en produisant le plus de chaleur possible, résultat qu'on obtient en le mélangeant avec une certaine quantité d'air, comme on le fait par exemple dans les fourneaux. Le type de brûleur le plus perfectionné à ce point est le Bunsen employé dans les laboratoires et c'est son principe qui a été adopté dans les becs à incandescence. L'air du mélange a pour effet de détruire presque complètement le pouvoir lumineux de la flamme, phénomène attribué à l'azote contenu dans cet air, et l'on obtient ainsi une flamme bleuâtre non éclairante, mais dont, par contre, la température est très élevée. Si le Bunsen est bien réglé comme arrivées de gaz et d'air, la combustion du gaz est aussi complète que possible, car il ne se produit aucun dépôt noir sur un corps froid plongé dans la flamme.

Il s'agit maintenant de transformer en lumière la grande chaleur développée ainsi par la combustion. Or, on savait depuis longtemps que certains corps solides sont susceptibles de devenir incandescents après avoir été portés à une température convenable. La difficulté, pour utiliser sous forme d'éclairage le pouvoir calorifique du gaz, résidait donc dans le choix d'un corps capable de fournir un rendement lumineux économique, tout en atteignant très rapidement la température nécessaire pour devenir incandescent et en restant indécomposable, infusible et inoxydable à haute température.

Historique de l'incandescence.

Le principe de l'incandescence était donc connu avant la découverte du docteur Auer von Welsbach, mais, avant lui, on n'avait pu trouver le corps que je viens de définir, ainsi que cela résulte du rapide historique suivant, dont j'emprunte les grandes lignes à l'ouvrage « L'Eclairage », déjà cité, de MM. Galine et Saint-Paul.

La première application de l'incandescence est ce que l'on a appelé « la lumière Drummond » et date de 1826. Elle était obtenue en chauffant un morceau de chaux au moyen d'un mélange d'hydrogène et d'oxygène.

La tentative ultérieure la plus importante est celle de Frankenstein, en 1849: il se servait d'un corps appelé multiplicateur de lumière et formé d'un tissu en tulle de gaze imprégné d'une bouillie composée de craie finement broyée, de magnésie calcinée et d'eau.

Puis vinrent, en 1869, Tessié du Motay et Maréchal, qui, reprenant l'idée de Drummond, projetaient sur un crayon de magnésie comprimée ou de zircone un mélange de gaz de houille et d'oxygène ; leur système fut appliqué à cette époque, sur la place de l'Hôtel-de-Ville, à Paris.

Le génie inventif d'Edison ne se désintéressa pas de cette importante question, car il fit breveter en 1878 un système lumineux résultant de l'incandescence d'une corbeille en fils de platine recouverts d'oxydes de terres rares, tels que la zircone, la cérite, etc.

En 1880, Clamond chauffa, au moyen d'un brûleur à double courant d'air, une mèche formée de magnésie alliée à 20 % de zircone ; plus tard, il remplaça le bec à double courant d'air par un Bunsen. L'air de combustion était préalablement chauffé d'après le principe de la récupération.

Le bec Clamond subit plusieurs transformations successives, mais les filaments de sa corbeille, très fragiles, se disloquaient rapidement, la surface éclairante diminuait par suite en peu de temps et il ne put obtenir ni un rendement supérieur à 80 litres de gaz par carcel ni une durée plus longue qu'une centaine d'heures.

En définitive, il ne put trouver le manchon convenable, suffisamment solide, et susceptible de devenir incandescent à une température assez basse pour être pratiquement réalisable.

C'est à cette découverte que le Docteur Auer, de Vienne, attacha son nom, à la suite d'expériences multiples et détaillées qui commencèrent en 1880.

Les grandes étapes des recherches concernant l'incandescence sont, en somme, marquées par la lumière Drummond (crayon de magnésie porté à l'incandescence par la combustion d'un mélange d'oxygène et d'hydrogène ou de gaz et d'oxygène), par le bec Clamond (mèche en magnésie filée devenant incandescente par la combustion d'un mélange de gaz et d'air préalablement porté à une haute température), enfin par le bec Auer, qui consiste en une carcasse très mince d'oxydes de terres rares, convenablement choisis, portés à l'incandescence par la chaleur de combustion du gaz brûlé dans un Bunsen.

Avant Auer, tous les corps destinés à devenir incandescents présentaient une masse trop grande et, sans parler de leur durée, il était très difficile de les porter, sans grande dépense de combustible, à la température nécessaire pour leur permettre de devenir lumineux.

C'est Auer qui a résolu ce problème, dont la solution a permis à l'incandescence d'entrer dans le domaine pratique, par le brevet pris en 1885 comme suite aux recherches auxquelles il se livrait depuis plusieurs années.

Il étudia d'abord les propriétés des métaux terreux les plus connus (zirconium, lanthane, yttrium, etc.), dont les oxydes, réfractaires à l'action de la chaleur, peuvent devenir incandescents à une température relativement peu élevée, et prit son premier brevet pour leur utilisation en général à l'éclairage. Sa revendication était relative à une carcasse très ténue de ces corps, obtenue par combustion complète d'une matière (cellulose) préalablement imprégnée d'oxydes purs ou de sels donnant, comme résidus de combustion, des oxydes purs.

Le Docteur Auer prit plusieurs brevets de 1885 à 1891. Il étudia, en effet, successivement des manchons à base de lanthane pure, puis mélangée à de la magnésie, des manchons à base de zircone, remarqua l'heureuse influence de la thorine dans ses mélanges et découvrit enfin, par analyse, puis par synthèse, l'immense augmentation de lumière résultant du mélange de traces de cérite à la thorine; c'est ainsi qu'il s'arrêta définitivement, vers 1892, à ce que l'on appelle depuis " le Mélange Auer ", c'est-à-dire à un mélange dans la proportion d'environ 99 % de thorine et 1 % de cérite.

Importé rapidement à Paris, le bec Auer ne s'imposa vraiment qu'à partir du milieu de 1892. Le manchon était, en effet, avant cette époque, assez fragile, et sa couleur, bleu-verdâtre, avait de nombreux détracteurs. On prévoyait cependant en lui un vainqueur prochain et, installé dans le Pavillon du Gaz à l'Exposition Universelle de 1889, il obtint, après certaines discussions au sein du Jury, une médaille d'argent, avec cette appréciation : « Ce bec « s'est amélioré et s'améliorera encore vraisemblablement; tel « qu'il est, le bec Auer est de nature à rendre des services « réels, etc. »

Il a, depuis, tenu largement ses promesses, et l'encouragement que lui a décerné le jury de la classe 27 à l'Exposition de 1889 n'a pas été perdu. Les perfectionnements apportés au pouvoir éclairant, à la durée et à la couleur du manchon ont été tels qu'il y avait plus de 100.000 becs en service à Paris et environ 250.000 en France à la fin de 1893. Actuellement, son emploi s'est imposé à un tel point qu'il a fait reculer l'électricité, ou a tout au moins arrêté son essor menaçant, et que partout les anciens brûleurs restés en service sont considérés avec autant d'étonnement que les quinquets après la découverte du gaz.

Les gaziers, dont certains avaient regardé, au début, avec effroi cet appareil à faible consommation, ont rapidement apprécié l'arme mise à leur disposition et se sont rendu compte que la

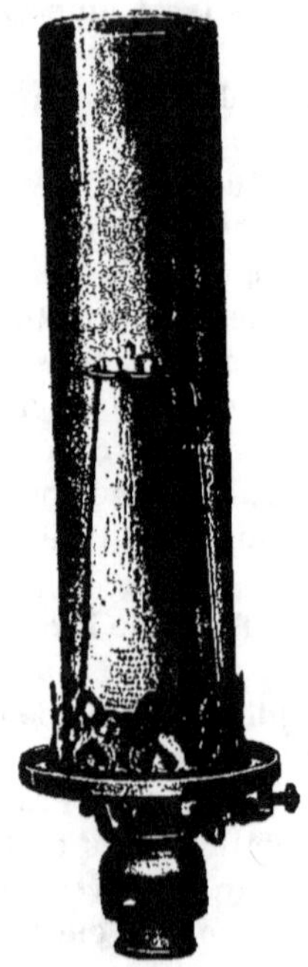

Fig. 3. — Bec Auer nº 2.

diminution de consommation, assez sensible pendant la période de transition où seule la diminution de dépense des becs est inter venue, a bientôt fait place à une augmentation notable, les nombreuses concurrences étant enrayées et les besoins de lumière du public croissant d'une manière constante.

Description du bec Auer.

Le bec Auer se compose de quatre pièces principales (fig. 3 représentant un bec Auer n° 2).

1° Le *Brûleur*, type Bunsen, (fig. 4), qui est formé de deux pièces, A et B, vissées ensemble. La pièce A, dite injecteur, est un tronc de cône portant à sa partie supérieure une plaquette percée d'un certain nombre de trous d'arrivée du gaz (trois pour les becs BB, n° 0 et n° 1, cinq pour les becs n° 2 et n° 3).

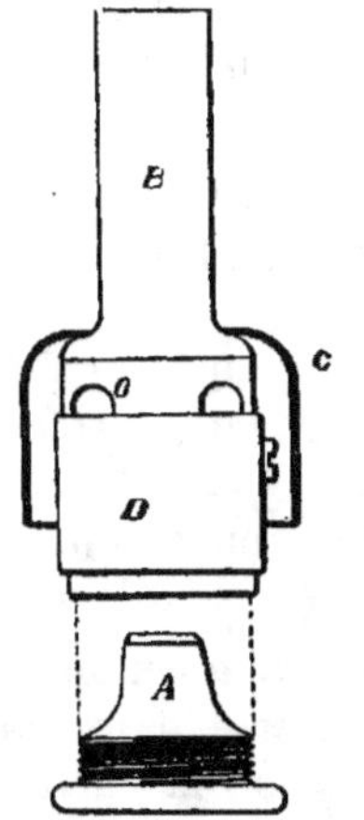

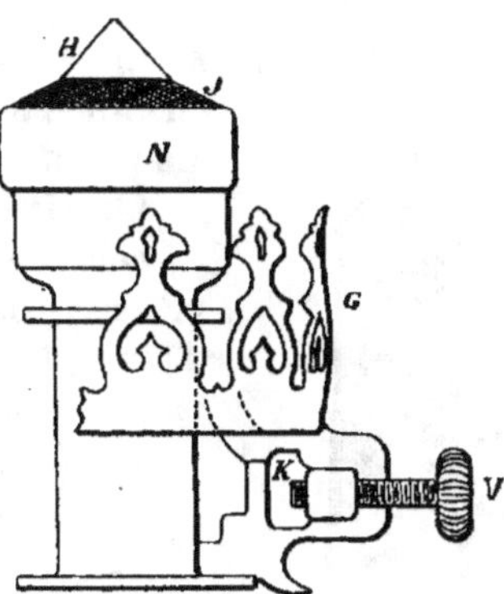

Fig. 4. — Détail du brûleur.   Fig. 5. — Détail de la galerie.

La pièce B, dite tube du brûleur et formant cheminée, est percée, à sa partie inférieure, de quatre orifices verticaux O servant à l'admission de l'air ; une bague D, coulissant verticalement sur le brûleur et maintenue par une petite vis, a pour but de régler convenablement cette admission d'air. La gorge de la pièce B est recouverte d'une clochette C formant obstacle à ce que l'on appelle « allumage à l'injecteur », c'est-à-dire à l'inflammation du mélange d'air et de gaz à la sortie de l'injecteur.

2° *La Galerie G* (fig. 5), dont le rôle consiste à servir de support au verre et au manchon et à assurer la bonne combustion du mélange. Le porte-verre est fixé au corps de la galerie par trois montants, dont l'un présente un petit canal K dans lequel s'enfonce la tige-support du manchon, qui peut être serrée à la position voulue au moyen de la vis V.

La partie supérieure de la galerie, ou « tête de galerie », est formée d'un collet N dont la dimension se rapproche de celle de la flamme et qui peut par suite servir de calibre au manchon. Ce collet est recouvert d'une toile métallique J destinée à répartir bien également le mélange d'air et de gaz et à empêcher, par son action refroidissante, le retour de flamme qui pourrait enflammer le gaz à l'injecteur. Enfin, le cône en cuivre H, fixé au centre de la toile métallique, sert à écarter la flamme et à lui donner la forme du manchon, de façon à ce qu'elle le lèche à peu près sur toute sa surface intérieure.

3° *Le Manchon M* (fig. 6) supporté par une tige T en nickel, terminée par une couronne à laquelle se fixe le manchon.

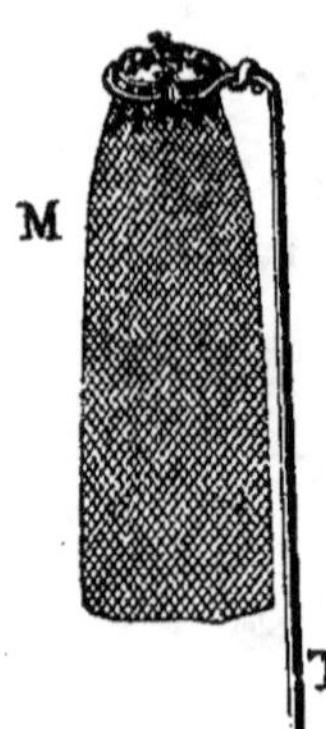

Fig. 6. — Manchon.

L'arrivée du gaz se fait donc par l'injecteur A, celle de l'air par les quatre orifices de la pièce B, dans laquelle se produit le mélange d'air et de gaz qui s'enflamme à la partie supérieure de la galerie G.

4° *Le Verre*, destiné à augmenter le tirage; il s'introduit dans la galerie, dans laquelle il est serré par les griffes de la partie appelée porte-verre.

Réglage. — La flamme du brûleur se compose de deux parties : l'une, d'un bleu clair, d'autant plus vive qu'elle est moins développée, l'autre, violacée, très peu lumineuse. La partie bleu clair est froide, la partie violacée est chaude; il est donc important que la première ne touche pas le manchon, car non-seulement elle ne le rend pas lumineux, mais encore elle produit sur lui des taches noires résultant de dépôts de carbone.

Le rapport de l'air au gaz est d'environ 2,5 dans le cône bleu et 3,5 dans le cône violacé; par suite, l'air aspiré dans le Bunsen n'est pas suffisant pour assurer la combustion qui, pour être com

plète, nécessite cinq volumes et demi d'air pour un de gaz.
Le complément est fourni par l'air qui entoure la flamme, après
s'être introduit sous la galerie, et son volume est d'autant plus
fort que celui de l'air aspiré par le gaz sortant de l'injecteur est
plus faible. Comme il est clair que la température de la flamme
sera d'autant plus élevée que l'air fourni en dehors du brûleur
sera en quantité plus faible, on voit qu'il y a intérêt à ce que

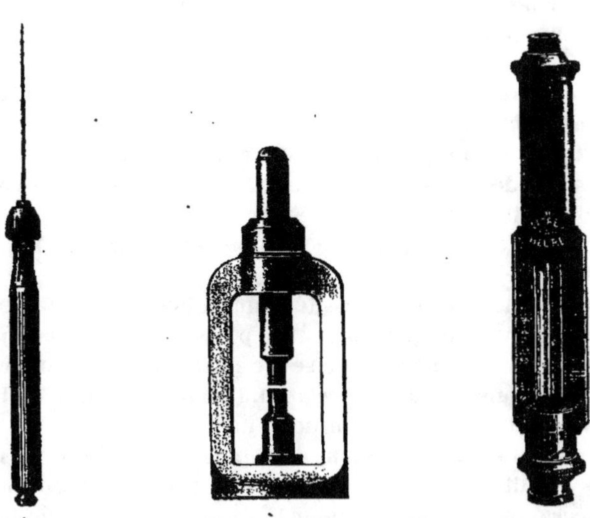

Fig. 7. — Épinglette.　　　Fig. 8. — Matoir.　　　Fig. 9. — Compteur instantané.

l'aspiration par le Bunsen soit très active, sans cependant arriver
jusqu'à un excès d'air qui, en trop grande quantité dans le mélange, refroidirait la flamme.

De là dérive la nécessité du réglage des brûleurs, qui consiste :

1º A donner à l'injecteur, pour la pression moyenne du lieu de
fonctionnement, le débit de gaz fixé ;

2º A assurer ensuite, par la manœuvre de la bague de réglage
d'air, l'afflux d'air de nature à déterminer le meilleur mélange.

Le réglage de l'injecteur se fait au moyen des deux appareils
appelés l'un : "épinglette" (fig. 7) destiné à agrandir les trous d'arrivée
de gaz et l'autre " enclume matoir " (fig. 8), destiné à diminuer ces
orifices. Lorsque l'on croit l'opération du réglage de l'admission

de gaz terminée, on vérifie la consommation du bec pour la pression du lieu au moyen d'un compteur instantané (fig. 9) gradué empiriquement. Si l'on n'a pas encore la consommation voulue, on continue le réglage avec l'épinglette et le matoir jusqu'au résultat définitif.

Cela fait, on place la galerie munie de son manchon et de son verre sur le brûleur; on allume le bec, puis on déplace la bague de réglage d'air jusqu'à ce qu'on obtienne l'éclairement maximum ; il ne reste plus alors qu'à fixer cette bague au moyen de la vis ad hoc.

L'aspect de la flamme du Bunsen est très variable suivant le dosage de l'air et du gaz dans le brûleur et, avec de l'expérience, on reconnaît facilement si le réglage d'air est satisfaisant par la seule considération de la flamme sur une galerie d'essai non pourvue de manchon; il faut alors que le cône intérieur bleu clair de la flamme monte environ jusqu'au sommet du cône métallique surmontant la galerie.

Je viens d'indiquer la nécessité primordiale d'un réglage convenable de l'arrivée du gaz, suivant la pression, pour la bonne utilisation des becs à incandescence et je m'étendrai plus longuement sur ce sujet dans le chapitre relatif à l'éclairage public où il a une grande importance, les becs brûlant une grande partie de la nuit. Mais, d'ores et déjà, il convient de signaler une différence notable dans les conditions de fonctionnement des becs papillons ou ronds et des becs à incandescence. Pour les premiers il y a avantage à se limiter à une très faible pression, ne dépassant pas en principe 4 à 5 $^{m}/_{m}$ d'eau; pour les becs à incandescence, au contraire, plus la pression à laquelle le gaz est débité est forte, plus il arrive à l'injecteur avec une vitesse suffisante pour aspirer l'air; c'est pourquoi, au début de l'exploitation du bec Auer, on indiquait la pression de 40 $^{m}/_{m}$ comme nécessaire à son bon fonctionnement. Depuis, on a créé des types convenant également aux basses pressions, et même aux très basses pressions, en augmentant la hauteur du brûleur, en lui adjoignant un petit injecteur Giffard, en modifiant les entrées d'air, enfin en apportant certains changements de détail à la galerie; aussi, aujourd'hui, le bec Auer peut-il fonctionner d'une façon très satisfaisante, même à une pression de 10 $^{m}/_{m}$ d'eau, avec cette seule condition, que j'expliquerai plus loin, que la pression soit d'autant plus régulière qu'elle est plus basse.

Différents types de bec Auer en usage. — Il y a plusieurs types de becs Auer ordinaires en usage ; leurs caractéristiques sont les suivantes :

	Consommation horaire	Pouvoir éclairant en bougies
Bec Auer n° 0 . . .	50 litres	25 bougies

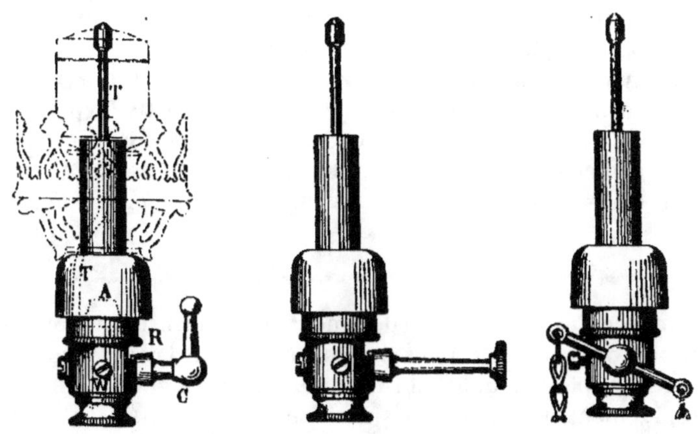

Veilleuse à manette.   Veilleuse à molette.   Veilleuse à chaînettes.

Fig. 10. — Bec Auer à veilleuse.

Ce type existe toujours pour l'approvisionnement des installations existantes, mais, dans la pratique, il a été remplacé par le suivant dont le rendement est meilleur :

Bec Auer BB ou Bébé .	40 litres	25 bougies

Les types de consommation supérieure sont :

	Consommation horaire	Pouvoir éclairant en bougies
Bec Auer n° 1	75 à 80 litres	50 bougies
— n° 2	100 à 115 —	60 à 70 —
— n° 3	150 à 155 —	110 —

Le rendement de ces divers becs (BB, 1, 2, 3) est donc de 15 à 16 litres par carcel.

Pour obvier à la nécessité d'allumages fréquents et pour réduire la consommation des becs lorsqu'ils ne sont pas utiles, on a créé le type de bec à veilleuse dont le principe est le suivant. Un robinet R (figure 10) est placé sous l'injecteur A et porte une clé C; un tube de veilleuse T se détache de ce robinet, passe à côté de l'injecteur, traverse la cheminée du brûleur, puis la galerie de façon à aboutir au centre du cône métallique de la tête de galerie. Une fois le bec allumé en plein, on peut, par la manœuvre de la clé C, faire passer le gaz par le tube T et, en ce cas, la veilleuse brûle seule avec une consommation, réglable par la vis W, d'environ 5 litres à l'heure. Pour revenir à l'allumage en plein, il suffit de manœuvrer la clé C en sens inverse. Les veilleuses se font à manette (type ordinaire), à molette (lampe à gaz) ou à chainettes (appareils placés très haut); le principe ne change pas, seul le dispositif de manœuvre de la clé correspond à la nature des appareils supportant le bec.

Manchon.

Comme je l'ai exposé précédemment, pour utiliser le pouvoir calorifique du gaz brûlé dans un Bunsen, il faut faire usage d'un corps susceptible, lorsqu'il est introduit dans la flamme, d'émettre très rapidement des radiations lumineuses, tout en restant indécomposable, infusible et inoxydable à haute température. Ce corps est appelé « Manchon » dans le bec Auer.

Matières premières. — Les matières premières employées dans sa fabrication sont la thorine et la cérite.

La thorine est un silicate hydraté de thorium qui, au début de l'incandescence, était fort rare et se trouvait surtout en Norwège. La grande et rapide extension prise par l'éclairage Auer détermina des recherches sur les gisements de minerais de terres rares et l'on découvrit en plusieurs points du globe, notamment au Brésil, aux États-Unis, dans les îles Carolines et même dans divers pays d'Europe, un sable contenant de la monazite, c'est-à-dire un phosphate de cérium, de thorium, de lanthane avec des traces d'autres métaux rares.

La cérite est un silicate hydraté de cérium qui se trouve dans les gneiss, principalement en Suède.

En partant de ces deux substances, par des traitements chimiques appropriés et·fort longs, on prépare des nitrates purs qui forment la base de la composition éclairante ou « fluide » du Docteur Auer.

Fabrication. — Le corps qui donnera sa forme finale au manchon est ce qu'on appelle le tissu, c'est-à-dire un tricot cylindrique, de longueur considérable, en fil de coton ou de ramie, à mailles bien régulières, et ayant un diamètre approprié à celui du calibre du manchon à fabriquer.

Ce tissu est tout d'abord bien lessivé pour le débarrasser des matières grasses, métalliques, etc., en un mot de toutes les impuretés susceptibles de nuire ultérieurement à l'éclairement. Ce nettoyage s'obtient en faisant passer successivement le tissu dans des bains alcalins et acides, et en terminant par un lavage à l'eau distillée.

Le tissu, ainsi nettoyé, est ensuite séché, puis coupé en morceaux de longueur voulue pour le manchon que l'on veut obtenir. On renforce enfin, au moyen d'un ourlet ou d'une bande de tulle, la partie destinée à devenir la tête du manchon, c'est-à-dire la partie où il sera fixé à sa tige.

Les morceaux de tissu sont alors prêts à être plongés dans la solution d'imprégnation (ou liquide éclairant) contenue dans des cuvettes en faïence et composée d'eau distillée et des nitrates de thorium et de cérium dans la proportion correspondant à environ 1 % d'oxyde de cérium et 99 % d'oxyde de thorium.

L'imprégnation terminée, les manchons sont essorés dans une sorte de laminoir formé de deux rouleaux de bois recouverts de caoutchouc, puis séchés dans des étuves à air chaud, enfin pourvus à la tête d'une coulisse en fil d'amiante dont les extrémités serviront à les réunir à leurs tiges.

Cela fait, on renforce la tête du manchon, partie qui subit le plus d'efforts, au moyen d'une dissolution, nommée fixine, composée d'eau, de nitrate de magnésie et de nitrate d'alumine, puis on attache le manchon à sa tige.

Il est alors prêt à être incinéré. Cette dernière opération est des plus importantes, car elle a pour but de brûler le tissu pour obtenir le squelette d'oxydes à employer pratiquement et de cuire ce squelette pour lui donner la résistance nécessaire. A cet effet, on dispose d'abord le manchon, bien tendu, sur un mandrin tronconique en bois, et on l'étire de façon à lui donner la forme convenable. On retire alors le manchon, que l'on fixe verticalement par sa tige, et on met le feu à sa tête au moyen d'un brûleur recourbé. On laisse le textile brûler tranquillement, et il reste le squelette d'oxydes, très sensiblement contracté. La combustion étant terminée, on transporte le manchon au-dessus d'un brûleur Bunsen à flamme très chaude, alimenté de préférence au gaz comprimé ; on le cuit pour lui donner sa forme définitive et la solidité nécessaire, en commençant par la tête et en l'élevant progressivement. On peut compléter l'opération en recuisant extérieurement la tête au moyen d'un chalumeau.

Ces opérations nécessitent de grandes précautions pour éviter tout dépôt de corps étrangers sur le manchon et pour obtenir les résultats voulus de l'incinération et de la cuisson.

La qualité et la régularité de fabrication dépendent donc en grande partie du choix d'ouvrières expérimentées, car, seules, les femmes ont la légèreté de doigté indispensable.

Cependant, avec la concurrence, est venue la nécessité de réduire le prix de revient, dont la main-d'œuvre est un facteur non négligeable ; d'où il est résulté, pour cette industrie comme pour toutes les autres, l'emploi des machines. A mon avis, ces machines destinées à brûler les manchons, dont beaucoup sont très ingénieusement conçues, ne donnent toutefois pas des produits d'aussi bonne qualité que ceux que l'on obtient par la fabrication à la main.

Montage, collodionnage, flambage. — Les manchons ainsi terminés sont prêts à être mis en service.

S'ils doivent être utilisés dans la ville même où ils ont été fabriqués, il suffit de les monter tels quels en engageant leur tige dans le canal spécialement ménagé à cet effet dans la galerie et en la fixant avec la vis de serrage, de façon que leur extrémité descende à environ un ou deux centimètres au-dessous de la tête de galerie.

S'ils doivent subir un transport en chemin de fer, ils sont préalablement fortifiés, puis expédiés, en général par deux, dans des étuis en carton. Le fortifiant employé est un collodion répondant à des formules très diverses, mais qui se compose essentiellement d'une dissolution de fulmicoton dans l'alcool et l'éther ou l'acétate d'amyle, et dont la grande rapidité de combustion est corrigée par une certaine quantité d'huile.

Arrivés au lieu d'emploi, ils sont montés sur les galeries, puis flambés, c'est-à-dire qu'on les allume de façon à brûler le collodion fortifiant.

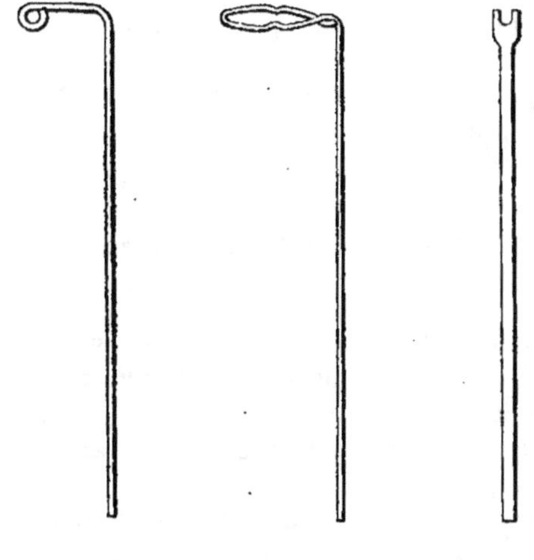

Fig. 11. — Modèles de tiges de manchon.

Tiges. — Les tiges d'attache des manchons sont de trois types différents : la tige à couronne, la tige à potence et la tige centrale (fig. 11).

Les deux premières, latérales, sont en nickel pur. La tige centrale, en nickel, est mauvaise, parce que, directement placée au milieu des produits de combustion, elle se recouvre d'un dépôt de charbon, dès que, pour une raison quelconque, le bec vient à se dérégler et surtout à manquer d'air; le métal, ainsi carburé, se brise infailliblement, ce qui entraîne la casse du manchon; c'est pourquoi les tiges centrales se font en magnésie.

Cet inconvénient se produit également pour le point d'attache de la tige à potence en nickel, car il se trouve précisément au centre du dégagement des produits de combustion; il est beaucoup moins marqué avec les tiges à couronne qui se trouvent en dehors du chemin des gaz brûlés.

En outre, le manchon se trouve mieux soutenu, lorsque les efforts auxquels il est soumis sont répartis sur toute la circonférence de la couronne, que lorsqu'ils se produisent sur le point unique d'attache des tiges centrales ou à potence, point d'attache qui est alors sujet à se briser par cisaillement.

A mon avis, et d'après mon expérience, les tiges à couronne sont donc bien préférables aux autres.

Théories sur l'Incandescence.

Le phénomène de l'incandescence a intéressé, dès le début, les savants des divers pays et ils se sont rendu compte rapidement qu'il ne pouvait être attribué uniquement à la température déterminée par la chaleur de combustion du mélange d'air et de gaz dans un Bunsen.

Les expériences faites ont, en effet, démontré que des manchons en thorine seule ou en cérite seule n'éclairaient pas, ou plutôt produisaient un éclairement insignifiant. En outre, si certains corps, autres que la thorine et la cérite, peuvent être susceptibles de former un manchon éclairant, le maximum d'effet est obtenu avec le mélange Auer. Il en résulte qu'en dehors de la chaleur de combustion du gaz il se produit une autre action augmentant l'intensité des radiations lumineuses émises par le manchon Auer.

Plusieurs théories ont été énoncées par les divers auteurs qui se sont occupés de la question et, si aucune d'elles ne peut encore être considérée comme définitivement établie, elles ont donné naissance à des déductions intéressantes qu'il me semble utile de résumer dans cet ouvrage.

Le *Docteur Auer* a attribué le grand pouvoir émissif de lumière du manchon aux « alliages de terres rares » composés dans des proportions déterminées, c'est-à-dire qu'en dehors de la température produite par la combustion du gaz, la masse du manchon incandescent participe à certaines réactions chimiques des gaz de la flamme.

Selon lui, des deux oxydes de l'alliage dont est formé le manchon, l'un, le composant principal, reste intact dans la flamme, tandis que l'autre, qui est le corps émissif, est successivement réduit, puis oxydé, ces réactions se produisant avec une extrême rapidité, aux points où il se trouve dans le manchon. Les terres composant le manchon, très divisées, sont entourées par une flamme, tantôt réductrice, tantôt oxydante, d'où résultent des décompositions et des combinaisons se succédant à des intervalles infiniment rapprochés. C'est à ces actions chimiques incessantes que le Docteur Auer attribue un pouvoir lumineux du manchon sensiblement supérieur à celui que produirait seule la chaleur de combustion du gaz dans le Bunsen.

Le *Docteur Killing* fit observer, en 1896, que la cérite contenue dans le manchon pouvait être remplacée, avec plus ou moins de succès, par des oxydes métalliques de la série du platine ou par des oxydes qui, à une haute température, sont susceptibles de perdre l'oxygène et de le reprendre ensuite, tels que les oxydes d'uranium et de chrôme par exemple. Il ajoutait que, suivant un fait acquis, le platine possède, par son action catalytique, la propriété de favoriser l'oxydation, et concluait de l'influence d'une petite quantité de cérite dans un manchon de thorine qu'il était possible que la cérite agisse de même que le platine.

On appelle " action catalytique " la propriété que possèdent certains corps dont la seule présence produit des affinités auxquelles ils ne participent pas eux-mêmes.

Le *Docteur Bunte,* de Carlsruhe, a observé, en 1898, que la cérite rendait l'oxygène et l'hydrogène capables de se combiner à 350^{0} C au lieu de 650^{0} C, température nécessaire en présence de la silice et d'oxydes inactifs. Mais il ajoutait qu'il n'existait pas de preuve absolue que la cérite, contenue dans la proportion de 1 % dans un manchon de thorine, effectue des modifications chimiques qui ne se seraient pas produites sans elle; il est possible qu'il en soit ainsi, mais la preuve n'a pu en être faite.

Au point de vue physique cependant, il n'est pas douteux que la présence de la cérite dans le manchon augmente notablement la proportion du total de l'énergie calorifique de combustion du gaz se développant sous forme d'énergie radiante: en effet, si on

recouvre de cérite un manchon de thorine pure, en le trempant
dans une solution alcoolique de nitrate de cérium et en le brûlant
à nouveau, cette addition de cérite augmente les radiations de la
thorine pure d'environ 13,9 %, toutes les autres conditions restant
les mêmes; il n'est donc pas utile, pour avoir augmentation des
radiations, de procéder à un mélange intime des deux substances.

La théorie de Bunte, à cette époque, était donc la suivante. Le
grand pouvoir émissif lumineux du manchon fait avec le mélange
Auer ne s'explique pas par une propriété spéciale des mélanges dé
terres rares, car il a trouvé par expérience que le pouvoir émissif
des oxydes de cérium ou de thorium différait peu de ceux du charbon ou de la magnésie.

Mais il l'attribue à la haute température que prennent ces
oxydes dans la flamme et aux propriétés catalytiques de l'oxyde de
cérium. La rapidité de la combustion produit dans le manchon une
élévation de température et par suite un rayonnement de lumière
intense par la masse du manchon Auer. En présence de la flamme
du gaz, le cérium exalte la combinaison de l'hydrogène et de l'oxygène, développant ainsi une très haute température, par laquelle il
est porté à une très vive incandescence.

De cette théorie il résulterait que le manchon devrait être d'autant plus éclairant qu'il contiendrait plus de cérite, déduction con-
tredite par le très faible pouvoir émissif lumineux d'un manchon
en cérite pure. Bunte explique ce phénomène en faisant remarquer qu'un fil de platine très fin fond dans une flamme qui ne peut
produire ni la fusion ni même l'incandescence d'un fil plus gros ou
d'une toile en platine; ce fait provient de ce que, la masse de platine
étant plus grande, la conductibilité agit mieux et l'on n'obtient
plus le maximum de température possible. Il en est de même pour
le manchon en cérite pure, dont la masse est un obstacle à la
réalisation de cette température maxima, qui est, au contraire,
favorisée par la présence, dans un manchon de thorine, de la cérite
divisée et répartie en molécules infinitésimales.

M. Le Chatelier et, plus tard, MM. *Nernst* et *Bosc,* sont d'un
avis contraire. Ils exprimèrent, en effet, l'opinion que la masse
du manchon ne participe en rien à la combustion en augmentant
la température et que son pouvoir éclairant élevé doit s'expliquer
par le rayonnement du squelette en thorium et cérium soumis
à la température de la flamme du Bunsen.

MM. Le Chatelier et *Boudouard* ont déduit de leurs études sur les températures et les éclats de différents corps (platine, oxyde de fer, mélange Auer, oxydes de thorium, de cérium, d'uranium, de lanthane) que le mélange Auer était le plus chaud et le plus rayonnant.

La conclusion de leurs diverses expériences est que le pouvoir émissif du manchon, à sa température de fonctionnement, est variable pour les différentes radiations du spectre; il agit donc à cette température comme un corps coloré et son rendement lumineux, non encore obtenu avant sa découverte, provient de ce que son pouvoir émissif, très élevé pour les radiations bleue, verte et jaune, est plus faible pour le rouge, et sans doute beaucoup moindre encore pour l'infra-rouge.

Les radiations visibles forment donc une partie importante de l'énergie totale rayonnée.

Le *Professeur Vivian B. Lewes*, de Londres, a étudié également l'incandescence et a fait à ce sujet, en juin 1903, une conférence intitulée " Bougies et Calories " à l'Assemblée de l'Institution des Ingénieurs gaziers anglais. Ce titre indique qu'il rechercha d'abord le rôle des deux pouvoirs lumineux et calorifique dans le phénomène de l'incandescence.

« Bougies et calories, dit le professeur Lewes, types véritables du
« passé et de l'avenir de la grande industrie du gaz. Autrefois le pou-
« voir éclairant était tout; dans l'avenir, le pouvoir calorifique et le
« prix détermineront la position du gaz dans la concurrence avec
« les autres agents d'éclairage, non pas parce que le pouvoir calo-
« rifique doit être élevé pour fournir l'éclairement nécessaire,
« mais parce que le gaz, utilisé comme combustible, offre le plus
« large débouché ».

Il a donc étudié, pour préparer le passage du passé à l'avenir, la relation existant entre les deux pouvoirs éclairant et calorifique. A son avis, aucune relation définie ne saurait exister entre ces deux éléments, car il résulte de ses expériences que l'on peut prendre une douzaine de gaz d'éclairage de même pouvoir éclairant et que chacun diffère des autres par sa composition; or, comme la valeur calorifique dépend principalement de la composition, on trouve souvent que deux gaz de 16 bougies anglaises varient entre eux, sous le rapport de la valeur calorifique, dans une plus grande limite qu'un gaz de 16 bougies comparé à un gaz de 15 bougies de composition presque identique.

Certains composants du gaz exercent une influence très grande : par exemple, la méthane fournit non seulement une partie importante de la lumière, mais donne en outre à la flamme du volume et de la stabilité. Une proportion considérable de méthane dans un gaz de houille influe d'une façon prépondérante sur la production de la lumière et de la chaleur.

Il résulte des déterminations par le calcul du pouvoir calorifique d'un gaz que plus des deux tiers de la valeur de ce pouvoir sont dûs aux hydrocarbures et que le méthane est le facteur qui rend un bon gaz de houille supérieur à toutes les autres formes de combustibles gazeux.

En ce qui concerne la relation entre les deux pouvoirs lumineux et calorifique, si on emploie le même charbon dans tous les essais et si l'on obtient des pouvoirs éclairants variables en modifiant la température de distillation de ces charbons, on aura des résultats absolument concordants, c'est-à-dire qu'une perte dans le pouvoir calorifique suivra une perte correspondante dans le pouvoir éclairant. Mais, si on emploie une autre qualité de charbon, on constatera de grandes différences avec les premiers résultats et l'analyse fera reconnaître immédiatement que la différence est due à des variations dans les proportions d'hydrocarbures présents.

Il est donc impossible, d'après Lewes, de se baser sur la valeur calorifique pour connaître le pouvoir éclairant ou de dire, par exemple, qu'un gaz de tel pouvoir éclairant aura une valeur calorifique définie; un gaz de 16 bougies anglaises peut donner de 575 à 650 B T U (Unités thermiques britanniques), c'est-à-dire environ 144 à 162 calories, suivant la nature du charbon distillé ou suivant qu'il s'agira d'un gaz de houille pur ou d'un mélange de gaz à l'eau carburé. En fait toute modification dans la composition se transmet à la valeur calorifique.

Partant de ses recherches sur la relation entre les deux pouvoirs, M: Lewes croit nécessaire, pour expliquer les effets d'intensité lumineuse produits, de s'appuyer sur la théorie de Bunte sur la combustion secondaire dûe à une action catalytique sur la surface du manchon. Il rappelle à ce sujet le travail de M. Swinton sur la lumière développée par des portions de manchons imprégnés de diverses terres, quand ils étaient chauffés dans le vide par des rayons émanant de cathodes, ce qui démontre que, quand le phénomène de flamme est absent, le mélange des terres Auer ne donne pas plus de lumière que la thorine ou la cérite pures préparées sous forme de manchons.

De plus, le séparateur de flamme du Professeur Smithell pourrait servir à prouver que ni le cône intérieur, ni l'enveloppe extérieure d'une flamme Bunsen ne suffiraient, seuls, à amener le manchon Auer à émettre son intensité lumineuse. D'ailleurs, quand des manchons étaient incinérés dans l'appareil automatique Buhlmann, ce n'est qu'après leur contraction jusqu'à la zône des produits extérieurs de la combustion qu'une lumière brillante était obtenue.

M. Lewes est donc d'avis que ni la chaleur seule, ni même l'action catalytique seule, ne peuvent expliquer le pouvoir éclairant d'un manchon et qu'il faut au moins les deux conditions réunies. Il ne croit par suite pas que la valeur éclairante d'un gaz brûlé sous un manchon puisse être mesurée par son pouvoir calorifique.

Une des théories les plus intéressantes est celle datant de 1902, de *M. le Professeur Ch. Féry*, de Paris, qui a d'abord étudié la température des flammes.

A cet effet, abandonnant le thermo-couple qu'il considère comme ne donnant pas de résultats exacts au-dessous de 1780°, il produit le renversement d'une raie métallique du spectre au moyen de rayons émis par un sel métallique donnant des raies spectrales, et le principe suivant lui sert de base. Un corps solide ou liquide donne toujours un spectre continu. Il n'en est pas de même quand on décompose par un prisme la lumière émise par une vapeur incandescente ; on voit alors apparaître des raies brillantes nettement détachées sur un spectre très pâle. Par exemple, la flamme d'un Bunsen, dans lequel on introduit un grain de sel marin, donne deux raies brillantes très voisines et occupant la place de la raie D ; on appelle « spectre d'émission » les spectres ainsi obtenus.

Si maintenant on interpose cette flamme Bunsen entre une source donnant un spectre continu et l'appareil d'analyse, on voit apparaître des raies noires là où auparavant on avait des raies brillantes, si le corps solide est à une température plus élevée que la flamme. Les raies disparaissent complètement, si le corps solide et la flamme sont à la même température ; enfin elles redeviennent brillantes, si le corps solide a une température plus basse que celle de la flamme. — Ces spectres sont appelés « spectres d'absorption. »

M. Féry interpose donc la flamme, dont il cherche la température, entre le spectroscope et une lampe électrique à incandescence et colore la flamme du Bunsen en jaune par un sel de sodium, en vue d'apercevoir nettement la raie D au spectroscope. En faisant alors varier la température du filament de charbon, on remarque que la raie métallique passe du clair au noir en disparaissant ; au moment précis où la raie disparait, on a égalité de température entre le filament de charbon et la flamme.

Il a ainsi obtenu, comme moyenne de 8 opérations sur un bec Bunsen à pleine admission d'air, 1871° et a résumé dans le tableau suivant les températures des principales flammes étudiées.

	Pleine admission d'air	1871°
Bunsen	Demi admission d'air.	1812°
	Sans air	1712°
Brûleur à Acétylène		2548°
Alcool salé flamme libre		1705°
Vapeur d'alcool brûlant dans un Bunsen (Lampe Denayrouze sans manchon).		1862°
Même lampe (alcool carburé 50 % de Benzine).		2053°
Hydrogène brûlant librement à l'air		1900°
Chalumeau (Gaz d'éclairage et Oxygène).		2200°
Chalumeau (H^2 et O)		2420°

M. Féry étudie ensuite le rendement lumineux des corps en fonction de la température et définit tout d'abord de la façon suivante ce rendement lumineux : *La quantité d'énergie W rayonnée par un foyer lumineux se décompose en deux parties : W_0 énergie des rayons obscurs et W_1 énergie des rayons lumineux.*

$$W = W_0 + W_1$$

Le rendement lumineux est égal à $W_1 : W$, c'est-à-dire au rapport de l'énergie transmise sous forme de lumière à l'énergie totale des radiations émises par le foyer. — Ce rendement n'a, pour les corps solides, une valeur appréciable qu'au-dessus de 500° et il augmente très rapidement avec la température.

M. Féry a effectué, pour différents corps, la détermination du rayonnement calorifique en fonction de la température, puis du rayonnement et du rendement lumineux. Il a, pour ses expériences, employé des procédés spéciaux très intéressants et a, notamment, proscrit comme procédé de chauffage le four employé par le Dr Bunte, en faisant remarquer que, d'après les lois de Prévost et de Kirchhoff, le rayonnement est identique pour tous les corps lorsqu'ils sont chauffés dans un four ; la conclusion de M. Bunte, d'après laquelle le rayonnement des oxydes de terres rares est le même que celui du charbon à une même température, est donc, à son avis, très contestable.

De ses propres recherches, il résulte que l'oxyde de thorium et l'oxyde de cérium présentent un éclat lumineux très différent, suivant la nature de la flamme, ce dont on peut se rendre compte par le tableau suivant :

FLAMME	OXYDE DE THORIUM	OXYDE DE CÉRIUM
Réductrice. .	Couleur : Blanc verdâtre	Couleur { Rouge brique vers 900° / Rouge sang aux hautes températures.
Oxydante . .	Couleur : Blanc rosé	Couleur : Bleu verdâtre.

Le rayonnement de la cérite en flamme réductrice, condition réalisée dans les brûleurs à incandescence de la pratique, est plus grand que celui des corps noirs et du four électrique à la même température ; le contraire se produit pour la thorine.

Des travaux que je viens de résumer, M. Féry déduit une théorie de l'incandescence.

L'intensité lumineuse des manchons de thorine ou de cérite est très faible et environ égale, sur un brûleur d'une consommation de 100 litres, à 1 bougie (thorine) et à 7 bougies (cérite), tandis que l'intensité d'un manchon en thorine-cérite, dans les proportions du mélange Auer, atteint 70 bougies. Donc le mélange de ces deux oxydes, n'éclairant pas par eux-mêmes, fournit une lumière intense.

Pour contribuer à la théorie de l'incandescence, M. Féry prépara trois manchons, en oxyde de cérium, en oxyde de thorium et en un mélange des deux précédents. Il remarqua, en projetant latéralement la flamme d'un Bunsen sur le manchon de cérite, que l'intérieur du cône bleu de la flamme, qui est presque froid, produit sur ce manchon une tache noire autour de laquelle on remarque une zône brillante. Parfois quelques mailles deviennent plus lumineuses et l'incandescence pénètre vers le centre de la zône, en même temps que se produit un crépitement analogue à celui du nitrate de potassium projeté sur des charbons ardents. M. Féry conclut de cette expérience à la réalité des propriétés catalytiques de la cérite, qui, sans suffire à expliquer à elles seules la théorie de l'incandescence, doivent cependant être prises en considération.

La cérite étant très perméable aux gaz, les gaz occlus s'y combinent aussitôt que la température devient suffisante, et, comme l'a démontré M. Bunte, le mélange d'oxygène et d'hydrogène se combine en sa présence à 350º, au lieu de 650º en présence de la silice et d'oxydes inactifs. C'est ce qui explique l'incandescence intermittente de la cérite dans la zône froide de la flamme du Bunsen.

Passant à la luminescence, c'est-à-dire au genre d'incandescence caractéristique des oxydes, M. Féry rappelle que, d'après ses expériences, la cérite, contrairement à la thorine ou à la chaux, a un rayonnement plus élevé en flamme réductrice qu'en flamme oxydante. De plus, son rayonnement en flamme réductrice est supérieur à celui des corps noirs et du four électrique à la même température, c'est-à-dire, d'après Kirchhoff, supérieur au rayonnement d'un corps qui émet en proportion normale, soit avec le maximum d'intensité, toutes les radiations quand on le chauffe. Ce fait est caractéristique de la luminescence, et M. Féry l'a vérifié en faisant tourner dans la flamme d'un chalumeau une baguette de cérite recouverte, sur une moitié, d'une couche d'oxyde de chrome qui rayonne comme un corps noir; il a bien trouvé, avec la lunette pyrométrique, les deux corps étant à la même température, un rayonnement plus grand pour la cérite que pour l'oxyde de chrome.

D'après M. Féry, la luminescence provient de ce fait qu'à certains moments la température de la surface du corps est plus haute, puis moins haute, que la température moyenne de la flamme. En tournant dans cette flamme, la baguette de cérite absorbe, en effet, en certains points, des gaz qui brûlent un peu après, dans une région plus chaude, dans laquelle le rayonnement calorifique est beaucoup plus intense que le rayonnement moyen de la baguette dans la flamme. Or, la mesure obtenue dans ses essais était celle du rayonnement moyen de la baguette pour la température moyenne de la flamme, et le rayonnement ainsi mesuré est forcément supérieur à celui du même corps, si sa température était partout identique et égale à la température moyenne de la flamme. Ceci explique, en tenant compte de la loi d'accroissement du rayonnement calorifique, qui est excessivement rapide en fonction de la température, comment le rayonnement d'un tel corps peut devenir plus grand que celui d'un corps noir parfait. Il en est de même pour le rayonnement lumineux, qui croît encore plus rapidement; ainsi, vers 1500°, l'éclat augmente environ comme la quinzième puissance de la température.

En ce qui concerne le manchon en cérite pure, les expériences de M. Féry ont démontré qu'il rayonnait comme un corps noir.

Le second élément du manchon Auer, la thorine, rayonne au contraire très peu de chaleur. Cette faiblesse du rayonnement calorifique de la thorine en fait un corps tout à fait indiqué pour servir, dans le manchon, de support au corps radiant, car, s'il en était autrement, la température du manchon s'abaisserait notablement, et il en serait de même, par suite, pour le rendement lumineux.

Le mélange des deux oxydes, pour obtenir un manchon lumineux, est nécessaire, car, en raison de son pouvoir émissif très élevé, la cérite seule ne peut pas éclairer. En effet, la température d'un corps dépend de trois éléments, dont deux sur lesquels on ne peut agir : le pouvoir émissif de ce corps et la température de la flamme dans laquelle il est plongé, et un, la vitesse du courant gazeux autour de ce corps, que l'on peut modifier. Si, par exemple, on supporte dans une flamme une perle de platine de 1 m/m de diamètre par un fil de platine de 0 m/m 02, le fil fond, alors que la perle demeure bien au-dessous de son point de fusion. Ce phénomène, appelé phénomène de convection, tient, d'après M. Féry, à la viscosité des gaz chauds, qui se renouvellent beaucoup moins facilement autour de la perle qu'autour du fil. La quantité de chaleur dépendant évidemment de la vitesse du courant gazeux, l'apport de chaleur est plus grand pour le fil.

De même, si l'on faisait des manchons en cérite pure, il faudrait donner aux fils du tissu des dimensions voisines du centième de millimètre pour obtenir un résultat, et l'on voit combien la fabrication serait difficile.

Au contraire, avec le procédé Auer, les deux oxydes étant mélangés intimement, la thorine, par sa grande porosité, permet aux gaz de la flamme de chauffer par convection les particules de cérite et, en raison de son très faible pouvoir émissif, elle facilite le chauffage de ces particules à une très haute température.

Cette théorie explique également l'importance du pourcentage de la cérite dans le manchon: en faisant varier cette proportion, on déplace le maximum de l'énergie du spectre d'émission du cérium, et en même temps son intensité lumineuse par la surface d'émission de ce corps. S'il y a trop de cérium, on a un rayonnement total intense, mais une lumière rougeâtre faible. S'il y a trop peu de cérium, on obtient une lumière plus bleue, mais moins intense, par suite de la diminution de la surface d'émission, et en raison de la loi du déplacement du maximum de l'énergie avec la température. Suivant que le maximum d'énergie sera placé dans la région chaude ou dans la région lumineuse du spectre, le déplacement de ce maximum entraînera des variations inégales en radiations calorifiques et lumineuses, et par suite une variation du rendement lumineux.

En résumé, la théorie très intéressante de M. Féry, tout en signalant les propriétés catalytiques de la cérite, montre bien que la condition primordiale pour tout bon manchon est d'être constitué, dans les proportions voulues, par deux sortes de corps: un corps radiant et un corps chaud servant de support au précédent. La théorie est vraie pour le manchon Auer et s'applique aussi bien au manchon Sunlight, employé en Angleterre et formé d'alumine, corps chaud support, et d'oxyde de chrome (proportion environ 2 %), corps radiant.

M. Sainte-Claire Deville, lors des séances de la Commission Internationale de Photométrie, à Zurich, en 1903, a rendu compte de ses expériences, qui l'ont conduit à adopter la théorie de M. Féry.

Il a préparé trois manchons, un en thorine, un en cérite et un Auer, et a fait avec chacun d'eux un essai à dépense progressive, l'arrivée d'air étant toujours réglée au maximum d'intensité lumineuse pour la dépense de ' gaz; le gaz employé était à 4.830 calories.

M. Sainte-Claire Deville a obtenu, dans le cas du maximum absolu de l'effet utile, les résultats consignés au tableau suivant:

	AUER	THORINE	CÉRITE
Dépense de gaz. . . . . litres. .	216	232	208
Dépense de chaleur. . . . . . calories.	1043	1120	1004
Intensité absolue. . . . . . . carcels .	18.75	6.77	1.07
Intensité par 100 litres de gaz . —	8.67	2.92	0.51
Intensité par 1.000 calories . . —	17.95	6.04	1.07
Proportion d'air à la base du Bunsen. . .	4.70	4.66	5.23

Le manchon Auer et le manchon de thorine émettent une lumière blanche; la lumière du manchon de cérite est très faible et de couleur rouge franc. Pour le manchon de thorine, si la proportion d'air varie, la lumière devient bleu vert, s'il y a insuffisance d'air, et rouge, s'il y a excès.

Le tableau suivant caractérise les essais faits sur ce manchon de thorine.

	Insuffisance d'air Lumière bleu vert.	Proportion juste Lumière blanche.	Excès d'air Lumière rouge.
Dépense de gaz en litres.	261.4	260	260
Intensité absolue en carcels . . .	5.22	6.82	5.22
Proportion d'air.	4.10	4.70	5.23

Voici comment M. Sainte-Claire Deville interprète les résultats de ses expériences. La proportion d'air qu'on ne peut dépasser sans se heurter aux phénomènes de dissociation est la même pour les manchons Auer et thorine, qui sont donc à la même température.

La supériorité d'intensité du manchon Auer est due à la cérite, dont le spectre est, à cette température, beaucoup plus riche en radiations lumineuses que celui de la thorine.

Quant au manchon en cérite pure, on ne peut le chauffer en raison de son énorme rayonnement calorifique, tel que, comme l'a établi M. Féry, il se comporte comme un corps noir. Ce manchon refroidit la flamme à tel point qu'il annule presque toute dissociation et qu'il rend possible la combustion presque complète du gaz. Mais, si l'on pouvait amener et maintenir la cérite à la température du manchon de thorine, son énorme rayonnement calorifique se transformerait en rayonnement lumineux. Or, cette condition est précisément réalisée dans le manchon Auer, dans lequel la thorine, masse principale du manchon, emmagasine la chaleur pour la céder immédiatement par convection à la cérite, qui se trouve ainsi maintenue à la température à laquelle son rayonnement intense se manifeste sous forme lumineuse.

A la même époque, lors du Congrès International de Chimie à Berlin (mai 1903), M. le *Docteur Bunte* a rendu compte des nouvelles recherches auxquelles il a procédé concernant l'incandescence. Il a étudié la répartition de la température et du pouvoir éclairant dans la flamme Bunsen libre et dans la zône du manchon incandescent et il résulte de ses essais que la température de la flamme Bunsen libre est sensiblement plus élevée, aux points correspondants, que celle du manchon Auer : la flamme libre passe d'environ 1450° (partie inférieure) à 1390° (partie supérieure), avec un maximum d'environ 1540° entre ces deux points ; la température du manchon varie de même de 1305° à 1245° avec maximum de 1395°. En conséquence, on ne constate pas d'élévation sensible de la température du manchon provenant de l'action catalytique de la cérite. De plus, la répartition de la température est assez concordante avec celle de la lumière dans les zônes correspondantes pour qu'à ce point de vue encore on ne puisse remarquer aucune influence catalytique. ·

M. Bunte a fait exécuter en outre des essais spectrophotométriques avec des mélanges de thorium et de cérium de diverses compositions et à des températures différentes. Il résulte de ces expériences que la thorine pure émet une lumière bleuissant lorsque la température augmente, tandis que la cérite, contenue dans le squelette de thorine, donne une lumière conservant la même couleur malgré les variations de température.

Si on mélange progressivement à la thorine pure des quantités croissantes de cérite, la lumière bleuit d'abord, la température demeurant à peu près constante, et le pouvoir éclairant augmente en même temps jusqu'à une teneur en cérite d'environ 0,5 %. Si la proportion de cérite devient plus forte, les rayons rouges augmentent, ainsi que le pouvoir éclairant, jusqu'à environ 1,5 % de cérite. Au-delà de cette teneur, la couleur de la lumière se rapproche de celle de la cérite pure incandescente et le pouvoir éclairant baisse en même temps. Les rayons bleus augmentent donc au début par suite de la température plus élevée ; mais, dès qu'un fort éclairement est atteint, le pouvoir émissif augmente à peu près régulièrement pour toutes les couleurs, contrairement à ce qui se produit pour la thorine pure.

Les expériences ont également montré que la masse du manchon paraît influer sur la couleur de la lumière, car, pour des manchons composés en proportions égales, la lumière est d'autant plus bleue qu'ils sont plus légers et le rayonnement de lumière rouge augmente avec le poids du manchon.

M. Bunte conclut que tous ces phénomènes démontrent un rayonnement de la masse du manchon incandescent, qui rayonne comme un corps coloré par suite de la haute température que lui donne la flamme ; contrairement à ce qu'il avait cru au début, l'action catalytique n'a pas d'influence sur ce rayonnement.

Il se rallie donc, au point où il en est de ses recherches expérimentales, encore inachevées, à cette hypothèse que l'oxyde de thorium n'est que le véhicule des particules de cérite et que celles-ci seules émettent de la lumière. La cérite doit sa haute température dans la flamme à sa division en particules très petites et sa luminosité résulte de sa dispersion dans le squelette du manchon.

J'ai cru devoir m'étendre assez longuement sur ces théories qui, en expliquant le phénomène de l'incandescence, sont de nature à faciliter les recherches et par suite les perfectionnements consécutifs.

CHAPITRE III

Perfectionnements apportés aux Brûleurs et Manchons.
Avantages généraux des Becs à incandescence.

Historique des perfectionnements des brûleurs. — Description des brûleurs perfectionnés. — Perfectionnements des manchons. — Avantages généraux. — Comparaison du prix de revient de la carcel-heure produite par les divers systèmes usuels d'éclairage. — Valeur comparative des différentes unités photométriques.

Je passe maintenant aux progrès réalisés en incandescence depuis l'apparition des premiers becs Auer, progrès qui, en raison de l'impulsion donnée à l'industrie du gaz par la découverte du Docteur Auer, ont été plus rapides en quelques années que les perfectionnements apportés aux brûleurs depuis l'invention du gaz jusqu'à celle de l'incandescence.

PERFECTIONNEMENTS APPORTÉS AUX BECS
A INCANDESCENCE

Ces perfectionnements ont porté sur deux éléments : les brûleurs et les manchons.

Historique des perfectionnements des brûleurs.

Tous les efforts faits pour perfectionner les brûleurs ont eu pour but d'améliorer les conditions d'entraînement d'air et de combustion consécutive du mélange et, par suite, d'obtenir un meilleur rendement du bec. La voie dans laquelle les inventeurs se sont ainsi engagés a permis de créer, en même temps que des becs à débit normal plus parfaits, de nouveaux brûleurs à forte consommation, dont les flammes ne nécessitent pas des manchons de dimensions excessives, d'une fabrication difficile, sinon impossible.

Lors de l'apparition des premiers becs Auer, décrits précédemment, les consommateurs n'ont envisagé tout d'abord que l'économie qu'ils pouvaient réaliser et qui leur permettait de remplacer plusieurs becs par un seul. A ces premières tendances du public est dû l'effroi de certains gaziers qui, ne prévoyant pas un avenir prochain favorable, ont considéré leur sauveur comme un ennemi, dont le seul rôle était de réduire, dans de fortes proportions, la consommation de gaz.

Ce fait se produisit, il est vrai, pendant quelque temps; mais les besoins de lumière du public s'accrurent rapidement avec les appareils perfectionnés mis à sa disposition. On n'éclaira plus, comme par le passé, pour avoir un semblant de lumière, mais on voulut des installations brillantes. La dissymétrie provenant de la suppression ou de l'inutilisation de certains becs sur les appareils existants fit mauvais effet; on remplaça donc, bec par bec, les anciens brûleurs par des becs Auer, puis bientôt les commerçants se firent concurrence par l'éclairage de leurs magasins, comprenant qu'ainsi ils attiraient le public. Les éclairages rivaux furent arrêtés dans leur essor, puis même remplacés par le nouveau venu. Le gaz pénétra, à la suite du bec Auer, dans des locaux où il était auparavant proscrit ou à peine accepté : dans les appartements où, peu élégant, il était relégué dans les antichambres et les cuisines, il fit son apparition dans les salles à manger et les salons; dans les usines, il fut désormais impossible de lui reprocher son faible éclairement; dans les écoles et les hôpitaux, où la fumée et la chaleur qu'il dégageait menaçaient de le faire proscrire, il maintint, puis affermit victorieusement sa position; etc.

Peu après, sous l'action des mêmes causes, des becs plus intensifs s'imposèrent : la Société du Bec Auer créa alors son bec n° 3, de 150 litres, que j'ai déjà mentionné dans le cours de ce travail.

Mais ce bec ne répondait pas encore à la nécessité d'obtenir, en certains points, des éclairages tout à fait intensifs. Les récupérateurs, avec leur rendement de 60 litres à la carcel, étaient démodés et on ne pouvait les remplacer qu'en groupant plusieurs becs dans une même lanterne. Pour concurrencer la lampe à arc, il eût fallu un trop grand nombre de ces brûleurs et, par suite, pour éviter une trop forte concentration de chaleur, des lanternes de dimensions toutes spéciales.

Or, le groupement de plusieurs brûleurs dans une lanterne, indépendamment de l'entretien plus coûteux qu'il entraîne, est loin de donner, comme éclairement total, la somme des éclairements unitaires des becs. Des expériences auxquelles j'ai procédé, il résulte que deux becs, renfermés dans une même lanterne, ne donnent, en prenant pour exemple la ligne qui les réunit, que l'éclairement d'un bec plus un tiers de bec ; les deux autres tiers sont absorbés.

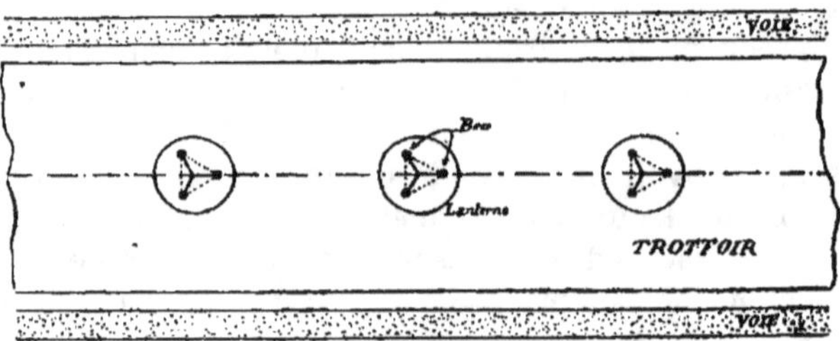

Fig. 12. — Éclairement d'un trottoir de gare par des lanternes à becs multiples.

D'où, pour les lanternes à 3 et 4 becs, la nécessité de placer les becs dans des positions déterminées suivant l'emplacement à éclairer. Ainsi, pour éclairer un trottoir de gare dans le sens de sa longueur avec des lanternes à trois becs, la meilleure disposition (fig. 12) consiste à placer les becs de façon que les sommets des triangles

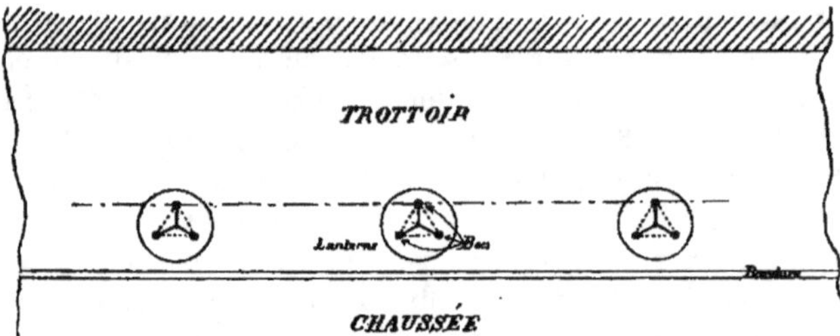

Fig. 13. — Éclairement d'une rue par des lanternes à becs multiples.

qu'ils forment soient sur une même ligne parallèle à l'axe du trottoir, les deux autres becs étant sur une perpendiculaire à cet axe.

S'il s'agit d'éclairer une rue dans le sens de sa largeur par des lanternes à 3 becs, placées au bord du trottoir, la meilleure position est celle de la figure 13.

— 52 —

Pour les lanternes à 4 becs, la position est évidemment mauvaise et la meilleure répartition à donner aux becs est la suivante :

Les difficultés inhérentes au groupement de plusieurs brûleurs dans une même lanterne rendaient donc très intéressante la solution du problème consistant à trouver un brûleur unique, suffisamment intensif pour remplir tout seul son office.

Les recherches des deux perfectionnements à obtenir (meilleure formation du mélange et création de becs plus intensifs) ont avancé simultanément et, dans cet ordre de progrès encore, l'Exposition Universelle de 1900 est venue donner l'impulsion nécessaire et précipiter la solution cherchée.

En effet, de même qu'aux Expositions précédentes l'industrie du gaz s'était défendue par les becs du Quatre-Septembre, puis par les récupérateurs, de même, en 1900, elle n'a pas voulu qu'il fût dit qu'elle serait incapable d'assurer un éclairage extérieur suffisamment brillant et que le recours aux seules lampes électriques à arc pouvait remplir ce but.

La Compagnie Parisienne du Gaz prit l'initiative de ces recherches et, dès 1893, M. Auguste Lévy, Ingénieur en chef du Service des Travaux Mécaniques de cette Compagnie, utilisant les seuls appareils alors à sa disposition, installait, aux ateliers du Landy, un certain nombre de becs Auer fonctionnant avec du gaz à forte pression (1^{m}30 à 2^{m}50 d'eau) et commençait l'étude des appareils ainsi alimentés, qui, en principe, paraissaient susceptibles de jouer le rôle important qu'on leur réservait.

En 1896, M. Denayrouze fit connaître au public son nouveau brûleur à mélangeur mécanique, fonctionnant sans verre, qui fut essayé sur la place du Palais-Royal. En 1897, il le remplaça par un bec auto-mélangeur, également sans verre, du type de 270 litres à l'heure, auquel il adjoignit peu après un second type d'une consommation horaire de 170 litres. Ces nouveaux brûleurs eurent un grand succès à Paris et furent essayés en 1898 dans plusieurs belles voies du quartier de l'Opéra.

En 1896 également, M. Bandsept créa le bec qui porte son nom et dont le brevet fut acquis par la Société Française d'Incandescence (Système Auer).

On apprécia beaucoup, au début, les becs sans verre, auxquels on attribuait le grand avantage d'économiser les manchons, dont la casse était souvent consécutive du bris des verres. J'ai toujours été d'un avis différent, çar, indépendamment de ce que de tels becs exigent, pour bien fonctionner sans tirage artificiel, une forte pression qu'on ne rencontre que très rarement en province, l'expérience prouve que, si l'on emploie des verres convenablement choisis, le verre protège infiniment plus souvent le manchon qu'il ne le casse; je citerai notamment les légers chocs produits par inadvertance, sans action sur le verre, mais suffisants pour détériorer le manchon: par exemple, pour les lanternes, le bras de l'allumeur pendant le nettoyage, le vent, la pluie et la poussière quand la lanterne est ouverte intentionnellement ou quand elle est mal close, etc. L'expérience me donna d'ailleurs raison.

Quoi qu'il en soit, il fallait suivre le goût momentané du public et, vers 1898, la Société du Bec Auer mit à son tour en service des becs Bandsept sans verre, d'un type différent de celui du début et comprenant des calibres d'environ 100 litres, 150 litres et 300 litres.

Vers la même époque, M. Saint-Paul, Conducteur Chef du Service de l'Eclairage de la 1re Section de la Ville de Paris, créa son bec intensif à gaz chaud.

En possession de ces nouvelles armes, la Compagnie Parisienne du Gaz, avec l'aide des Sociétés Auer et Denayrouze, réalisa dans les Jardins du Champ-de-Mars et du Trocadéro, le superbe éclairage que tous les visiteurs de l'Exposition ont admiré et qui était assuré par des becs Bandsept du type D de 300 litres et des becs Denayrouze du type de 270 litres, fonctionnant sans verre, les uns à la pression normale du lieu, les autres avec surpression à 200 $^{m/m}$ d'eau.

En même temps, la Ville de Paris, désirant doter la Place de la Concorde d'un éclairage digne de la grande entrée de l'Exposition, remplaça les becs Auer n° 2, groupés par deux dans les lanternes, par des becs Bandsept du type C (consommation 150 litres à l'heure). Mais, comme ses Services Techniques avaient pu déjà se rendre compte des inconvénients signalés plus haut pour les becs sans verre, les becs adoptés furent du type avec verre à trous, que la Société du Bec Auer avait étudié sans retard et qui est, pour ainsi dire, seul utilisé aujourd'hui, quelle que soit la valeur de la pression, sauf le cas de surpression, où la chaleur dégagée ne permet pas l'emploi des verres.

Après l'Exposition de 1900, les becs intensifs prirent un développement de plus en plus grand ; la série des becs Bandsept fut complétée et elle comprit bientôt des appareils de calibres divers, depuis 30 litres jusqu'à 300 litres de consommation horaire, fonctionnant à haute et à basse pression.

Un grand nombre d'autres becs furent également lancés par divers constructeurs, parmi lesquels le bec Kern, qui, connu en Angleterre depuis 1897, ne fit son apparition en France qu'assez récemment.

Tous ces becs ne constituèrent d'ailleurs pas de nouveaux progrès sur les becs intensifs Denayrouze et Bandsept déjà en service.

D'autre part, l'éclairage sous pression des Jardins de l'Exposition fit naître divers systèmes basés sur l'emploi de dispositifs mécaniques pour augmenter la pression et assurer une meilleure composition centésimale du mélange d'air et de gaz; je citerai entre autres la lumière Boule, la lumière Millénium, la lumière Selas à haute pression, la lampe Scott-Snell, etc.

Le dernier progrès réalisé jusqu'ici dans la voie des becs intensifs à fort éclairement consiste dans la création de brûleurs à consommation élevée et à fort tirage, produisant, par leur disposition même, un entraînement d'air et une vitesse de courant qui suffisent à rendre inutile l'emploi d'installations accessoires coûteuses ou de mécanismes compliqués. Le premier de ces appareils a été la lampe Lucas, remplacée bientôt, dans la faveur du public, par la lampe intensive Auer.

Dans un autre ordre d'idées, je citerai également, comme progrès réalisé, l'apparition en France, vers 1903, du bec à flamme renversée, dit bec Farkas.

Description des brûleurs perfectionnés.

1° *Bec Denayrouze.* — *a) Bec Denayrouze à ventilateur électrique.* — Le premier bec Denayrouze, créé en 1895 et essayé en 1896 sur la Place du Palais-Royal, avait pour principe le brassage du mélange d'air et de gaz au moyen d'un dispositif mécanique consistant en un ventilateur mû, avec une grande vitesse, par un petit moteur électrique.

Le gaz arrive (fig. 14) dans une conduite ordinaire C, filetée à
la partie inférieure pour pouvoir se visser sur la canalisation, et
débouche dans une chambre B dans laquelle se trouve le ventilateur V. Il s'y mélange alors intimement à l'air et le fluide, air et

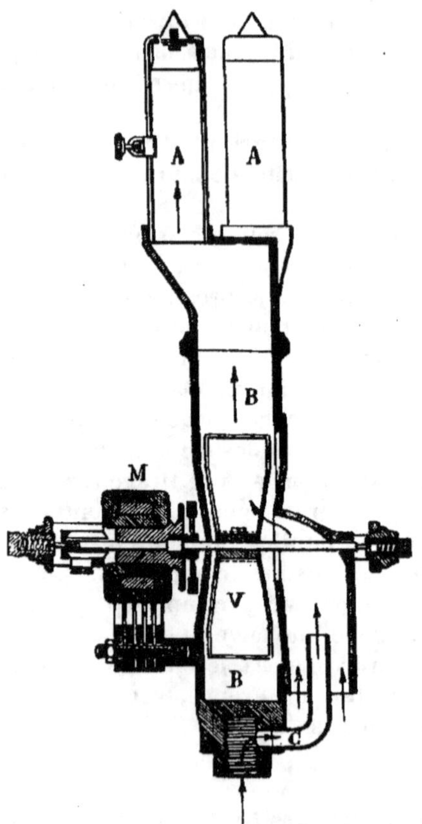

Fig. 14. — Bec Denayrouze à ventilateur électrique.

gaz, se dirige ensuite vers une ou plusieurs cheminées verticales A
portant chacune un manchon fixé par sa tige, latéralement.
Les manchons ne sont pas pourvus de verres.

Sur l'arbre du ventilateur est calé un petit moteur électrique M recevant le courant d'une pile, d'un accumulateur ou d'une distribution et imprimant au ventilateur une très grande vitesse.

Le robinet est remplacé par une soupape en fer doux entourée d'une bobine dans laquelle passe le courant lorsqu'on ferme le circuit ; la soupape est alors attirée et le gaz arrive au brûleur. L'allumage est de même produit électriquement par l'étincelle de rupture d'un circuit près du ou des manchons.

Un régulateur à force centrifuge rompt le circuit et, par conséquent, ferme la soupape d'arrivée du gaz, lorsque le débit est trop fort.

Les essais effectués sur ce brûleur ont donné, pour une consommation moyenne de 350 litres, un pouvoir éclairant d'environ 29 à 30 carcels, soit 12 litres à la carcel.

Mais le mécanisme nécessaire au fonctionnement de ce bec était délicat et sujet à des arrêts assez fréquents. L'appareil a donc été abandonné et M. Denayrouze a créé, à la fin de 1896, un nouveau bec dans lequel le brûleur assure tout seul le mélange convenable d'air et de gaz.

b) Bec Denayrouze à brûleur self-mélangeur. — Ce bec, beaucoup plus simple, se compose d'un Bunsen au-dessus duquel est une chambre cylindrique, de section supérieure à celle du Bunsen, destinée à détendre le mélange ; la hauteur de cette chambre est déterminée suivant le calibre du bec. La partie supérieure est coiffée d'une douille avec toile métallique, sur le côté de laquelle se fixe la tige du manchon.

Ces becs se font de deux calibres, l'un de 170 litres, l'autre de 270 litres, et peuvent être munis d'une galerie, remplaçant la douille et portant un verre à trous, en vue de fonctionner aux pressions inférieures à 50 $^{m/m}$. Leur rendement est d'environ 13 litres par carcel.

c) M. Denayrouze a encore imaginé récemment un nouveau bec à courant d'air central qui fonctionne à des consommations inférieures (100 litres), avec un rendement plutôt meilleur, surtout s'il est muni d'un manchon Plaissetty, dont je parlerai plus loin.

2° *Bec Bandsept.* — *a) Type primitif.* — Ce bec, construit vers 1896, est composé d'un injecteur I (figure 15), en forme de tronc de cône très allongé et de section supérieure à faible diamètre, au-dessus duquel sont superposés trois ajutages A, A', A" à peu près tronconiques, dont la section croît de A en A" et qui remplissent l'office de Giffards. Ces ajutages sont fixés à l'intérieur

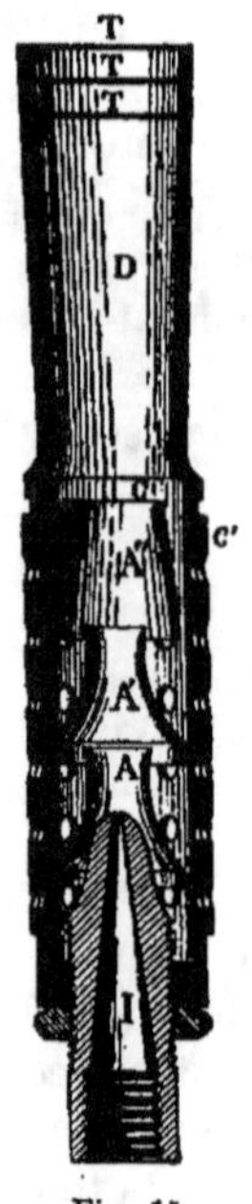

Fig. 15.
Bec Bandsept.
Type primitif.

d'un cylindre métallique C, percé de trous, recouvert par un autre cylindre également percé C' et pouvant être animé d'un mouvement de rotation autour du premier.

Le cylindre intérieur est surmonté d'une cheminée tronconique D ayant sa petite base à la partie inférieure et dont la tête est munie de deux ou trois toiles métalliques T.

Le gaz arrive par l'injecteur I, dont la forme presque conique le comprime, et en sort avec une grande vitesse pour entraîner l'air à la base de chaque ajutage. L'afflux d'air est donc aussi complet que possible et le mélange se fait, dans les meilleures conditions, dans ces Giffards successifs et dans la cheminée supérieure divergente. Le mélange vient enfin brûler, avec une flamme très chaude, sur les toiles métalliques supérieures et sous le manchon qui n'est pas muni de verre.

Le réglage d'air se fait par la rotation du cylindre extérieur C' sur le cylindre intérieur C.

Ce bec, dont le brevet a été acquis par la Société française d'Incandescence par le Gaz (système Auer), a un des meilleurs rendements que l'on puisse réaliser, puisqu'il a permis d'obtenir, sans dispositif mécanique, la carcel à environ 10 litres; mais sa construction un peu difficile et son réglage d'air délicat l'ont fait remplacer par un type plus simple, qui est le :

b) *Bec Bandsept, type actuel.* — Basé sur le même principe que le précédent, le bec Bandsept type actuel (fig. 16) se compose d'un injecteur I à un seul trou (fig. 17) et d'une cheminée comprenant un petit tronc de cône A et un plus grand tronc de cône B, réunis par leurs petites bases de façon à ce qu'il y ait divergence comme dans le type primitif. Au-dessus de l'injecteur I et à l'intérieur du premier tronc de cône A est fixée une pièce C formant injecteur Giffard et séparant les deux étages de fenêtres O et O' par lesquelles s'introduit l'air du mélange. La partie supérieure du

tronc de cône B (fig. 17) peut être coiffée, soit d'une douille, soit
d'une galerie G portant la toile métallique T sur laquelle se fait la
combustion et qui est munie du porte-tige avec vis de serrage W.

La galerie, destinée au bec à verre, type le plus usuel actuellement, est complètement obstruée à la partie inférieure et porte
un verre à trous.

Fig. 16. — Bec Bandsept B actuel.

(Vue d'ensemble.)

Une bague de réglage K coulissant verticalement sur la base du
brûleur et fixée par une petite vis, règle les entrées d'air des deux
étages de fenêtres. Le bec est complété par une clochette P, s'opposant autant que possible à l'allumage à l'injecteur, et par une pièce
rapportée S s'engageant au-dessus de la clochette et supportant la
galerie à bonne hauteur dans le cas du bec à verre; cette pièce

porte une petite saillie circulaire R sur laquelle s'appuie la galerie et qui doit être placée à la partie supérieure.

Le fonctionnement de ce bec est le suivant : le gaz, sortant de l'injecteur I, entraîne de l'air par les fenêtres O de l'étage inférieur; ce premier mélange passe par le Giffard C et peut ainsi

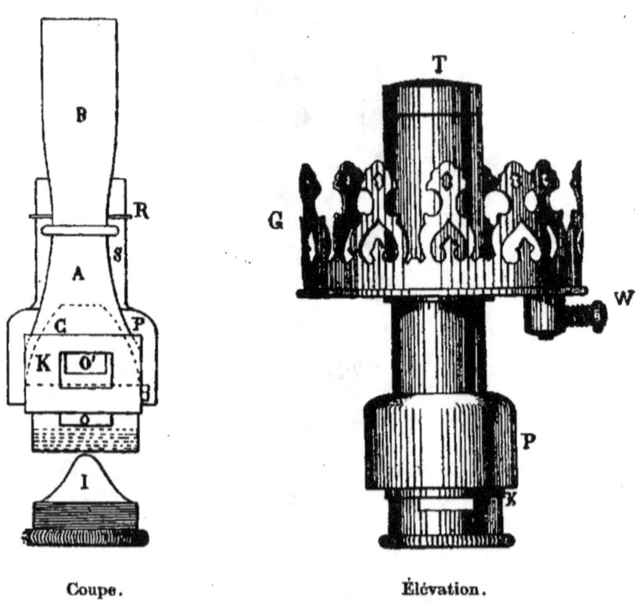

Fig. 17. — Bec Bandsept, type actuel.
(Détails et coupe.)

injecter un second afflux d'air par les fenêtres O' de l'étage supérieur. Le mélange se fait aussi intime que possible dans l'étranglement produit à la jonction des deux troncs de cône A et B, puis se détend dans la partie supérieure B du brûleur pour venir brûler sur la toile métallique T. — Si le bec est muni d'un verre, l'air de

combustion, ne pouvant s'introduire froid sous la galerie complètement obturée, passe par les trous pratiqués dans le verre en face
de la partie la plus chaude du manchon et arrive considérablement
réchauffé sur la grille de combustion.

Le profil de ce bec a été étudié de façon que le mélange d'air et
de gaz se produise dans les meilleures conditions de composition et
de vitesse et que, par suite, la flamme ait une température très
élevée. Il a donc un excellent rendement, comme on peut en juger
par le tableau suivant qui indique les caractéristiques des divers
calibres de becs Bandsept.

	Consommation horaire	Pouvoir éclairant	Rendement par carcel
Bec petit modèle . .	30 litres	2 carcels, 1	14 litres, 3
— A 45 litres . .	45 —	3 — 3	13 — 6
— A	60 —	4 — 6	13 — »
— B	90 —	7 — 5	12 — »
— BC	125 —	9 — 5	13 — 1
— C	150 —	11 — 5	13 — »
— CD	250 —	19 — »	13 — »
— D	300 —	22 — 5	13 — 3

Le réglage de ces becs doit être très soigné ; il convient notamment d'éviter les bavures à l'orifice de l'injecteur, bavures qui
pourraient déplacer le jet de gaz et l'empêcher d'être bien dirigé
dans l'axe du brûleur ; c'est pourquoi il est recommandé de se servir surtout de l'épinglette, en allant progressivement d'une consommation trop basse au débit définitif, et d'éviter autant que possible l'emploi de l'enclume-matoir produisant plus facilement des
bavures.

Lorsque le réglage de gaz et d'air est bon, on obtient une
flamme bleu-pâle courte avec, à la partie inférieure, une zône plus
claire, à l'endroit où la combustion commence, composée de
petites vagues bleues ; cette partie ne s'élève pas à plus de 2 à
3 $^{m}/^{m}$ au-dessus de la grille. Ce phénomène est l'indice d'une
flamme très chaude et d'une grande vitesse du courant gazeux sur
la grille.

La figure suivante (fig. 18), montre la différence entre les flammes des becs Bandsept et des becs ordinaires à incandescence.

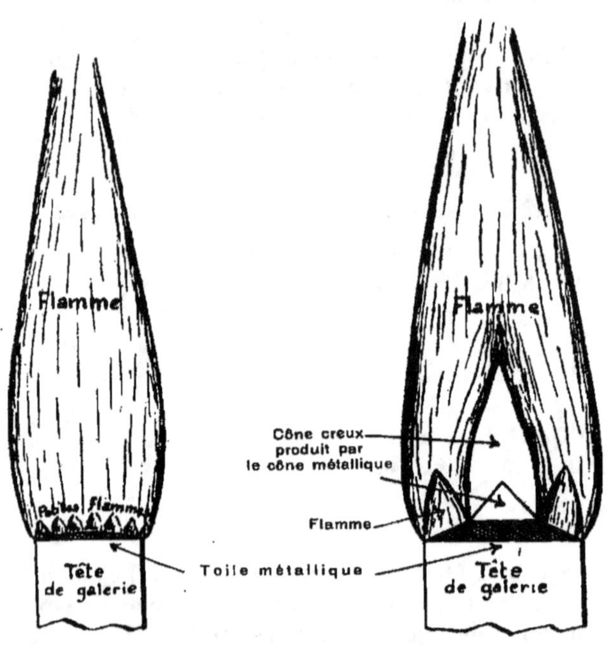

Bec Bandsept B.   Bec Auer n° 2 ordinaire.

Fig. 18. — Profils des Flammes.

Bec à récupération. — Je citerai encore, comme contemporain du bec Bandsept, le bec Auer à double verre, basé sur le principe de la récupération. Ici, non-seulement l'air de combustion, mais encore l'air destiné au mélange, arrive préalablement chauffé au contact du manchon.

Ce bec se compose (fig. 19) d'une boîte cylindrique A hermétiquement close à sa partie inférieure et dans le fond de laquelle est vissé l'injecteur I à un seul trou. — La partie supérieure est fer-

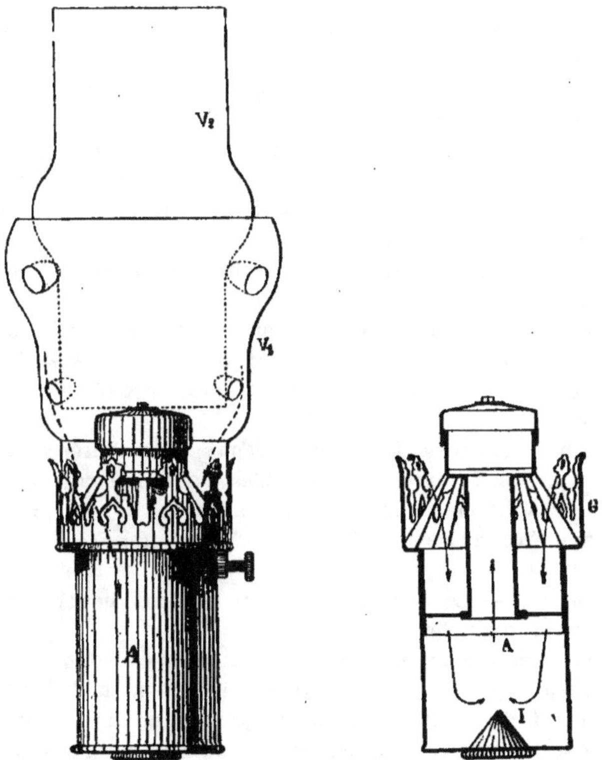

Fig. 19. — Bec Auer ordinaire à double verre.

mée par la galerie G porte-verre et porte-manchon qui s'y emboîte exactement. Ce bec fonctionne avec un double verre composé de deux verres d'Iéna concentriques dont l'un V_1, de forme évasée, placé sur la galerie G, sert de support à l'autre V_2. — Ce dernier, en forme de cheminée, est suspendu par son milieu, à la hauteur du manchon, au moyen d'un bourrelet qui repose sur trois saillies du verre-support.

On voit donc que l'air, destiné à se mélanger au gaz, n'est admis dans la boîte A, en passant par les ouvertures de la galerie G, qu'après avoir pénétré entre les deux verres concentriques V_1 et V_2 au contact desquels il s'échauffe fortement.

Ce bec, construit pour consommer 100 litres de gaz à l'heure, fonctionne à toutes les pressions au-dessus de 10 $^m/_m$ et a un pouvoir éclairant de 10 carcels ou 100 bougies, ce qui correspond à l'excellent rendement de 10 litres par carcel.

Ce rendement, supérieur à celui de tous les autres becs fonctionnant sans surpression, n'est obtenu que lorsque la récupération est établie, c'est-à-dire lorsque l'ensemble du système a atteint son maximum d'échauffement ; jusqu'à ce moment, c'est-à-dire pendant un quart d'heure environ après l'allumage, le pouvoir éclairant augmente progressivement.

Ce bec a l'inconvénient de s'échauffer trop et de produire parfois un sifflement gênant ; c'est pourquoi il n'a pas eu le grand développement que semblait promettre son rendement très économique.

Le succès des becs Bandsept et Denayrouze donna naissance à un grand nombre d'appareils similaires ; l'étude de ces divers becs m'entraînerait trop loin et je citerai seulement le bec Kern en raison de son profil et de son dispositif particuliers.

Bec Kern. — Ce bec, fonctionnant généralement sans verre, est représenté sur les figures 20 et 21.

Il se compose d'un bunsen B de section hyperbolique allongée ; l'air est aspiré par le gaz, sortant de l'injecteur I, à hauteur des ouvertures O du brûleur et le mélange se rend, après avoir suivi tout le parcours du tube hyperbolique, dans un panier P perforé et de là dans la chambre C, très chaude lorsque le bec est allumé. Après avoir cheminé le long des parois de cette chambre, le mélange, guidé par la pièce supérieure F, arrive à la tête du brûleur constitué par une sorte de roue dentée R ne laissant passer la flamme que sur ses bords. Le manchon est monté sur une tige centrale en magnésie.

Le bec Kern est souvent muni d'une coupe-verrine destinée en principe à protéger le manchon contre les chocs accidentels, mais servant aussi à augmenter légèrement le tirage aux faibles pressions.

Il existe cinq types de becs Kern, de consommations variant de 30 à 150 litres. Leur rendement, à forte pression, est d'environ 12 à 13 litres.

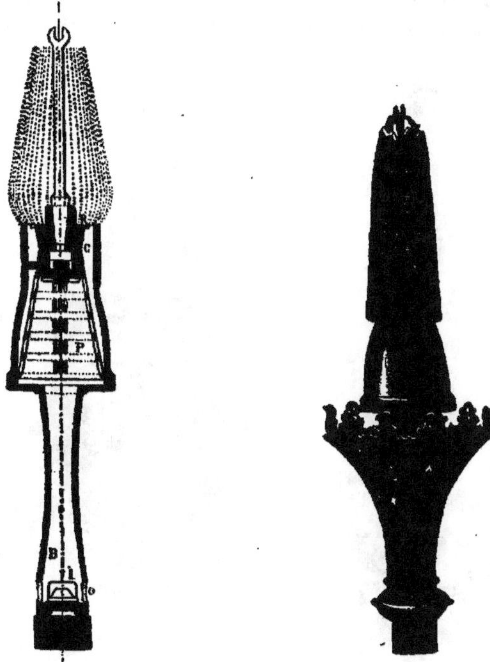

Fig. 20. — Bec Kern (coupe).   Fig. 21. — Bec Kern (vue d'ensemble).

Bec Saint-Paul. — Le principe du brûleur correspondant réside dans le chauffage du gaz d'alimentation, avant qu'il ne se mélange avec l'air ; M. Saint-Paul a en effet conclu de ses expériences qu'un jet de gaz, porté à la température convenable avant d'alimenter le bunsen, son chauffage étant produit le plus près possible de l'injecteur, « détermine un mouvement moléculaire qui « favorise puissamment le mélange intime de la masse gazeuse, en « produisant, pour un même débit horaire, une flamme d'une « énergie calorifique plus considérable. »

Le gaz est amené dans un conduit A (fig. 22) terminé par un petit réservoir B au-dessus duquel se trouve l'injecteur I. Une partie du conduit A et le réservoir B sont enfermés dans une enveloppe métallique cylindrique E et, au-dessus du fond de cette dernière, existe une couronne C concentrique au tube A, percée de trous pour permettre au gaz qui l'alimente de brûler en petits jets

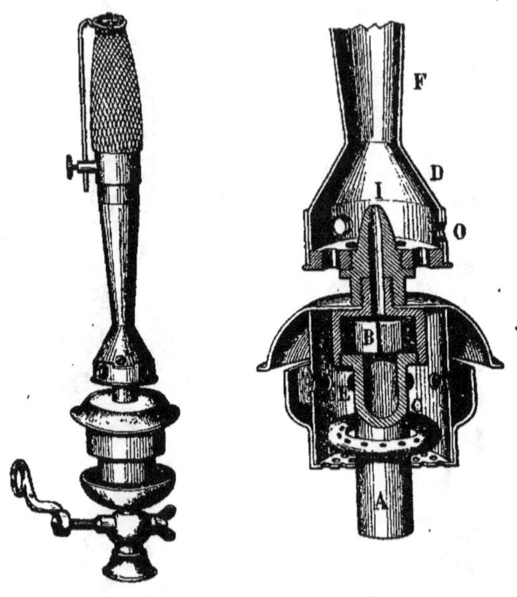

Vue d'ensemble.   Coupe.

Fig. 22. — Bec Saint-Paul.

veilleuses. L'air nécessaire à la combustion de ces jets de gaz pénètre par les orifices percés dans le fond de l'enveloppe E; les produits de combustion s'échappent par d'autres trous percés dans le corps de cette enveloppe.

Le gaz est alors chauffé dans le réservoir B, situé au-dessus des flammes de la couronne C, puis traverse l'injecteur I surmonté du tube du brûleur; ce dernier est formé de deux troncs de cône, D et F, réunis par leurs petites bases. La base du brûleur est percée de lumières verticales fixes, au-dessus desquelles sont placées d'autres entrées d'air réglables O. Le mélange d'air et de gaz, après s'être effectué dans les deux troncs de cônes D et F, vient brûler au sommet, sur la toile métallique de la douille porte-manchon. Ce bec ne comporte pas de verre.

D'après les expériences du Laboratoire de la Vérification du Gaz de la Ville de Paris, ce bec a donné les résultats suivants :

1° Consommation à la pression normale de 70 m/m :

	Pouvoir éclairant en carcels	Rendement en litres par carcel
297 litres (veilleuse comprise pour 15 litres) . . .	20,77	14,29
350 — — — . . .	24,53	14,27

2° Consommation avec surpression :

	Pouvoir éclairant en carcels	Rendement en litres par carcel
150 m/m 500 litres (veilleuse comprise p^r 15 litres)	37,20	13,50
197 m/m 573 — — —	59,00	9,70

M. Saint-Paul a étudié le rendement thermique de son appareil et a rendu compte de ses intéressantes expériences dans l'ouvrage déjà cité, fait par lui en collaboration de M. Galine, intitulé : " Éclairage ". Il a trouvé, pour un débit horaire de 330 litres, sous une pression de 140 m/m, une température de 1766° pour la flamme.

Ayant tracé les courbes des températures en fonction des consommations, pour son brûleur avec chauffage préalable du gaz, pour le même brûleur sans chauffage et pour un brûleur d'un autre système, mais d'un calibre analogue, il a trouvé notamment les différences de température suivantes :

	Consommation de 270 litres	Consommation de 330 litres
Brûleur Saint-Paul avec chauffage.	1674°	1766°
Brûleur Saint-Paul sans chauffage	1655°	1708°
Brûleur d'un autre système (calibre analogue) .	1602°	1628°

Nouveau brûleur perfectionné de la Société française d'Incandescence (système Auer). — La Société française d'Incandescence (système Auer) exploite, depuis peu, le brevet d'un nouveau brûleur, représenté sur la figure 23, et dont le principe est le suivant : transformer le jet de gaz initial à forte pression et à faible volume en une colonne motrice d'air et de gaz, de plus grand volume, plus propice à l'entraînement ultérieur de l'air d'alimentation et conservant néanmoins la même force vive.

A cet effet, l'injecteur, placé à la partie inférieure cylindrique du tube de brûleur A, est formé de deux parties essentielles B et C, disposées de manière à créer entre elles un canal annulaire à section tronconique.

La pièce B, qui se visse sur le branchement adducteur du gaz, présente, à sa partie supérieure, un cratère d'où émerge une petite

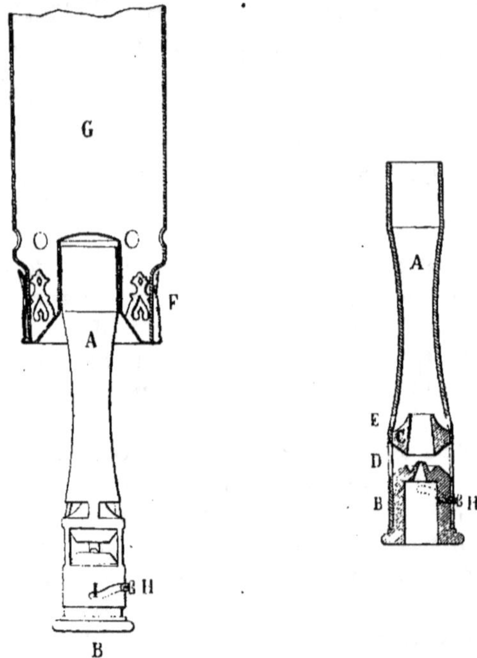

Fig. 23. Nouveau brûleur perfectionné de la Société française d'Incandescence.
(Système Auer).

tuyère. Cette pièce porte, en outre, une vis d'arrêt H coulissant dans une rainure hélicoïdale du tube A, de manière à régler comme il convient la section du canal annulaire.

La pièce C est constituée par une buse affectant dans son ensemble l'aspect d'un solide formé par deux troncs de cône accolés par leurs grandes bases. Des évidements D ont été ménagés entre les deux parties B et C de l'injecteur, ainsi que des lumières E pour l'alimentation d'air dans la partie supérieure parabolique du tube de brûleur A.

Le brûleur est surmonté d'une galerie F portant une cheminée à trous G.

La disposition de ce nouveau brûleur, et notamment la possibilité de régler la distance entre les deux parties constitutives de l'injecteur, a permis d'obtenir un rendement inconnu jusqu'ici, puisque avec les deux types actuels de 80 litres et de 120 litres, on réalise la carcel à raison de 8 à 9 litres de gaz, quelle que soit la pression d'utilisation.

Becs Bandsept et Denayrouze sous pression. — Installation de la Compagnie Parisienne du Gaz à l'Exposition de 1900. — Comme je l'ai dit précédemment, pendant l'Exposition de 1900, les jardins du Champ-de-Mars et du Trocadéro furent éclairés par des becs Bandsept et Denayrouze fonctionnant, les uns à la pression normale du lieu, les autres avec surpression.

L'appareil adopté pour la surpression fut un ventilateur Farcot, présentant le grand avantage de fournir une pression qui était uniquement fonction de la vitesse et de la densité du fluide dans lequel il se mouvait; cette pression ne dépendait pas du débit, et par suite l'emploi de régulateurs était inutile, même lorsque le nombre de becs allumés variait.

Deux ventilateurs aspirants et soufflants furent ainsi installés dans le Pavillon spécial de la Compagnie Parisienne du Gaz; ils avaient 1 m. 20 de diamètre, étaient susceptibles d'une vitesse normale de 1.050 tours par minute et pouvaient débiter à l'heure, pour une pression de 250 m/m d'eau, un volume de 1.200 mètres cubes de gaz.

Le fonctionnement de ces appareils, constaté régulièrement par les courbes des appareils enregistreurs, fut très satisfaisant pendant toute la durée de l'Exposition.

La perte de charge maxima, aux extrémités des conduites sous pression, fut de 18 m/m, et par suite, comme l'on voulait avoir 200 m/m au moins aux becs, on régla définitivement la pression d'origine à 220 m/m.

J'extrais de la Communication faite au Congrès International de l'Industrie du Gaz à l'Exposition de 1900 par M. Auguste Lévy, Ingénieur Chef du Service des Travaux Mécaniques à la Compagnie

Parisienne du Gaz, les intéressants tableaux suivants, résumant les expériences faites sur les becs Auer, type Bandsept, et sur les becs Denayrouze, réglés à la pression ordinaire du gaz, puis réglés pour la surpression.

1° *Becs réglés pour fonctionner à la pression ordinaire du gaz :*

PRESSION DU GAZ en millimètres	DÉBIT HORAIRE EN LITRES		INTENSITÉ EN CARCELS		DÉBIT PAR CARCEL	
	AUER	DENAYROUZE	AUER	DENAYROUZE	AUER	DENAYROUZE
50 m/m .	260^l,87	220^l,85	18^c,94	9^c,56	18^l,71	23^l,10
70 — .	300, »	250, »	20, »	12, 10	15, »	20, 66
75 — .	318, 58	266, 66	22, 59	13, 22	14, 10	20, 17
100 — .	375, »	288, »	34, 60	18, 52	10, 84	15, 55
125 — .	413, 19	321, 42	42, 17	23, 21	9, 80	13, 42

Au delà de 125 m/m, le bec Auer non modifié faisait entendre un sifflement provenant d'un trop grand débit de gaz; les manchons résistaient mal, en outre, lorsque le débit dépassait 400 litres.

2° *Becs réglés au débit de 350 litres de gaz sous la pression de 200 m/m :*

PRESSION DU GAZ en millimètres	DÉBIT HORAIRE EN LITRES	INTENSITÉ EN CARCELS		DÉBIT PAR CARCEL	
		AUER	DENAYROUZE	AUER	DENAYROUZE
50 m/m. . .	188^l,48	9^c, »	7^c,21	20^l,94	26^l,14
100 — . . .	248, 27	15, 50	15, »	16, 01	16, 55
150 — . . .	288, »	27, 50	27, 70	10, 47	10, 40
175 — . . .	321, 42	33, 87	33, 80	9, 48	9, 51
200 — . . .	349, 51	37, 24	37, 20	9, 38	9, 39
225 — . . .	367, 35	39, 62	39, 07	9, 28	9, 40

Comme on le voit, ces becs fonctionnent dans d'excellentes conditions à la pression de 200 m/m, pour laquelle ils étaient réglés, donnant une intensité de plus de 37 carcels (370 bougies) pour 350 litres de gaz, soit un rendement voisin de 9 litres à la carcel.

J'ai eu à m'occuper personnellement, avec la Compagnie Parisienne du Gaz, de l'installation et du fonctionnement de l'éclairage du Champ-de-Mars. Le type de bec Bandsept de l'époque ne comportait pas de réglage d'air; il a été nécessaire de munir les becs Bandsept D de l'Exposition d'une bague de réglage pour leur assurer un bon fonctionnement avec surpression, et de leur faire subir quelques modifications, notamment de munir la tête du brûleur d'une toile métallique spécialement étudiée, plus serrée que la toile ordinaire qui s'oxydait et se brûlait facilement sous l'influence de la forte chaleur dégagée.

Les résultats brillants fournis par l'installation au gaz comprimé, en service à l'Exposition de 1900, aiguillèrent les inventeurs dans cette voie, et plusieurs systèmes apparurent, dont les principaux sont la lumière Boule et la lumière Millenium.

Lumière Boule. — Le gaz est comprimé à 1 atmosphère 1, au moyen d'une petite pompe qui le concentre dans un réservoir en tôle d'acier alimentant un groupe de brûleurs.

Le brûleur est à double courant d'air, l'un intérieur, l'autre extérieur, et il porte à l'incandescence un corps formé de un manchon ou de deux manchons superposés et renfermés dans une ampoule. Les manchons ordinaires ne résistant pas à la forte pression du gaz, on utilise des manchons renforcés, formés de trois enveloppes en tissu très résistant; sous l'action de la pression, ils prennent la forme d'une boule, d'où le nom de lumière Boule.

M. le Docteur Bunte a fait des expériences sur ce système d'éclairage et a obtenu les meilleurs résultats à la pression de 1 atmosphère 1 et avec un double manchon; il a pu atteindre ainsi 1.000 bougies pour 800 à 900 litres de gaz.

Lumière Millenium. — D'après l'étude faite, au moment de la récente Exposition de Dresde, par M. Barth, Chimiste de l'Usine à gaz de cette ville, la lumière Millenium est une lumière incandescente au gaz comprimé à 1.360 m/m d'eau.

Un moteur d'un quart ou d'un demi-cheval actionne un compresseur qui prend le gaz dans la conduite normale passant derrière le compteur; un clapet de retenue et une poche à gaz s'opposent à ce que le fonctionnement du compteur soit influencé par les variations de pression provenant de l'aspiration ou de la contre-pression. La pompe amène le gaz dans un réservoir destiné à régler la pression et à la maintenir constante. A cet effet, il se compose de deux cloches, l'une inférieure, fermée, l'autre supérieure, ouverte, réunies par un tuyau ascensionnel partant du fond; dans la cloche inférieure se trouve un liquide composé de 3/4 de glycérine et 1/4 d'eau. Le gaz pompé dans la cloche inférieure pousse le liquide, par le tuyau ascensionnel reliant les deux cloches, dans la cloche supérieure, jusqu'à la hauteur où il soulève un plongeur qui, au moyen d'un levier articulé, soulève à son tour de son siège le cône d'une soupape d'aspiration. La pompe marche alors à vide, le gaz étant pressé alternativement d'un côté et de l'autre; elle continue à fonctionner, mais n'amène pas de gaz à la cloche tant que, par suite du débit des appareils, le niveau du liquide ne s'est pas abaissé, entraînant le plongeur, et que le cône de la soupape n'a pas permis le libre jeu de la pompe.

Le gaz, ainsi pompé et comprimé, arrive aux brûleurs comportant des prises d'air abondantes jusqu'à la douille, elle-même perforée de trois petits trous d'air, et le mélange vient brûler sur une toile à tamis.

L'appareil exposé à Dresde pouvait débiter 20 mètres cubes à l'heure et alimentait 7 becs. Leur consommation était de 1.194 litres à l'heure et leur pouvoir éclairant d'environ 1.500 bougies Hefner (ou 1.380 bougies décimales), soit 0,8 litres par bougie Hefner et par heure (0,86 l. par bougie décimale ou 8,6 l. par carcel). Les manchons, préparés doubles, avaient une faible durée à l'Exposition de Dresde (environ 1 manchon tous les dix jours pour un allumage de 2 à 3 heures par jour).

Cette lumière a un assez grand succès en Allemagne, où elle a été adoptée, notamment pour les abattoirs centraux de Hambourg, pour la Place Alexandre, plusieurs rues, les abattoirs, l'une des usines à gaz de Berlin, etc.

Ces systèmes à pression très élevée ont l'inconvénient de nécessiter des frais de premier établissement importants, qui, si l'on tient compte de l'intérêt et de l'amortissement de l'installation, annihilent facilement la petite économie de 2 à 3 litres par carcel qu'ils procurent sur les becs perfectionnés Bandsept et autres. En outre, ils nécessitent en général des canalisations spéciales parfaitement étanches, les fuites devenant très importantes à des pressions aussi fortes. Enfin, aux pressions réalisées dans les lumières Boule et Millénium, il est très difficile d'obtenir des manchons résistants, alors qu'il n'en était pas de même à l'Exposition de 1900 où la pression ne dépassait pas 200 $^m/_m$.

Ils ont, par contre, l'avantage de permettre de réaliser de grandes sources de lumière.

Si donc une telle installation était bien indiquée pour un éclairage momentané et devant être extrêmement brillant, comme celui des Jardins de l'Exposition, elle semble présenter de sérieuses difficultés pour des éclairages permanents.

Fig. 21. — Lampe Scott-Snell (Vue d'ensemble).

Une grande partie de ces difficultés sont supprimées, si le bec fait sa surpression lui-même, sans nécessiter de dispositifs mécaniques extérieurs et sans transmettre cette surpression à la canalisation. C'est le cas de la lampe Scott-Snell que je vais maintenant décrire.

Lampe Scott-Snell. — Dans cet appareil, la compression se fait dans la lanterne même, en utilisant à cet effet la chaleur perdue des produits de combustion dégagés par le bec. On comprimait d'abord le gaz avant son arrivée au brûleur ; ultérieurement on a préféré comprimer l'air, dont le volume dans le mélange est plus grand.

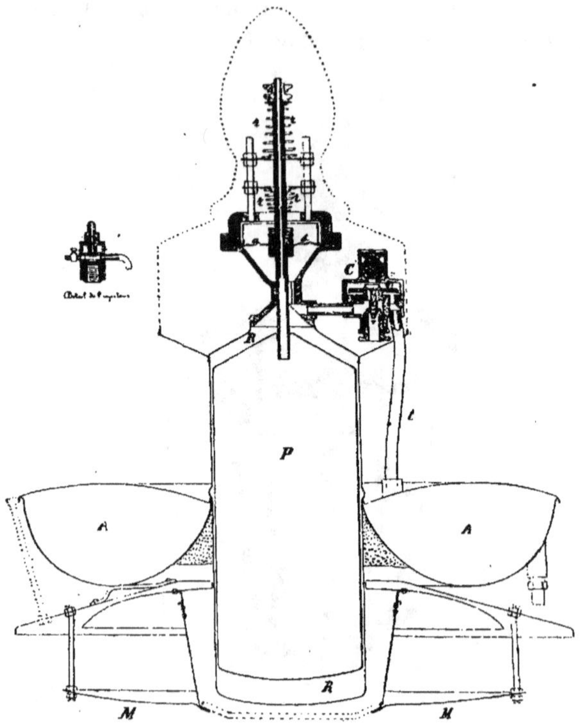

Fig. 25. — Lampe Scott-Snell. Détail du mécanisme.

L'appareil a l'aspect extérieur représenté sur la fig. 24; tout le système de compression est renfermé dans la partie supérieure de la lanterne, au-dessus du réflecteur.

Il consiste en une petite machine à air chaud, très simple, placée au-dessus du manchon. Un piston cylindrique P (fig. 25, représentant la coupe de l'appareil) peut se mouvoir librement dans le réservoir, également cylindrique, R, d'un diamètre à peine plus grand, dans lequel il est placé.

Ce piston est suspendu élastiquement par un système de ressorts antagonistes r ; une membrane élastique $a\,b$, fixée à la tige du piston de manière à lui permettre de se déplacer verticalement, ferme l'orifice supérieur du cylindre. Enfin, dans la pièce C, sont réunis deux clapets servant, l'un à l'aspiration, l'autre au refoulement.

Lorsque l'on allume le bec, l'air contenu à la partie inférieure du cylindre R, au-dessous du piston P, s'échauffe sous l'action des produits de combustion s'échappant par l'orifice du réflecteur M et comprime l'air resté froid situé à la partie supérieure; la membrane $a\,b$ se gonfle alors et le piston monte jusqu'au moment où la pression, étant assez forte pour soulever le clapet v', refoule de l'air comprimé vers le réservoir A et de là vers le brûleur.

Le piston redescend ensuite sous l'influence du ressort supérieur, tendu dans le mouvement de montée; l'air passant à la partie supérieure se refroidit; la pression baisse au-dessous de la pression atmosphérique et la valve v s'ouvre et aspire de l'air extérieur. Le piston, arrivé au bas de sa course, commence à remonter par suite de l'action du ressort inférieur comprimé dans le mouvement de descente.

Un mouvement de va-et-vient rapide s'établit bientôt, avec successions d'aspiration de l'air extérieur par la valve v et de refoulement de l'air comprimé par la valve v'. On obtient ainsi une pression d'air au bec pouvant s'élever jusqu'à 800 $^m/^m$ d'eau, mais qu'il convient de régler à 500 ou 600 $^m/^m$ environ. La mise en marche du système compresseur a lieu automatiquement, au bout d'une minute et demie environ après l'allumage du bec.

Le réservoir d'air A joue le rôle de régulateur de pression; entre ce réservoir et le réflecteur est disposé un jeu de chicanes obligeant les produits de la combustion à s'écarter et à sortir latéralement de façon à ne chauffer que la partie inférieure du cylindre R, la partie supérieure devant rester exposée à l'air extérieur froid seul.

L'injecteur de gaz du brûleur est composé d'une couronne percée de trous; l'air comprimé, amené latéralement par un tube sortant du réservoir A, est injecté au centre du brûleur, au-dessus de l'arrivée du gaz.

Cet appareil possède l'un des meilleurs rendements connus ; en effet un bec Bandsept D peut y être poussé à 450 litres de consommation horaire, en donnant un pouvoir éclairant de 56 carcels, soit un rendement de 8 litres par carcel.

Le type que je viens de décrire comporte des perfectionnements importants sur le type du début et le petit système mécanique très simple de compression est assez robuste pour ne pas exiger un entretien difficile.

Cependant, cet entretien a donné lieu à quelques craintes et le public a semblé préférer des appareils susceptibles de donner, par la disposition même de leur brûleur, un pouvoir éclairant élevé avec un bon rendement, qui n'est pas cependant tout à fait aussi satisfaisant que celui de la lampe Scott-Snell. Les principaux de ces appareils sont la lampe Lucas et la lampe intensive Auer.

Lampe Lucas. — Cette lampe, assez répandue précédemment en Allemagne, a fait son apparition en France, vers l'année 1903. Elle se compose d'un long brûleur dans lequel se fait le mélange intime de l'air et du gaz, le tirage, et par suite l'entraînement d'air, étant activés par une haute cheminée placée au-dessus du manchon (fig. 26 et 27).

Le brûleur se compose d'un chandelier C fixé sur un injecteur de gaz au-dessus duquel se trouve une pièce D, percée des entrées d'air ; à la partie supérieure est une toile métallique sur laquelle se fait la combustion.

Le manchon M, est fixé par sa tige sur une galerie T sur laquelle repose également la verrine V entourant le manchon. Cette verrine est elle-même surmontée de la cheminée de tirage F assurée dans sa position par des colliers-guides O,O. La fermeture hermétique de la verrine est obtenue par des joints en amiante aux points où elle est calée, d'une part, sur la galerie T (partie inférieure), d'autre part, sur le bord inférieur de la cheminée F ; de cette façon l'air froid ne peut s'introduire et tout l'air employé doit passer par le brûleur. A la partie inférieure de l'appareil un robinet R permet de passer de l'allumage d'une veilleuse permanente Z indépendante du brûleur, à l'allumage en plein. Le chandelier C et le manchon M doivent être bien centrés par rapport à la cheminée F.

La lampe Lucas consomme de 600 à 750 litres de gaz et a un

rendement satisfaisant, surtout aux hautes pressions. Aux pressions plus basses, que l'on rencontre généralement en province, l'afflux d'air par le brûleur seul peut être insuffisant et il a fallu, dans certains cas, percer de trous la galerie porte-verrine de façon à obtenir l'air supplémentaire nécessaire.

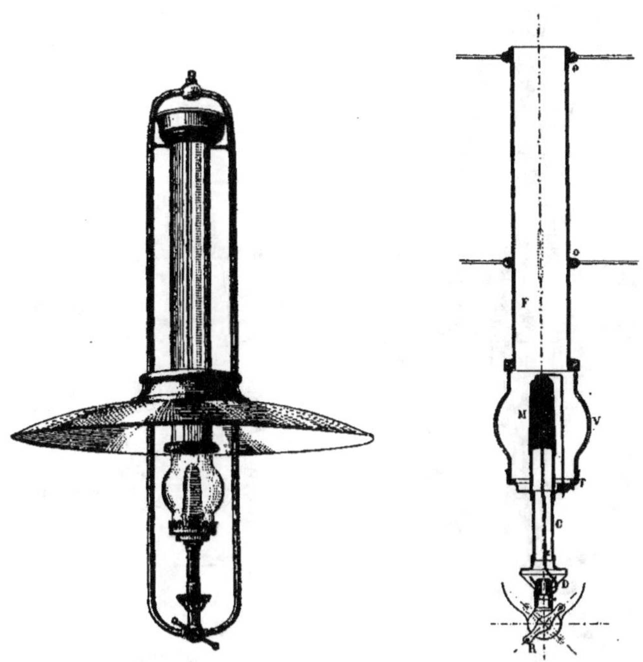

Fig. 26. — Lampe Lucas (vue d'ensemble).   Fig. 27. — Lampe Lucas (coupe).

Lampe intensive Auer. — Cette lampe, construite par la Société française d'Incandescence par le gaz (Système Auer), est agencée de façon à réaliser très complètement l'alimentation en air nécessaire à la bonne combustion, même à basse pression.

Elle est représentée sur les figures 28 et 29, l'aspect extérieur correspondant à la lampe haute pression (pressions égales ou supérieures à 50 $^{m/m}$) [fig. 28] et la vue du brûleur décomposé en ses différentes parties correspondant à la lampe basse pression (pressions de 20 à 50 $^{m/m}$) [fig. 29].

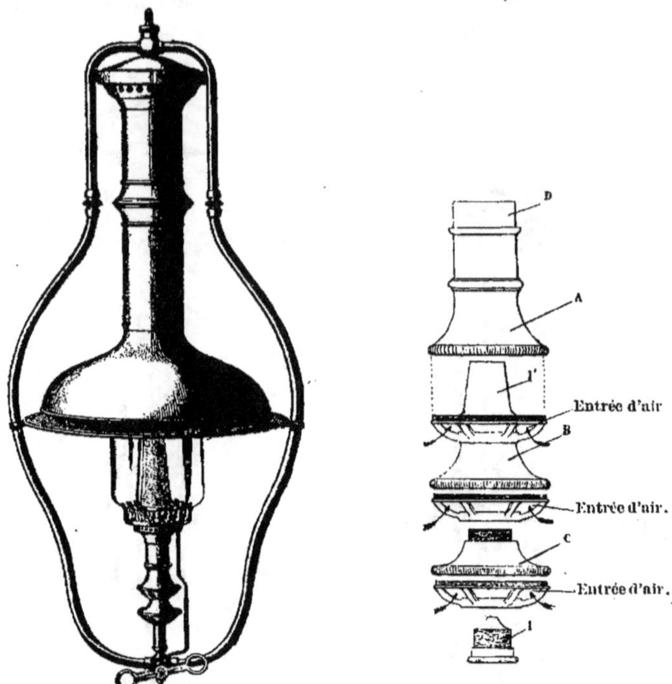

Fig. 28. — Lampe intensive Auer.
Aspect extérieur.

Fig. 29. — Lampe intensive Auer.
Détails du brûleur basse pression.

Le brûleur basse pression se compose d'un injecteur I et d'un brûleur proprement dit ABC, formé de trois pièces fondues, sortes de tuyères tronconiques, vissées l'une sur l'autre.

La pièce A, supérieure, est terminée par une partie cylindrique D sur laquelle se placent la douille munie d'une toile métallique et le support de verrine. Le gaz arrive par l'injecteur I et entraîne l'air, par la première prise d'air, dans la pièce C; de là, le mélange passant dans la deuxième pièce B, entraine une nouvelle quantité d'air par la deuxième prise ; cette pièce B se termine par une partie tronco-conique I' qui sert de second injecteur. Enfin le mélange d'air et de gaz, entrant dans la pièce supérieure A fait un nouvel appel d'air par la troisième prise d'air et, se détendant dans la partie cylindrique D, se rend enfin par la douille sous le manchon, où il s'enflamme en produisant l'incandescence. La galerie porte-verrine est percée à sa base d'une couronne de trous amenant l'air supplémentaire nécessaire à la combustion.

On conçoit que le jeu de ces trois tuyères superposées assure parfaitement l'afflux d'air le plus grand possible par le brûleur, et, en pratique, le fonctionnement de cette lampe est des plus satisfaisants.

Pour la lampe haute pression, l'entrainement d'air se faisant mieux, deux tuyères sont suffisantes ; aussi la pièce inférieure est-elle supprimée et il n'y a plus que deux prises d'air.

Le brûleur peut être réglé aux consommations de 450 litres et 650 litres en donnant respectivement, comme pouvoir éclairant, 410 et 600 bougies ; la carcel est donc obtenue avec 10 à 11 litres de gaz, sans aucun dispositif mécanique coûteux ou compliqué.

Lorsque les variations de pression au lieu de fonctionnement sont importantes, il est bon d'interposer, sous le brûleur, un régulateur.

Le reste de l'appareil se compose, comme l'indique la figure, d'une verrine protégeant le manchon et d'une cheminée de tirage terminée à la partie inférieure par un réflecteur.

L'allumage se fait au moyen d'un robinet à rampe, qui évite la dépense d'une veilleuse constante et la nécessité de tenir le compteur ouvert jour et nuit.

Cette lampe est toute indiquée et très employée pour l'éclairage des grands espaces (éclairage public, halls de chemins de fer, gares de triage, ateliers, devantures de magasin, terrasses de café, etc.).

Lumière Selas. — Avant d'en terminer avec les éclairages à l'incandescence perfectionnés, je citerai la lumière Selas, assez répandue à l'étranger et qui réalise l'éclairage intensif au moyen d'un dispositif mécanique, mais sans que la surpression soit indispensable.

Dans une communication faite en juin 1903 à l'Association des

Ingénieurs gaziers anglais, M. Marshall rappelle les communications faites antérieurement par MM. Walter Crafton et Vivian Lewes, d'après lesquelles l'élément important pour un gaz employé à l'incandescence n'est pas le pouvoir éclairant, mais le pouvoir calorifique, ce dernier pouvant être obtenu très satisfaisant avec un gaz de faible pouvoir éclairant mélangé à un diluant convenablement choisi.

Or, le bon diluant le plus économique est l'air qui ne coûte rien ; son addition au gaz ne peut naturellement augmenter le pouvoir calorifique de ce gaz, qui est une donnée fixe dépendant de la composition ; mais elle développe à un haut degré l'intensité de la flamme.

Ce développement d'intensité est obtenu en général soit par des perfectionnements du brûleur (Bandsept, Denayrouze, Kern, etc.), soit par l'augmentation de la pression et du volume de gaz consommé, et, dans tous ces systèmes, le mélange d'air et de gaz se fait dans le brûleur même.

D'après M. Marshall, le même résultat peut être obtenu par le système Selas, qui est un système à basse pression dans lequel le gaz et l'air sont intimement mélangés avant leur arrivée au brûleur.

L'appareil Selas est construit d'après un principe consistant à obtenir un mélange constant et assuré de 2 volumes d'air et de 1 volume de gaz, brûlé, sous une pression de 2 pouces à 2 pouces ½ ($50^{m/m}$ à $63^{m/m}$), dans des brûleurs à incandescence débitant 1 ½, 2 ½ et 3 pieds cubes de gaz (environ 40 litres, 70 litres et 85 litres), c'est-à-dire trois fois ces quantités du mélange d'air et de gaz. C'est de plus un mélangeur et, jusqu'à un certain point, un suréleveur de pression.

Le mélange est opéré dans une chambre par deux tambours tournant sur un même axe, le tambour à air ayant exactement un volume double du tambour à gaz. La rotation des tambours est obtenue par la pression de l'air fourni au tambour à air par des soufflets à action alternative, mis en marche, soit au moyen d'un petit moteur hydraulique alimenté par un courant d'eau insignifiant provenant de la canalisation de l'immeuble, soit par un moteur électrique.

L'appareil, fonctionnant avec moteur hydraulique, par exemple, se compose d'un compteur d'abonné, du mélangeur, d'un réservoir à air avec régulateur pour l'admission d'air dans le mélangeur, d'un régulateur à gaz, d'un moteur hydraulique avec régulateur automatique d'admission d'eau actionné par le régulateur à gaz, d'une pompe à air et des divers robinets d'admission d'eau et de gaz et de by-pass.

Les robinets à gaz et à eau étant ouverts, le moteur hydraulique met en marche les soufflets de la pompe et l'air, ainsi pompé, fait tourner les tambours du mélangeur qui aspire l'air et le gaz dans la proportion de 2 à 1. Quand la pression de 2 pouces à 2 pouces ½ est atteinte dans le mélangeur, la cloche du régulateur à gaz s'élève d'elle-même en fermant la valve d'admission d'eau et la pompe à air cesse aussitôt de fonctionner. Lorsque la cloche du régulateur descend, elle agit sur une petite roue qui rouvre l'admission d'eau. La pression nécessaire est assurée par des poids placés sur la cloche du régulateur à gaz.

L'appareil peut fonctionner à haute pression, avec certaines modifications; une plus grande force étant nécessaire pour actionner le système mélangeur et compresseur, on emploie à cet effet un moteur à gaz.

Le gaz Selas peut être brûlé dans les becs à incandescence ordinaires pour pression normale et haute pression, en fermant les arrivées d'air. Mais, le mélange d'air ayant pour effet de diminuer les dimensions de la flamme, l'inventeur a construit des brûleurs spéciaux donnant de meilleurs résultats.

M. Marshall cite des expériences desquelles il résulte qu'avec le gaz de Copenhague et des brûleurs spéciaux Selas on a obtenu, à la pression de 2 pouces ¼ (environ 60 $^{m/m}$), 36 bougies Hefner par pied cube, soit environ 3 carcels 3 pour 28 litres, ou la carcel pour 8 litres ½.

Avec le gaz de Flensbourg, à pression normale également, le résultat moyen des brûleurs spéciaux Selas a été d'environ 29 bougies Hefner par pied cube, soit 2 carcels 67 par 28 litres, ou la carcel à 10 litres 5 environ.

Enfin à Berlin, au Petit Thiegarten, l'appareil fonctionnant à la haute pression de 35 pouces (environ 889 $^{m/m}$), on a obtenu en moyenne 40 bougies Hefner par pied cube, soit 3 carcels 68 pour 28 litres ou 7 litres 6 par carcel.

D'après ces chiffres, le résultat est, sans contredit, très satisfaisant ; mais, si l'appareil à pression normale évite les inconvénients do la surpression dans les conduites, il nécessite toutefois une installation coûteuse et, de même que pour les lumières Boule et Millenium, son rendement, variable d'ailleurs d'après les chiffres précédents, suivant le gaz employé, est peu supérieur à celui des becs perfectionnés (Bandsept, Denayrouze, lampe intensive Auer, etc.), si l'on tient compte de l'intérêt et de l'amortissement.

Bec renversé. — Je terminerai cette revue des appareils à incandescence mis en service depuis la découverte du bec Auer, en disant quelques mots d'un bec, qui, s'il ne procure pas une amélioration au point de vue du rendement, constitue cependant une nouveauté intéressante par les applications décoratives spéciales dont il est susceptible; je veux parler du bec à flamme renversée, dit « bec renversé », qui permet pour le gaz l'emploi d'un appareillage semblable à celui de l'éclairage électrique.

La difficulté, pour le bon fonctionnement d'un tel bec, consistait, d'abord à obtenir que la flamme fût projetée avec assez de force pour rester dirigée vers le bas, ensuite à éviter le retour de flamme à l'injecteur, bien qu'il dût être grandement facilité par l'échauffement du brûleur sous l'action des produits de la combustion.

Le premier bec ayant donné des résultats satisfaisants est le bec Farkas représenté sur les figures ci-dessous (figures 30 et 31). Il se compose (figure 31) d'un brûleur Bunsen ordinaire B en cuivre, mais renversé, avec injecteur I à un trou et prise d'air O réglables; cette partie en cuivre vient s'engager dans un bloc C en porcelaine, percé d'un canal cylindrique central qui prolonge le brûleur et fait corps avec lui. Le bloc de porcelaine C, mauvais conducteur de la chaleur, protège le brûleur contre un trop grand échauffement provenant de la flamme et, par sa forme évasée, éloigne de lui les produits de combustion.

Le système est tenu par l'étrier E portant un collier à vis V, V, auquel se fixe la verrine. De son côté le bloc de porcelaine est muni d'un support S destiné à recevoir le manchon, muni lui-même d'une armature circulaire en magnésie, qui s'engage sur son support par une sorte de dispositif à baïonnette.

Pour que le bec puisse fonctionner, il faut que la vitesse du courant gazeux soit supérieure à la vitesse de combustion, sans quoi il y aurait retour de flamme; cette condition commence à être réalisée pour les pressions supérieures à 30 $^m/_m$. En vertu de la vitesse du courant gazeux, la flamme se dirige d'abord vers le bas, puis remonte de façon à prendre une forme sensiblement sphérique ; c'est pourquoi le manchon est sphérique, avec une ouverture à la partie supérieure à l'endroit où il est fixé sur son armature, mais complètement fermé à la partie inférieure.

Fig. 30. — Bec renversé Farkas. avec verrine.

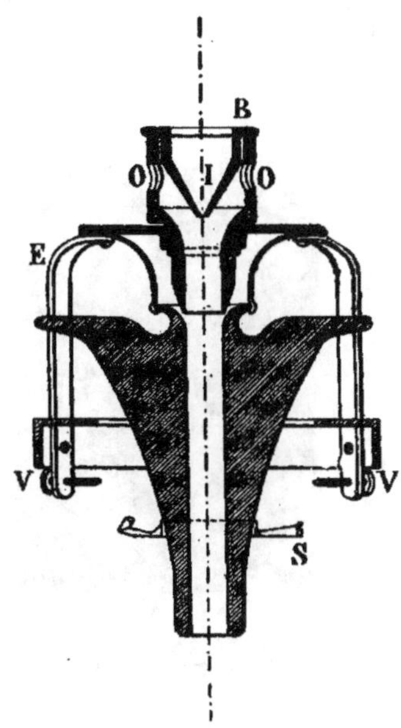

Fig. 31. — Bec renversé Farkas. Coupe.

Il y a deux types de ce bec :

	Consommation horaire de gaz.	Pouvoir éclairant.	Rendement par carcel.
Le bec renversé Bébé. . . .	40 litres	3 carcels	13 litres 3
Le bec renversé grand modèle	95 —	6 — 5	14 — 6

Mais ces rendements ne sont obtenus qu'aux hautes pressions, telles qu'on les rencontre à Paris. Comme je l'ai dit, ces becs ne

commencent à fonctionner d'une façon convenable qu'aux environs
de 30 $^m/_m$ et avec des rendements inférieurs aux précédents aux
faibles pressions.

Bec Liais. — Un autre système de bec renversé est le bec Liais
(figure 32), dont le brûleur est constitué par une seule pièce en alumi-
nium fondu, ayant la forme d'une croix dont les deux branches sont
creuses (figure 33).

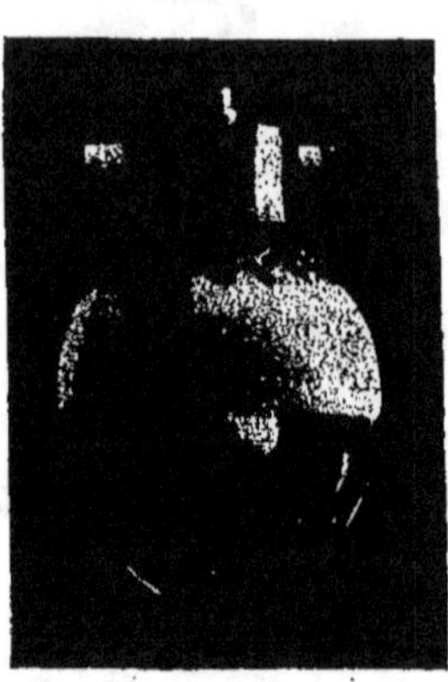

Fig. 32. — Bec Liais.

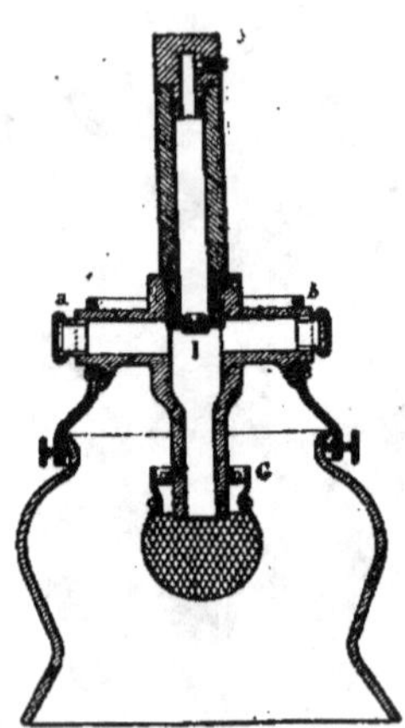

Fig. 33. — Bec Liais (coupe).

A la partie supérieure de la branche verticale est fixé l'injecteur I,
dont l'orifice est situé sur l'axe de la branche horizontale, ouverte à
ses deux extrémités et formant ainsi prises d'air *a* et *b* réglables par
des tampons. Le mélange d'air et de gaz descend dans la branche
verticale terminée par un ajutage en nickel qui maintient la griffe-
support de manchon G.

Une sorte de cheminée de tirage est constituée par le porte-globe
fixé à une saillie du brûleur et surmonté d'un tube cylindrique au-
travers duquel passent les prises d'air et qui sert à conduire les
produits de la combustion au-dessus de ces prises d'air, de façon à
éviter qu'ils soient aspirés dans le brûleur.

Perfectionnements des manchons.

Comme je l'ai indiqué au cours de l'historique de l'invention Auer, les premiers perfectionnements ont porté sur la solidité du manchon, notamment de sa tête, sur la couleur de la lumière, trop verdâtre au début, etc. Les recherches des divers savants, que j'ai résumées dans le paragraphe consacré aux théories énoncées sur l'incandescence, ont permis de se rendre compte des causes des divers phénomènes et de fixer par suite les bases rationnelles de la composition et de la fabrication des manchons. On a pu plier cette fabrication aux formes très variées des flammes produites par les divers brûleurs perfectionnés que je viens d'étudier.

Je ne m'étendrai donc pas plus longuement sur ce sujet, sauf en ce qui concerne la teinte de la lumière, sur laquelle je crois utile d'ajouter quelques mots. Les premiers manchons Auer fournissaient une lumière trop verte, qui leur a été très sérieusement reprochée au début, d'ailleurs non sans raison, par suite de l'habitude qu'on avait des lumières rougeâtres. On a donc corrigé la composition du liquide imprégnant, de façon à obtenir une lumière émettant plus de radiations jaunes, teinte qui a donné satisfaction au public.

Lorsque la concurrence est survenue, à l'expiration du brevet Auer, certains fabricants ont mis en service des manchons donnant une lumière très blanche, pour laquelle il y a eu, de la part de nombreux consommateurs, une sorte d'engouement ; aussi exige-t-on souvent des manchons extra-blancs. A mon avis, c'est revenir ainsi vers la couleur décriée au début, qui a l'inconvénient d'être moins avantageuse pour les personnes et les objets dans les appartements et de donner dans les rues un éclairage blafard et triste. La lumière jaune dorée des manchons Auer normaux est de teinte plus chaude et se rapproche beaucoup plus de la couleur des sources naturelles de lumière.

Mais la préférence marquée pour telle ou telle couleur est une question de goût personnel que l'on ne peut discuter et il est d'ailleurs facile de fournir aux consommateurs de manchons la couleur qu'ils désirent.

Ce qui est plus grave, c'est que la teinte blanche en question ne peut être obtenue qu'aux dépens de la teneur en cérium du fluide d'imprégnation, et par suite aux dépens de la durée du pouvoir éclairant lui-même. A tous les points de vue donc, le manchon à teinte normale doit être préféré.

Ceci posé, je passe au grand perfectionnement apporté à la fabrication des manchons, c'est-à-dire au procédé Plaissetty.

Manchon Plaissetty. — Depuis longtemps, on cherchait le moyen de rendre les manchons à incandescence plus résistants, mais la grande difficulté à vaincre consistait à trouver une solution, sans recourir à une augmentation de la masse du manchon. En effet, la masse étant plus grande, il était nécessaire d'employer plus de chaleur pour porter le manchon à la température voulue, et il en restait évidemment moins pour se transformer en lumière, à moins d'augmenter sensiblement la consommation des becs, ce qui alors supprimait leurs qualités économiques.

J'ai eu personnellement l'occasion d'étudier un manchon présenté par un inventeur, manchon suffisamment résistant pour pouvoir supporter sans inconvénient la pression de la main et pour ne pas se briser si on le laissait tomber à terre; mais, essayé au photomètre, il ne donnait guère plus de 2 carcels ½ pour une consommation d'environ 120 litres de gaz à l'heure: le rendement en était donc de 48 litres par carcel, bien inférieur à celui du manchon Auer ordinaire, qui, comme on l'a vu plus haut, n'exige pas plus de 15 à 16 litres.

Le problème à solutionner consistait donc à donner au manchon plus de cohésion, d'homogénéité et d'élasticité, sans augmenter sa masse, et ce sont précisément là, sans parler de l'augmentation du pouvoir éclairant, les qualités primordiales du manchon Plaissetty.

J'ai indiqué, au chapitre II, le procédé de fabrication des manchons à base de textile naturel (coton ou ramie), et j'en rappelle simplement les grandes lignes: préparation du tissu, imprégnation de ce tissu dans une solution des nitrates de thorium et de cérium, transformation de ces nitrates en oxydes par l'incinération du manchon.

Pour fabriquer les manchons Plaissetty, on prépare tout d'abord la soie artificielle destinée à former le tissu. Le procédé généralement employé, procédé de Chardonnet, est le suivant: on traite le coton par un mélange d'acide nitrique et d'acide sulfurique, de façon à obtenir de la nitrocellulose que l'on fait ensuite dissoudre dans un mélange d'alcool et d'éther. On file la matière ainsi obtenue au moyen de filières capillaires en verre et à l'aide d'une pression considérable ; les filaments, réunis par quatre sur la machine qui sert à les produire, subissent ensuite les opérations d'assemblage et de torsion, comme ceux de textile naturel, mais de façon à être réunis par 15 à 20 brins. Les fils qui en résultent sont enfin dénitrifiés par le sulfhydrate d'ammoniaque, puis rincés soigneusement.

C'est avec les fils ainsi préparés qu'on tricote le manchon, qui est ensuite trempé dans le liquide imprégnant, toujours constitué par les nitrates de thorium et de cérium. Après séchage, on plonge ce manchon imprégné dans une solution concentrée d'ammoniaque, de façon à transformer les nitrates en oxydes hydratés insolubles et en nitrates ammoniacaux solubles dans l'eau ; ces derniers sont éliminés par un lavage. On termine alors le manchon, qui, après incinération, se réduit définitivement, comme dans le procédé ordinaire, à une carcasse en oxydes de thorium et de cérium.

Les différences principales entre les manchons Plaissetty et les manchons en tissu textile naturel sont donc :

1° Que les fils de soie artificielle sont constitués par 15 à 20 filaments élémentaires continus, alors que les fils de textile naturel se composent au plus de 4 à 6 brins, formés eux-mêmes par l'enchevêtrement de filaments relativement assez courts ;

2° Que les nitrates sont transformés en oxydes hydratés en plongeant les fils dans une solution concentrée d'ammoniaque, tandis que, avec les textiles naturels, cette transformation s'obtient, une fois le manchon fabriqué, au cours de l'incinération. On évite ainsi, pour les manchons Plaissetty, le boursouflement des nitrates qui se produit, dans le corps des manchons en textile naturel, sous l'action de la chaleur, pendant l'incinération.

On conçoit aisément qu'il en résulte, pour le manchon Plaissetty, plus de cohésion, plus d'homogénéité et plus d'élasticité. Au surplus, on peut se rendre compte facilement de l'objectivité de ces considérations en examinant les deux sortes de manchons au microscope.

D'autre part, de la finesse des filaments, de la plus grande homogénéité qui permet une meilleure répartition des oxydes, enfin de la proportion moins forte d'impuretés, c'est-à-dire de corps inertes, dérive un pouvoir éclairant plus élevé et d'une durée plus grande.

Le manchon est également beaucoup plus souple, à tel point qu'il peut être plié sans inconvénient.

Enfin, un autre avantage de ce manchon est que, formé d'oxydes hydratés, il peut se conserver indéfiniment, avant incinération, sans craindre l'humidité, à l'encontre des manchons ordinaires qui sont essentiellement hygrométriques.

En fait, tous ces avantages ont été vérifiés par des expériences convaincantes dans différents pays et, d'après une communication de M. Greyson de Schodt à l'Association des Gaziers belges en 1904, les essais ont été des plus satisfaisants, aussi bien à la South Métropolitan Gaz Company, de Londres, qu'à la Deutsch Gas Selbstzunder Actiengesellschaft, de Berlin, et à la Compagnie du Gaz de Stockholm. Il en a été de même en France, où les manchons Plaissetty, dont le brevet est exploité par la Société Française d'Incandescence par le Gaz (Système Auer), prennent un développement de plus en plus grand ; j'aurai l'occasion d'y revenir, d'ailleurs, quand je m'occuperai de l'éclairage public de Paris.

Avantages généraux des becs à incandescence.

En dehors de leur rendement très économique, je ne m'étendrai pas longuement sur les autres avantages des becs à incandescence, qui sont actuellement bien connus, ces appareils ayant aujourd'hui presque complètement remplacé les anciens brûleurs à gaz.

Qu'il me suffise donc de rappeler la diminution de chaleur résultant de la consommation moindre, la diminution de viciation de l'air et la suppression de la fumée, conséquences d'une combustion beaucoup plus complète, la fixité de la lumière qui, produite par incandescence, n'est pas influencée par les légères variations de pression, le vent, etc., la conservation des colorations réelles des objets, etc.

Au point de vue économique, la meilleure méthode consiste à comparer le prix de revient de l'unité de lumière, par exemple la

carcel-heure, pour les différents modes d'éclairage les plus généralement employés.

A cet effet, en me maintenant dans ce chapitre, sur le terrain
de l'éclairage particulier, je comparerai :

Pour le gaz : le bec papillon, le bec rond, le récupérateur type
de 750 litres, le bec Auer ordinaire, le bec Auer perfectionné à
brûleur Bandsept, les appareils intensifs à incandescence (Scott-
Snell, lampe intensive Auer, etc.);

Pour l'acétylène : les becs à flamme libre et les becs à manchons (remarquer, pour ces derniers, que leur fonctionnement
pratique n'a pu encore être bien réalisé, en raison des difficultés
que l'on rencontre dans le réglage, pour éviter la formation de
mélanges détonants à l'intérieur du brûleur);

Pour l'électricité : la lampe à incandescence ordinaire, la
lampe à arc ordinaire de 8 ampères et la lampe à arc, de la Société
Auer, à charbons minéralisés dizones.

Comme prix, j'admettrai 0 fr. 20 pour le mètre cube de gaz,
et pour l'électricité 0 fr. 08 l'hectowatt. Le calcul de la dépense
pour la lampe à arc ordinaire de 8 ampères, fonctionnant, comme
dans la pratique, avec globe, en réalisant un pouvoir éclairant
d'environ 50 carcels, est le suivant: pour deux arcs en tension sur
un courant de 110 volts, on a, par lampe,

$$8 \times 55 = 440 \text{ watts pour 50 carcels}$$

soit la carcel pour 8 watts 8.

La lampe à arc, de la Société Auer, à charbons minéralisés
dizones, donne, à dépense égale, un éclairage au moins trois fois
et demie supérieur à l'arc ordinaire, soit 175 carcels pour 440 watts,
ou 2 watts 5 par carcel.

Pour l'acétylène, d'après le journal *Revue des Éclairages
Modernes,* d'octobre 1904, il y avait à cette époque, en France,
80 petites villes où des usines à gaz acétylène étaient en exploitation et 6 où ces usines étaient en construction, le prix du mètre
cube, pour les abonnés, variant, suivant les localités, de 2 francs
(prix le plus bas) à 4 fr. 50 (prix le plus haut); le prix de 4 fr. 50
paraissant très élevé, j'admettrai un prix moyen de 3 francs.

Sur les bases que je viens d'exposer, on obtient le tableau

suivant pour le prix de la carcel-heure avec les divers systèmes d'éclairage précités :

Comparaison du prix de revient de la carcel-heure produite par les divers systèmes usuels d'éclairage

NATURE DES APPAREILS		PRIX DE REVIENT DE L'UNITÉ	RENDEMENT par carcel	PRIX de la carcel-heure (en centimes)
Gaz	Bec papillon	0ᶠ 20 le m³.	127 lit.	2,54
	Bec rond.	— —	105 —	2,10
	Récupérateur 750 lit. .	— —	60 —	1,20
	Bec Auer ordinaire . .	— —	16 —	0,32
	— à brûleur Bandsept	— —	12 —	0,24
	Appareils intensifs à incandescence, (Scott-Suell, lampe intensive Auer, etc)	— —	10 —	0,20
Acétylène .	Brûleur à flamme libre.	3ᶠ » —	7 —	2,10
	Brûleur avec manchon .	— —	3 —	0,90
Electricité	Lampe à incandescence électrique	0ᶠ 08 l'hectowatt	35 watts	2,80
	Lampe à arc ordinaire de 8 ampères. . . .	— —	8,8 —	0,70
	Lampe à arc de la Société Auer à charbons minéralisés dizones . .	— —	2,5 —	0,20

Je ne fais pas entrer en ligne de compte les frais d'entretien, trop insignifiants par rapport à la dépense de gaz ou de courant pour pouvoir modifier les conclusions, très favorables à l'incandescence par le gaz, résultant de ce tableau.

Il faut, d'ailleurs, remarquer, d'une part que les dépenses d'entretien pour l'incandescence par le gaz et l'électricité peuvent être, en pratique, admises identiques, et d'autre part que, parmi les appareils nécessitant peu ou pas d'entretien, les uns (becs papillons et ronds) ne sont presque plus employés, et les autres (brûleurs à acétylène à flamme libre), s'encrassant pour ainsi dire journellement, exigent une main-d'œuvre de nettoyage importante.

Valeur comparative des différentes unités photométriques.

Pour terminer ce chapitre, il me semble intéressant, en vue de permettre la compréhension facile des expériences photométriques faites dans les différents pays, de signaler la valeur comparative des diverses unités photométriques employées, telle qu'elle résulte de la communication faite par le Docteur Bunte au Congrès International de Photométrie tenu, en 1903, à Zurich.

M. le Docteur Bunte a étudié les unités suivantes :

    Lampe Hefner ;
    Bougie anglaise de spermacéti ;
    Lampe à mèche au pentane d'une bougie ;
    Bougie allemande de paraffine ;
    Lampe au pentane, Vernon-Harcourt, de 10 bougies ;
    Lampe Carcel.

Il en a déduit le tableau suivant :

	BOUGIE HEFNER	BOUGIE ALLEMANDE	BOUGIE ANGLAISE	PENTANE 1 BOUGIE	PENTANE 10 BOUGIES	CARCEL
Bougie Hefner .	1	0,833	0,877	0,855	0,088	0,092
— allemande.	1.20	1	1,05	1,03	0,105	0,110
— anglaise .	1.14	0,950	1	0,97	0,100	0,105
Pentane,1 bougie	1,17	0.970	1,03	1	0,103	0,107
— 10 bougies	11,40	9,500	10, »	9,70	1	1,050
Carcel.	10,87	9,050	9,53	9,29	0,950	1

Les valeurs soulignées sont celles qu'il a mesurées directement ; les autres sont les moyennes calculées de différentes séries d'observations.

M. le Docteur Bunte a donc proposé que cette table fût prise comme base de travail par la Commission Internationale de Photométrie, en ajoutant que la lampe au pentane de 10 bougies et la Carcel restaient à comparer avec la bougie Hefner, et qu'en conséquence les valeurs figurant à la table précédente ne devaient être regardées que comme provisoires.

DEUXIÈME PARTIE

APPLICATIONS DE L'INCANDESCENCE PAR LE GAZ A L'ÉCLAIRAGE DES VILLES, DES CHEMINS DE FER, ET DES CÔTES

CHAPITRE PREMIER

Éclairage des Villes.

Pression et régulation. — Utilisation de la plus grande partie de la lumière émise. — Protection contre les intempéries. — Protection contre les trépidations. — Verrerie. — Allumages. — Conclusion sur la transformation des lanternes. — Entretien. — Historique de l'éclairage public à l'incandescence par le gaz. — Conditions à étudier et à réaliser pour un bon éclairage public. — Détermination des courbes d'éclairement sur le sol. — Comparaison du prix de revient de la carcel-heure produite par les divers systèmes usuels d'éclairage public. — Accessoires de l'éclairage public.

Parmi les nombreuses et intéressantes applications qui ont été faites des becs à incandescence, je m'occuperai plus spécialement de celles concernant l'éclairage des villes, des chemins de fer et des côtes.

J'étudierai d'abord l'éclairage public, et, pour démontrer l'immense étape parcourue depuis une dizaine d'années, il me suffira de rappeler l'obscurité et la tristesse qui régnaient, absolument maîtresses, dès le soir venu, dans nos villes, et qui n'étaient coupées que par l'éclat bien rare et coûteux de quelque récupérateur isolé sur une place ou à un croisement de voies importantes.

Avec la vie extérieure actuelle, cette situation ne pouvait se prolonger longtemps et, par la force même des choses, le progrès devait triompher, à bref délai, des traités les plus longs et, en apparence, les plus solides, car l'opinion publique, à bout de patience, ne voulait plus du régime de l'obscurité.

Si donc sa situation ne s'améliorait pas, le gaz allait être obligé de céder la place à des systèmes d'éclairage plus modernes, et déjà certaines Municipalités, voulant à tout prix une réforme, avaient adopté l'électricité. Quelques-unes même, ne pouvant supporter la dépense entraînée par l'éclairage très brillant des lampes à arc, mais séduites cependant par le mot " électricité ", s'étaient décidées pour l'incandescence électrique, quoique ce mode d'éclairage n'apportât, pour ainsi dire, aucune amélioration à l'état ancien. Cela résulte, en effet, des essais effectués autrefois à Paris, rue Auber et rue des Halles, à la suite desquels les lampes à incandescence ont dû être abandonnées ; d'ailleurs, les résultats obtenus dans d'autres villes n'ont fait que confirmer les précédents et il en sera ainsi jusqu'à ce que les appareils perfectionnés, notamment la lampe à osmium Auer, aient fait leurs preuves pratiques.

Toutefois, le désir de changement fut tellement puissant que, malgré ces résultats peu engageants, plusieurs villes de France s'éclairèrent à l'incandescence électrique ordinaire, entre autres Amiens, Aix-en-Provence, Alais, Draguignan, Ivry-sur-Seine, Guéret, Melun, Moissac, Montauban, Perpignan, Tarascon, Vesoul, etc.

C'est alors que le bec Auer, après avoir triomphé en éclairage privé, vint rétablir d'abord, puis considérablement améliorer la situation du gaz appliqué à l'éclairage public.

Ce ne fut d'ailleurs pas sans luttes que l'incandescence par le gaz parvint à conquérir la position prépondérante qu'elle occupe actuellement, et les difficultés, qu'elle dut surmonter également avant de réussir chez les particuliers s'accumulèrent devant elle, infiniment plus graves et plus nombreuses, pour l'éclairage des voies publiques. Il fallut vaincre d'abord la routine et amener le public, et même les hommes du métier, à plier leurs habitudes à l'appareil nouveau mis entre leurs mains, au lieu de vouloir accommoder le fonctionnement de cette nouvelle lumière aux habitudes prises. On s'était toujours contenté de placer les anciens brûleurs à gaz sur leurs supports, sans se préoccuper ni de la pression et de ses variations, ni des trépidations, ni des intempéries, etc.; on voulut employer le bec Auer dans les mêmes conditions et je me souviens des résistances que j'ai rencontrées maintes fois de la part de ceux, qui, considérant qu'il suffisait de visser un bec Auer dans une lanterne pour obtenir l'éclairage et l'économie désirés, regardaient toutes les questions de transformation des lanternes et d'emploi d'accessoires comme n'ayant d'autre but que la majoration du mémoire de premier établissement.

J'ajoute que les essais ont été rapidement concluants et que le premier champ d'expériences trouvé pour ces essais en France a permis, par sa grande notoriété, de convaincre les plus réfractaires: je veux parler de la Ville de Paris qui, comme je l'exposerai plus loin, a commencé à s'occuper de la question dès 1893 et dont les Services compétents se sont prêtés, avec beaucoup de bonne grâce, à l'examen détaillé de tous les aspects de la question.

Je commencerai l'étude de l'application de l'incandescence par le gaz à l'éclairage public, en envisageant les diverses difficultés qu'il a fallu surmonter et en faisant connaître les moyens les meilleurs employés pour les résoudre.

Les questions à passer en revue à ce sujet sont :

1° La pression et sa régulation.
2° L'utilisation de la plus grande partie de la lumière émise.
3° La protection contre le vent, la pluie, la poussière, etc.
4° La protection contre les trépidations.
5° La verrerie à employer.
6° L'allumage.

1° Pression et Régulation.

Une des questions les plus importantes à considérer pour la bonne marche d'un éclairage public à l'incandescence est celle de la pression. J'ai exposé au chapitre II (1re partie) les conditions de réglage des becs Auer, comportant le réglage du débit en gaz pour la pression du lieu, puis le réglage consécutif de l'air au moyen de la bague destinée à cet usage. Lorsqu'un bec est mal réglé, que son débit soit plus grand ou plus petit que son débit normal, son fonctionnement devient mauvais et, dans les deux cas, son intensité lumineuse est inférieure à ce qu'elle devrait être, les conditions de la combustion étant défectueuses. S'il y a trop de gaz dans le mélange, la combustion est incomplète et il se forme sur le manchon et sur sa tige des dépôts de charbon qui en entraînent la destruction rapide. S'il y a trop d'air, le manchon n'est incandescent que sur une partie de sa hauteur et son incandescence est mauvaise, la flamme étant refroidie par cet excès d'air inutilisé; en outre, dans ce cas, il se produit un sifflement désagréable.

On conçoit donc la nécessité de connaître avant tout la pression sur la voie publique et de ne jamais placer les becs sans avoir pris toutes les précautions nécessaires de ce fait. Mais la pression, pour des appareils restant en service au moins une grande partie de la nuit, n'est, pour ainsi dire, jamais constante et subit d'importantes variations, provenant, soit de l'usine, soit de la consommation, depuis le fort supplément donné à l'heure de l'allumage jusqu'à l'extinction. Pour faire une étude bien complète, il convient donc d'avoir la courbe de ces variations, prise avec un appareil enregistreur, pendant les heures utiles.

Si l'on se contentait, par suite, de prendre pour base du réglage la pression à une certaine heure, les becs, bien réglés pour cette pression, ne le seraient plus lorsqu'au cours de la soirée et de la nuit elle varierait. A ces variations de pression correspondent en effet, pour les becs, des variations de débit, souvent très importantes, d'où il résulte que les appareils seraient, pendant la majeure partie du temps de fonctionnement, mal réglés, soit par excès, soit par défaut de gaz.

J'ai étudié les courbes de variation de débit correspondant aux variations de pression pour les becs Auer Bébé (40 litres de consommation normale), n° 1 (75 litres), n° 2 (115 litres) et n° 3 (150 litres) et je les annexe à la fin de ce travail (planches annexes n° 2 et n° 3). L'examen de ces courbes démontre très nettement la grande importance de la régularisation de la pression, car, si l'on prend, par exemple, un éclairage public comprenant les quatre sortes de becs en question, réglés à leur débit normal pour 40 $^m/_m$, et si l'on suppose une pression variant, au cours de la nuit, de 20 à 70 $^m/_m$, on obtient, pour le débit, les variations suivantes :

	Pression minimum 20 m/m.	Pression maximum 70 m/m.
Bec BB (réglé à 40 litres pour 40 $^m/_m$), débit. .	27 litres	57 litres
Bec n° 1 — 75 — — — . .	50 —	92 —
Bec n° 2 — 115 — — — . .	80 —	156 —
Bec n° 3 — 150 — — — . .	102 —	202 —

On conçoit combien doit être défectueux le fonctionnement de ces becs et combien onéreux leur entretien, en présence de variations de débit passant du simple au double chaque nuit.

Pour la marche à basse pression, les variations sont beaucoup plus importantes encore, comme l'indiquent les courbes. Ainsi un bec n° 1, réglé à 75 litres pour 15 $^{m}/^{m}$, voit son débit s'accroître de 58 à 90 litres pour une simple variation de 10 à 20 $^{m}/^{m}$. Le bec n° 3 passera, dans les mêmes conditions, de 120 à 175 litres.

Dans la pratique, on peut admettre, surtout pour les becs généralement employés en éclairage public comme les n°s 1, 2 et 3, les règles résultant du tableau suivant :

Pression correspondant au débit normal.	Variation de débit par millimètre de pression.
Environs de 20 $^{m}/^{m}$.	2 litres 1/2.
Environs de 30 $^{m}/^{m}$.	2 litres.
Environs de 40 $^{m}/^{m}$.	1 litre 1/2.
Environs de 50 $^{m}/^{m}$.	1 litre.
Entre 60 et 80 $^{m}/^{m}$.	7/10 de litre.
Entre 80 et 100 $^{m}/^{m}$.	6/10 de litre.

Pour les becs perfectionnés, comme les Bandsept, les variations sont encore plus sensibles.

Donc, il importe absolument de régulariser la pression. On ne peut le faire, en éclairage public, au moyen de grands régulateurs, servant pour un groupe nombreux de becs, car on régulariserait ainsi, à la valeur la plus basse, la pression chez les abonnés, branchés naturellement sur les mêmes conduites, et ces appareils, d'une installation coûteuse, absorberaient trop de pression. On emploie donc ce qu'on appelle des régulateurs aux becs, se vissant entre la chandelle porte-bec et le bec lui-même,

Je représente ici un des types les plus employés, le régulateur Bablon (fig. 34 et 35).

Le corps du régulateur est constitué (fig. 35) par l'enveloppe A, B, C filetée en haut et en bas; à l'intérieur du canal D peut se mouvoir une capsule H mobile. Le gaz arrive par la partie inférieure, pénètre dans la capsule H et sort en partie par la fente O pour se rendre dans la chambre P, où il produit une contre-pression. En même temps, il s'échappe par la partie supérieure de la capsule en L pour aller alimenter le bec.

Si la pression s'élève dans la conduite, la capsule monte et ferme plus ou moins l'orifice L, mais ne peut jamais l'obstruer complètement, car, s'il se produit une trop forte augmentation, la contre-pression agit pour maintenir L constamment ouvert.

Si, au contraire, la pression diminue, la capsule descend et ouvre plus ou moins l'orifice, sa course étant encore limitée par la contre-pression.

Fig. 34. — Vue d'ensemble.   Fig. 35. — Coupe.

Régulateur Bablon.

La pression de distribution du gaz, et par suite le débit du bec, demeurent ainsi toujours constants.

Les appareils sont réglés, pour la pression que l'on veut obtenir, par un enfoncement préalable convenable de la capsule H dans le tube D et cette pression, pour pouvoir être régulière, doit nécessairement être égale à la presssion la plus basse du lieu pendant les heures d'éclairage : si la pression dans les conduites tombait en effet au-dessous de celle à laquelle est réglé le régulateur, il est évident que cet appareil ne pourrait fournir une pression supérieure à celle qui règne dans la canalisation.

Ce régulateur est construit de manière à réduire au strict minimum les risques d'arrêt ou de dérangement; à cet effet, les poussières, qui pourraient s'introduire pendant le jour par l'orifice du bec, suivent les canaux divergents F F du couvercle B et viennent tomber sur la cloison N, de part et d'autre de la soupape, sans pouvoir, par suite, s'opposer à son fonctionnement.

Mais il arrive parfois que les impuretés du gaz lui-même forment une espèce de mastic qui colle la soupape : on s'en aperçoit par l'éclairage défectueux que fournit le bec et les allumeurs y remédient en frappant avec leur perche d'allumage de petits coups secs sur l'enveloppe du régulateur, jusqu'à ce que la soupape ait recouvré son libre jeu ; il convient donc d'avoir une réserve de régulateurs, de façon à pouvoir, de temps en temps, nettoyer ceux qui sont en service et les remettre ensuite à la réserve.

Comment doit être réglé un bec monté sur régulateur ? Pour résoudre cette question, il faut tout d'abord remarquer que cet appareil, par l'étranglement qu'il produit, absorbe une certaine quantité de pression que l'on peut évaluer à 7 à 8 $^{m/m}$ pour les débits normaux ; la pression à l'injecteur du bec est donc égale à la pression minima dans la conduite, diminuée de l'absorption du régulateur.

Au début de l'emploi de ces régulateurs sous les becs à incandescence, on montait l'injecteur sans le régler, se basant sur ce que le bec consommait forcément ce que débitait le régulateur et, par suite, était de lui-même réglé à sa consommation normale.

L'éclairage fut ainsi défectueux et je citerai notamment, pendant les essais officiels de Paris, l'éclairage des Champs-Elysées (becs sur régulateurs), beaucoup moins brillant que l'éclairage de la place de la Concorde (becs sans régulateurs), quoique les conditions de pression et le calibre des becs fussent identiques sur les deux chantiers.

L'étude de cette anomalie conduisit à cette règle que les injecteurs des becs, placés sur régulateurs, devaient être réglés pour avoir leur débit normal, c'est-à-dire celui du régulateur, à une pression égale à la pression minima dans la conduite pendant les heures d'éclairage diminuée de l'absorption du régulateur. Si, en effet, l'injecteur est réglé pour une pression moindre, les orifices d'arrivée du gaz sont trop grands, la vitesse de débit diminue et il en résulte un mauvais entraînement d'air. Si, au contraire, l'injecteur est réglé pour une pression plus forte, les orifices sont trop petits et la quantité de gaz constituant le débit normal du régulateur ne peut passer par l'injecteur, d'où une diminution de consommation et la production d'une contre-pression.

On voit par ce qui précède que l'étude de la pression sert, non-seulement à déterminer le réglage des becs, mais encore à fixer le type de bec à employer (haute ou basse pression).

La considération de la pression minima, diminuée de l'absorption du régulateur, montre également les cas où l'emploi d'un régulateur n'est pas possible : j'ai dit en effet qu'on ne pouvait assurer le fonctionnement certain des becs à incandescence au-dessous de $10^{m}/_{m}$; si la pression dans la canalisation tombait à $15^{m}/_{m}$ par exemple, l'absorption du régulateur ne laisserait plus que 7 à $8^{m}/_{m}$ au bec, pression insuffisante.

En résumé, l'emploi de régulateurs s'impose en éclairage public, sauf si l'on se trouve dans le cas très rare d'une pression presque régulière et, même dans cette occurence, on n'est jamais sûr que les variations de la consommation privée, dont l'usine à gaz n'est pas maîtresse, ne produiront pas, à un moment donné, pour les appareils d'éclairage public, des variations de pression défavorables au bon fonctionnement des becs à incandescence.

Une autre conclusion à tirer de ce qui précède est que, les variations de débit étant beaucoup plus importantes à basse qu'à haute pression, la pression dans les conduites ne doit pas descendre au-dessous de 17 à $18^{m}/_{m}$ pour permettre l'emploi de régulateurs aux becs.

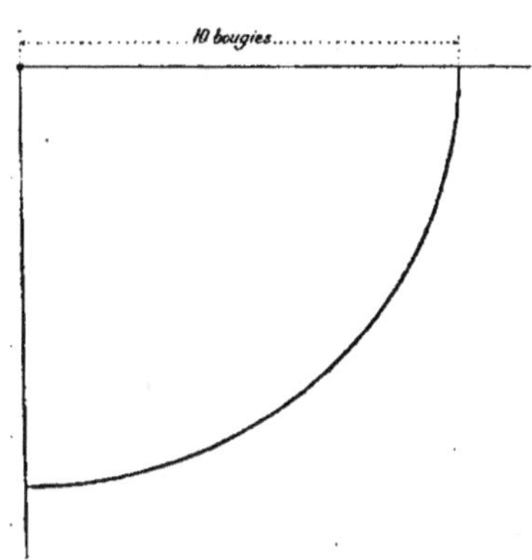

Fig. 36.
Courbe photométrique du bec papillon
de 140 litres.

Utilisation de la plus grande partie de la lumière émise.

Pour permettre de se rendre un compte exact du grand intérêt qu'il y a à employer un dispositif réfléchissant convenablement la lumière du bec Auer, je représente ci-dessus (fig. 36) la courbe photométrique du bec papillon de 140 litres et (fig. 37, 38 et 39) les courbes photométriques du bec Auer N° 2 et des becs Bandsept B et C.

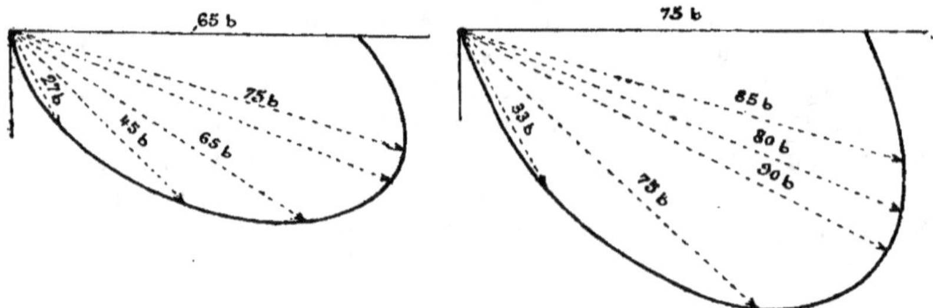

Fig. 37. — Bec Auer n° 2, de 115 litres.   Fig. 38. — Bec Bandsept B, de 90 litres.
Courbes photométriques.

Comme on le voit, la courbe photométrique du bec papillon de 140 litres, qui a sensiblement la même intensité dans les diverses directions, se réduit à un cercle de 10 bougies de diamètre dont je

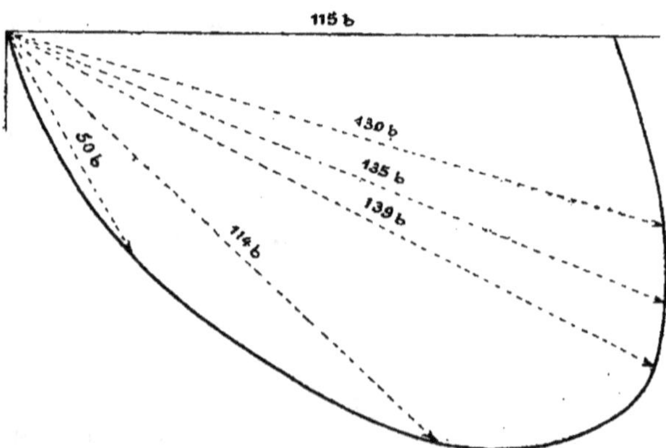

Fig. 39. — Courbe photométrique du bec Bandsept C, de 135 litres.

ne représente que le quart ; la moitié de la lumière est ainsi perdue, mais, comme le pouvoir éclairant d'un tel brûleur est très faible, la lumière émise au-dessus de l'horizon, et qui pourrait être utilisée par réflexion, serait insignifiante; aussi l'emploi de réflecteurs pour les becs papillons est-il très limité.

Pour les becs **Auer**, la question est toute différente et les quarts de courbes ci-dessus, figurées pour un plan méridien et qui sont identiques pour ces différents plans, indiquent clairement qu'en ne munissant pas les lanternes de réflecteurs on perd la moitié de la lumière, c'est-à-dire, dans l'espèce, une quantité très importante.

Ceci posé, quelle forme doit avoir le réflecteur?

Il est évident que, pour l'éclairage public où les appareils d'éclairage, distants de 25 à 30 mètres dans les rues importantes et de 60

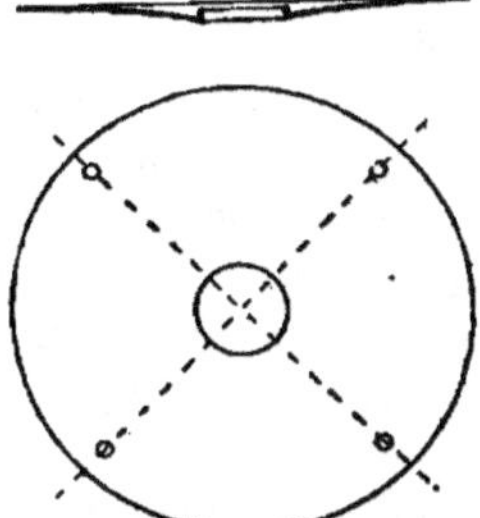

Fig. 40. — Réflecteur rond.
Coupe et vue en plan.

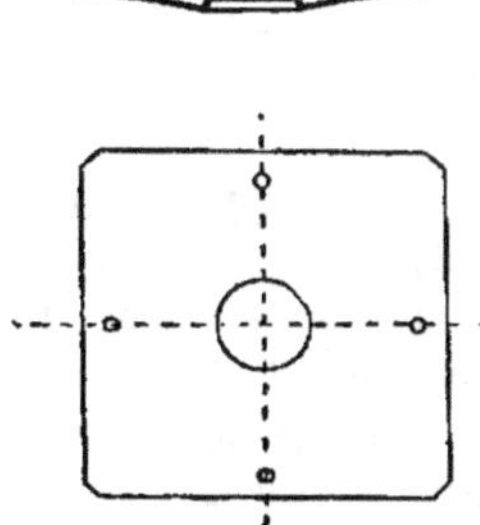

Fig 41. — Réflecteur carré.
Coupe et vue en plan.

à 100 mètres dans les autres, sont par suite très éloignés, la forme concave ne convient nullement, puisqu'elle a pour effet de rassembler toute la lumière émise dans un petit espace autour de la verticale du bec; il s'en suit que, d'un bec à l'autre, il y aurait de grandes zônes obscures séparées par des zônes trop brillantes à proximité des becs, ce qui constitue une très mauvaise solution en éclairage.

Pour obtenir que les rayons lumineux, émis par deux appareils voisins, se croisent au maximum et pour supprimer ainsi toute zône obscure, il faut donner aux réflecteurs une forme évasée, avec bords relevés par rapport au plan horizontal, de façon que les rayons réfléchis s'éloignent le plus possible du bec. Les figures 40 et 41 ci-dessus représentent deux formes de réflecteurs bien étudiés et donnant d'excellents résultats.

Pour les appareils intensifs, destinés à des carrefours ou à des croisements, le réflecteur peut avoir une forme un peu plus concave, sans excès cependant, l'espace à éclairer étant presque toujours trop grand pour que la lumière puisse être absolument rassemblée.

La position du point lumineux par rapport au réflecteur est très intéressante à examiner; très souvent, cependant, on ne s'en occupe pas et on utilise les chandelles porte-becs anciennes sur lesquelles on visse les becs Auer. Parfois même, on place à dessein le bec assez bas dans la lanterne, prétextant que l'effet produit est ainsi plus satisfaisant. Mais il faut distinguer entre l'impression d'illumination, ressentie par l'œil lorsqu'il fixe le point lumineux, et l'impression d'éclairement, produite lorsque l'on regarde le sol. La première de ces impressions, plus vive quand le point lumineux est moins élevé, n'a aucune importance et ne peut être accueillie que par des observateurs superficiels. Le point capital pour un éclairage public est de donner sur le sol l'éclairement le plus fort possible et il est évident que, plus le bec est placé bas dans la lanterne, plus l'angle mort, c'est-à-dire l'angle formé avec l'horizontale par la ligne joignant le centre de gravité du corps lumineux au bord extrême du réflecteur, est grand, et moins il y a de lumière réfléchie. Pour utiliser le plus possible la lumière émise, il convient donc de placer le sommet du manchon à un ou deux centimètres au plus du réflecteur.

Une dernière question à étudier, c'est celle de la nature des réflecteurs. Au début on les faisait en tôle émaillée; mais, sous l'action de la chaleur, l'émail disparaissait au bout de quelque temps, surtout autour du trou central du réflecteur, et il se formait ainsi des plaques noires non réfléchissantes. Il fallait alors, soit remplacer assez fréquemment les réflecteurs, ce qui était coûteux, soit suppléer à la disparition de l'émail par une couche de peinture blanche, procédé peu durable.

On a donc adopté des réflecteurs en porcelaine d'une durée beaucoup plus grande et d'un entretien plus facile; mais ils ont l'inconvénient, outre qu'ils sont d'un prix élevé, d'être très lourds et de trop fatiguer, par suite, le chapiteau des lanternes auxquelles ils sont fixés; souvent leurs attaches cèdent et ils prennent une position dissymétrique.

Pour obvier à ces défauts, la Société du Bec Auer a créé un type de réflecteur en demi-porcelaine, que je considère comme le meilleur, car il a tous les avantages de la porcelaine (bonne surface réfléchissante, durée, résistance à la chaleur, entretien facile) et est par contre beaucoup plus léger.

Ces réflecteurs ont été adoptés par de nombreuses villes (Lyon, Rouen, Marseille, Évreux, Montluçon, Le Havre, Mantes, Montbrison, Vierzon, Saint-Chamond, etc.) et par les Compagnies de Chemins de fer P.-L.-M., du Nord, de l'Est, du Midi, etc.

Protection contre le vent, les intempéries, les poussières, etc.

Si l'on veut obtenir un entretien économique et un éclairage sûr, il est indispensable de mettre le bec et le manchon à l'abri du vent, des intempéries, des poussières, etc., c'est-à-dire d'avoir une lanterne aussi étanche que possible ; on évite ainsi l'extinction des becs par le vent, l'engorgement des brûleurs par la poussière, le bris des verres et la détérioration des manchons sous l'influence de la pluie, etc., tous effets de nature à compromettre gravement le bon fonctionnement d'un éclairage extérieur à l'incandescence par le gaz.

Or les lanternes ordinaires en service, et celles que l'on trouve couramment dans le commerce, sont généralement établies en prévision du bec papillon, pour lequel on ne prenait pas toutes ces précautions. Elles sont munies de carreaux de verre au chapiteau (lanternes carrées) ou ont une couronne ajourée (lanternes rondes); leur calotte supérieure est assez largement ouverte, leurs verres de fond sont plus ou moins ajustés et portent un trapillon destiné à laisser passer la perche d'allumage, trapillon que les allumeurs ont la mauvaise habitude de laisser ouvert la plupart du temps.

Elles sont donc loin d'être étanches et il convient de les modifier de façon à éviter les sérieux inconvénients signalés plus haut. A cet effet, il faut remplacer les carreaux de verre des chapiteaux des lanternes carrées, susceptibles de bris qui laisseraient la lanterne ouverte au-dessus du bec, par des carreaux de tôle ou de cuivre et, s'il y a un jour entre le corps et le chapiteau des lanternes, il convient de faire descendre les carreaux de tôle assez bas pour qu'ils bouchent complètement ce jour. Il faut également obstruer la couronne ajourée des lanternes rondes par des bandes de tôle ou de cuivre de façon à la fermer complètement.

La partie supérieure des lanternes, c'est-à-dire la calotte qui surmonte le chapiteau, ne doit pas être fermée complètement ; car il faut laisser un orifice suffisant pour l'échappement des produits de la combustion ; mais l'intérieur de la lanterne doit être protégé par une chicane brise-vent, laissant libre passage à ces gaz, tout en faisant obstacle à l'entrée du vent, de la poussière et de la pluie.

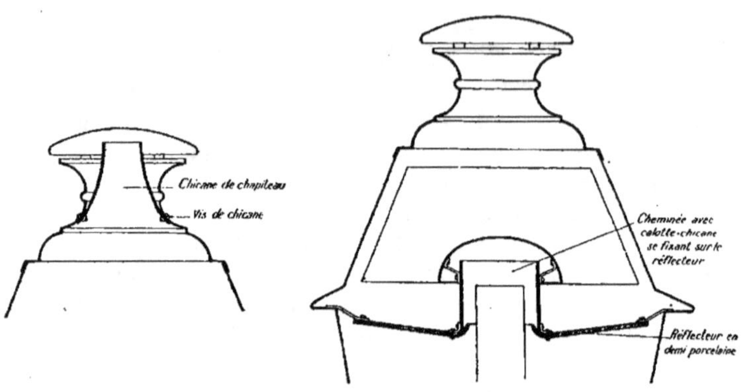

Fig. 42. — Chicane brise-vent
fixée à la calotte de la lanterne.

Fig. 43. — Cheminée à calotte-chicane
surmontant le réflecteur.

Cette chicane, faite en cuivre rouge pour résister à l'action de la chaleur, est une sorte de tronc de cône fixé par des vis à l'intérieur de la calotte ; la figure 42 ci-dessus représente sa forme et sa position dans la lanterne.

On remplace parfois cette chicane par une cheminée en cuivre rouge, surmontée d'une calotte-chicane, se fixant par frottement sur le rebord entourant le trou central du réflecteur. Cette disposition, indiquée sur la figure 43, est plus coûteuse et, cependant, inférieure à la précédente au point de vue du chicanement. En effet, la chicane brise-vent arrête directement l'introduction de l'air, de la pluie, etc., tandis que la cheminée à calotte les laisse librement pénétrer dans la partie supérieure et est censée les empêcher de dépasser le réflecteur. Mais, dans la pratique, il y a toujours des interstices par où ils se glissent et parviennent jusqu'au verre et même jusqu'au manchon ; en outre, il arrive souvent que, par suite des trépidations imprimées à la lanterne pendant le nettoyage, la cheminée à calotte se déplace et finit par tomber sur la face supérieure du réflecteur, sans que l'allumeur s'en aperçoive et sans qu'on puisse le voir d'en bas : le chicanement est alors tout à fait annihilé.

Un dernier point à considérer pour l'étanchéité de la lanterne est l'état de sa vitrerie, qui doit être bien jointive et très régulièrement entretenue, et le choix de son verre de fond qui doit être complètement fermé, sauf les orifices nécessaires au passage de la chandelle et du système d'allumage ; ce dernier doit donc être choisi de façon à ne pas nécessiter l'ouverture du verre de fond.

Si toutes ces précautions sont observées, on obtient une étanchéité parfaite et il en résulte un éclairage régulier et un entretien économique. L'expérience a prouvé qu'il y avait, malgré cette fermeture presque hermétique, toujours assez d'air dans la lanterne pour assurer la bonne combustion pour un ou deux becs.

Pour les lanternes rondes munies de trois becs ou plus, ou de becs simples à forte consommation, il vaut mieux donner un peu plus d'air, afin d'éviter une trop grande chaleur intérieure, et on peut remplacer les bandes de tôle ou de cuivre bouchant la partie ajourée de la couronne par une toile métallique à mailles fines. De même, s'il s'agit d'un groupe nombreux de becs ou d'un appareil à très forte consommation, on peut être amené à remplacer une partie du verre de fond par une toile métallique serrée et même parfois à supprimer ce verre.

Protection contre les trépidations.

Les appareils situés sur la voie publique sont soumis à des trépidations d'ordres divers provenant du mauvais état du sous-sol, du passage de grosses voitures, de tramways, de chemins de fer sur routes, sur des voies souvent pavées, de l'action du vent qui agite les lanternes sur leurs supports, du scellement défectueux de ces supports, etc. Ces trépidations ont pour effet d'imprimer au manchon un petit mouvement continu et de produire, par suite, autour des points d'attache, une fatigue spéciale entraînant à la longue la décapitation du manchon. De plus, la partie inférieure du manchon, du fait des chocs répétés qu'elle subit sur la tête de galerie, s'use et disparaît peu à peu, d'où un raccourcissement du manchon et un refroidissement de la flamme; ou bien le manchon se rompt suivant une génératrice, la ligne de rupture remontant peu à peu jusqu'au sommet du manchon.

Il y a donc grand intérêt à munir le bec d'un accessoire de protection, destiné à amortir ces trépidations et à éviter autant que possible qu'elles se transmettent au manchon.

Fig. 44. — Ressort cylindrique.   Fig. 45 — Ressort bi-tronconique.

Ressorts à boudin. — Dans le cas de trépidations faibles, il suffit généralement d'interposer entre le brûleur et la galerie porte-manchon un fort ressort à boudin qui peut affecter, soit une forme cylindrique (fig. 44), soit la forme de deux troncs de cône réunis par leur grande base (fig. 45).

D'après la pratique, la forme tronconique est préférable, car elle absorbe mieux les trépidations et, facilitant la circulation de l'air, résiste mieux à la chaleur.

Pour remédier aux trépidations fortes, il y a plusieurs systèmes dont les principaux sont: la suspension à quatre lames, l'antitrépidateur à billes et la suspension Clay.

Ressort à 4 lames. — La suspension à quatre lames se faisait au début avec bain de mercure et système à contrepoids.

La figure 46 indique suffisamment la disposition de l'appareil et la manière dont il fonctionne. Le brûleur était supporté par un système comprenant les ressorts et reposant sur un bain de mercure; un jeu de contrepoids l'assurait dans sa position normale.

Cette suspension avait l'inconvénient d'être d'un prix de revient élevé et de perdre facilement son mercure, notamment pendant le nettoyage des lanternes.

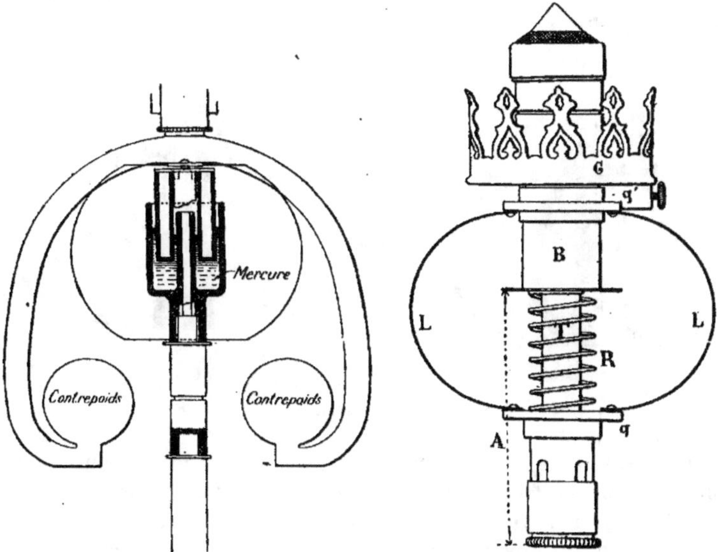

Fig. 46, — Suspension à 4 lames, à mercure.

Fig. 47. — Suspension à ressorts, ancien modèle.

Elle fut donc remplacée par le modèle représenté sur la figure 47 ci-dessus, dans lequel le brûleur était composé de deux parties réunies par les quatre lames de ressort L : l'une A comprenait l'injecteur, les trous d'air, un renflement terminé par une plaquette q sur laquelle se fixaient, au moyen de vis, la partie inférieure des quatre lames de ressort en acier, enfin un tube T; l'autre B consistait en un cylindre de diamètre supérieur à celui du tube T et sur lequel se plaçait la galerie porte-manchon G. Ce cylindre portait vers le haut une plaquette q' à laquelle se fixait la partie supérieure des quatre lames de ressort.

La partie supérieure B du brûleur, qui supportait le manchon, avait donc un libre jeu sur la partie inférieure, par suite de la différence des diamètres des cylindres B et T. Mais il était nécessaire d'obstruer l'ouverture provenant de cette différence de diamètre et on y parvenait au moyen d'une plaquette, maintenue contre la section inférieure du cylindre B par un ressort à boudin léger R entourant le tube T et s'appuyant, à sa partie inférieure, sur la plaquette q.

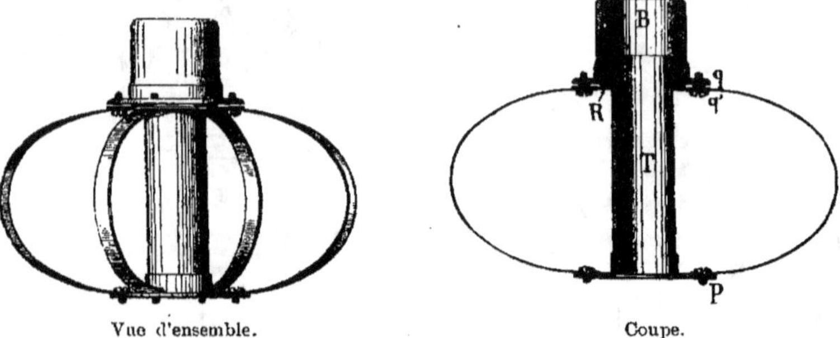

Vue d'ensemble. Coupe.

Fig. 48. — Suspension à ressort, nouveau modèle.

Ce système, très sensible, présentait les inconvénients suivants. D'abord, il arrivait que, sous l'action de la chaleur, et notamment d'un allumage à l'injecteur prolongé, le petit ressort R se détrempait et laissait tomber la plaquette ; l'ouverture entre B et T n'étant alors plus fermée, le gaz s'y répandait et y brûlait parfois ; en tous cas, par l'ouverture ainsi laissée libre, un grand excès d'air s'introduisait dans le brûleur, modifiait la composition du mélange et, refroidissant la flamme, nuisait à la bonne combustion et par suite au pouvoir éclairant. De plus, lorsqu'il y avait une réparation à faire à la suspension, soit du fait précédent, soit par suite du détrempage des lames, il n'était pas possible de la faire sur place et il fallait démonter tout le brûleur et l'emporter à l'atelier.

Pour remédier à ces défauts, on a construit cette suspension indépendante, simplement interposée entre le brûleur et la galerie, et on a pu supprimer la plaquette et le petit ressort R.

Cette suspension à quatre ressorts nouveau modèle (fig. 48) se compose d'un tube, fixé à sa partie inférieure sur une plaquette à laquelle sont vissées, au moyen de deux petites vis, chacune des quatre lames de ressort à leur partie inférieure; ce tube T s'engage sur le tube du brûleur Auer ou Bandsept.

Un petit cylindre B, de diamètre plus large que le tube T, est fixé, à sa partie inférieure, sur deux plaquettes q et q' réunies l'une à l'autre par quatre vis qui maintiennent en même temps, sous la plaquette inférieure, la partie supérieure des quatre lames de ressorts.

La galerie porte-bec s'engage sur le tube cylindrique B, à l'intérieur duquel pénètre le sommet du tube T. Pour boucher l'orifice résultant de la différence de diamètre des cylindres T et B, on a remplacé la plaquette mobile et le ressort à boudin de l'ancien modèle par le dispositif ingénieux suivant. Une rondelle mobile R, percée d'un trou ayant exactement le diamètre extérieur du tube T, est interposée entre les deux plaquettes q et q' et peut se mouvoir librement dans cette intervalle, sans jamais en sortir, arrêtée qu'elle est par les quatre vis fixant les deux plaquettes q et q'; lorsque les trépidations font mouvoir la partie B, q q' montée sur les ressorts, cette rondelle peut suivre doucement son mouvement, en restant toujours adhérente au tube T et en empêchant ainsi toute fuite de gaz et toute rentrée d'air extérieur.

Les quatre lames de ressort se font généralement en cuivre, mais peuvent également être construites en acier, si l'on prévoit des trépidations très fortes.

Cette suspension fonctionne parfaitement et amortit bien les trépidations de la rue, qui se transmettent, la plupart du temps, dans le sens vertical. Le seul cas où elle puisse être facilement détériorée, par suite du détrempage des lames, est celui où les allumeurs laisseraient le bec allumé à l'injecteur, cas qui ne doit pas se présenter lorsque le service est consciencieusement fait, puisqu'il suffit de regarder le bec après l'avoir allumé pour constater l'allumage défectueux et y remédier immédiatement. L'entretien en est d'ailleurs des plus simples, le remplacement se faisant par échange d'une suspension complète en bon état, prise à la réserve, contre la suspension détériorée, sans remplacement du brûleur ni de la galerie, complètement indépendants; la réparation se fait alors facilement et économiquement à l'atelier, en remplaçant les lames nécessaires, et l'appareil remis en état est versé à la réserve pour servir aux remplacements ultérieurs.

Il m'a été donné, lors des essais officiels d'éclairage public au Bec

Auer à Paris en 1895, puis au cours d'un essai semblable fait à Elbeuf, d'apprécier la grande utilité de ces suspensions à quatre ressorts. Un des chantiers d'essai à Paris était le boulevard de Strasbourg, éclairé par environ 55 becs Auer n° 2 exposés aux trépidations les plus fortes, en raison du peu de résistance du sous-sol et de la circulation excessivement intense des tramways, omnibus, grosses voitures de commerce, etc. Les essais donnaient partout d'excellents résultats, sauf sur ce chantier, où la moyenne des manchons dépensés par bec et par an (becs munis de ressorts anti-trépidateurs à boudin) atteignait 22; sur les 55 appareils en service, environ 7 à 8 avaient une casse normale pour les trépidations existantes, les autres avaient une casse formidable. Je fis alors munir de suspensions à 4 ressorts les becs des mauvais candélabres, laissant tels quels ceux des 7 à 8 appareils donnant des résultats admissibles: la démonstration ne se fit pas attendre et l'on constata que la situation était renversée et que les 7 à 8 candélabres, autrefois bons, accusaient maintenant la plus forte casse. Tous les appareils ayant été ensuite pourvus de suspensions à quatre ressorts, la moyenne des manchons, par bec et par an, tomba sur ce chantier de 22 à environ 8.

A Elbeuf, le résultat fut identique. L'essai préalable à la transformation générale de l'éclairage public eut lieu pendant deux mois (Décembre 1895 et Janvier 1896), dans la rue principale de la ville, entièrement pavée, constamment sillonnée par des voitures d'usines à lourds chargements, et porta sur 20 lanternes placées sur des candélabres très voisins de la chaussée. Les becs furent d'abord montés sans suspensions à quatre ressorts et l'on cassa, le premier mois, 22 manchons sur 20 appareils: il est vrai de dire que 5 ou 6 de ces manchons furent brisés sur le même candélabre par suite de travaux de voierie, mais, si l'on n'en tient pas compte, on arrive cependant à la casse excessive de 16 à 17 manchons sur 20 appareils en un mois. Pour le deuxième mois d'essai, les becs furent montés sur suspensions à quatre ressorts et la casse sur les 20 appareils tomba à deux manchons; ces excellents résultats s'étant maintenus par la suite, la substitution générale des becs Auer aux papillons fut bientôt décidée et Elbeuf fut ainsi, grâce aux expériences raisonnées faites par un maire ami du progrès, la première ville de France ayant fait l'application intégrale de l'incandescence par le gaz à l'éclairage public.

Antitrépidateur à billes. — Cet appareil (fig. 49 et 50) se compose de deux plateaux A et B, réunis par deux vis V. Le plateau inférieur A porte une partie femelle filetée, dans laquelle se visse

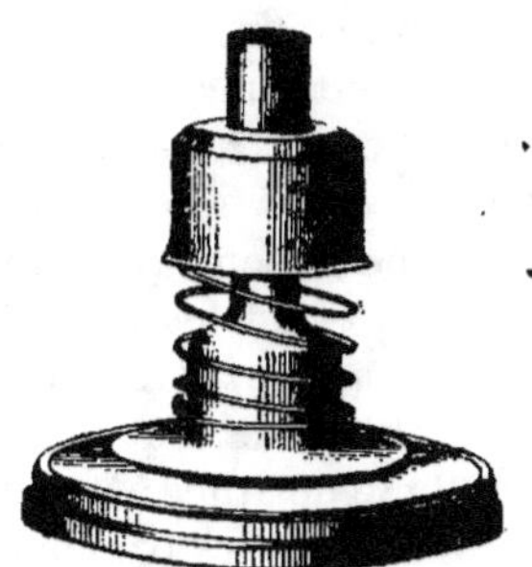

Fig. 49. — Antitrépidateur à billes
(vue d'ensemble).

l'injecteur, et quatre cavités réparties sur sa surface et formant le logement de quatre billes en acier. Le plateau supérieur sert simplement de couvercle. Entre les deux plateaux, et mobile entre eux,

Fig. 50. — Antitrépidateur à billes
(coupe).

est interposé un disque découpé, portant, d'une part, quatre cavités qui lui permettent de reposer sur les billes et, d'autre part, une partie mâle filetée sur laquelle vient se visser le tube du brûleur.

D'après la description de l'appareil, qui s'interpose simplement entre l'injecteur et le tube du brûleur, on conçoit que les trépidations, se manifestant d'abord sur le plateau inférieur, impriment aux billes un léger mouvement, qui se transmet au disque mobile supportant le tube du brûleur et la galerie porte-manchon.

Le système entier, situé au-dessus des billes, est ainsi animé d'un mouvement de va et vient, se produisant, en général, assez doucement pour ne présenter aucun inconvénient.

L'antitrépidateur à billes est ainsi très sensible et peut même le devenir trop, si les trépidations sont violentes; en ce cas, en effet, le disque mobile, animé d'un mouvement trop rapide, vient frapper avec trop de force sur l'injecteur et sur les vis reliant les deux plateaux et il en résulte des chocs pouvant être nuisibles au manchon; pour remédier à cet inconvénient, on peut ajouter sur le disque mobile une surcharge métallique destinée à l'alourdir.

Cet appareil, efficace surtout pour les trépidations horizontales, est d'un entretien facile; sous l'action du gaz, les billes peuvent s'encrasser, se détériorer même à la longue et devenir ainsi beaucoup moins mobiles; mais il suffit de dévisser les deux vis reliant les deux plateaux et de nettoyer les logements des billes et les billes elles-mêmes ou de remplacer ces dernières.

Il faut éviter, lorsqu'on emploie cet antitrépidateur, que le sommet de l'injecteur n'arrive à un niveau plus bas que le tube du brûleur, vissé à la partie supérieure du disque mobile. Dans ce cas, en effet, l'air, s'introduisant par le plateau supérieur et passant dans les échancrures du disque mobile, viendrait librement entre l'injecteur et le tube du brûleur et modifierait complètement la composition centésimale du mélange, en diminuant d'une façon très sensible le pouvoir éclairant. C'est ainsi qu'avec les becs Bandsept, par exemple, au lieu de visser simplement l'antitrépidateur à billes entre l'injecteur et le tube du brûleur, il faut employer un injecteur spécial plus allongé et pouvant, par suite, venir s'engager à l'intérieur du tube de brûleur; la quantité d'air introduite, autrement que par les entrées d'air du brûleur, est ainsi réduite à son minimum et il est possible d'en tenir compte en diminuant ou même en fermant complètement les entrées d'air au moyen de la bague de réglage.

Suspension Clay. — La suspension Clay consiste en un tube en cuivre recuit enroulé en forme d'hélice (fig. 51 et 52). Elle peut se placer directement entre le robinet et le brûleur et est alors appelée suspension Clay par en-dessous (fig. 51); elle peut également faire partie d'un support coudé, de façon que le bec lui soit pour ainsi dire suspendu, et porte alors le nom de suspension Clay par en-dessus (fig. 52).

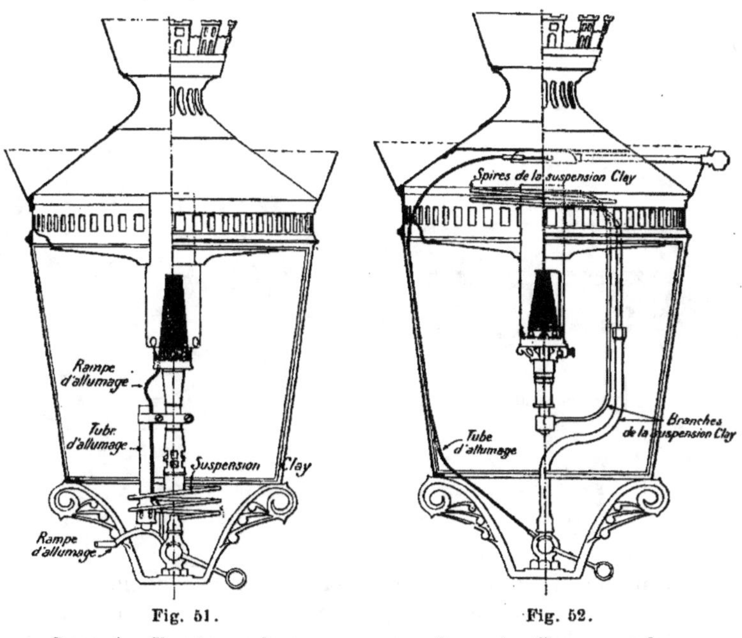

Fig. 51.

Suspension Clay, par en-dessous.

Fig. 52.

Suspension Clay, par en-dessus

Ce mode d'antitrépidateur est excessivement sensible et susceptible de rendre de grands services dans les cas de trépidations violentes; la suspension par en-dessous est la meilleure, s'il s'agit d'amortir des trépidations se produisant dans le sens horizontal aussi bien que dans le sens vertical.

Ses inconvénients sont l'absorption de pression et la plus grande facilité d'engorgement provenant de l'enroulement du tube en spirale.

Rondelle d'amiante. — Pour limiter les oscillations des becs montés sur antitrépidateurs divers et empêcher, par suite, le choc du verre contre le réflecteur, on fixait, à l'origine, à ce dernier, un ressort-spirale à l'intérieur duquel s'engageait la cheminée de verre.

Ce dispositif remplissait bien son office au début de son usage, mais le ressort avait l'inconvénient de se détremper assez rapidement sous l'action de la chaleur et de compliquer un peu le remplacement des cheminées.

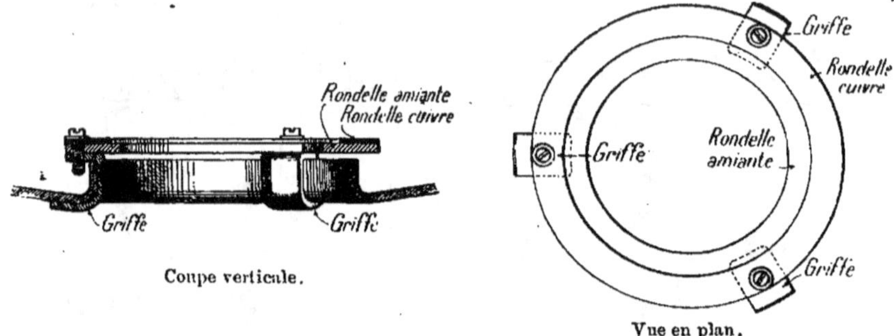

Fig. 53. — Bague en carton d'amiante fixée au réflecteur.

Il vaut mieux remplacer ce système par une rondelle en carton d'amiante de diamètre approprié, enchâssée dans une monture métallique qu'on fixe, par des vis ou par des griffes, autour de l'orifice central du réflecteur (fig. 53).

Verrerie à employer.

Comme je l'ai fait remarquer antérieurement, le verre protège infiniment plus souvent le manchon qu'il ne le casse; il y avait donc grand intérêt à trouver un type de verre répondant aux nécessités de l'éclairage public.

Les verres ordinaires n'ont jamais pu être utilisés, parce que, exposés au vent, au froid, aux intempéries diverses, ils ne résistaient pas et se brisaient en un grand nombre de morceaux, surtout sous l'action de la grande différence de température produite par l'extinction, en mettant le manchon hors de service. Ils se cassaient également, dès que, le manchon ayant un petit trou, la flamme sortant par cet orifice venait les chauffer davantage en un point.

On a donc dû chercher un autre système de cheminées et l'on a essayé les cheminées en mica qui, étant incassables, ont été considérées comme devant nécessairement résoudre le problème. Mais

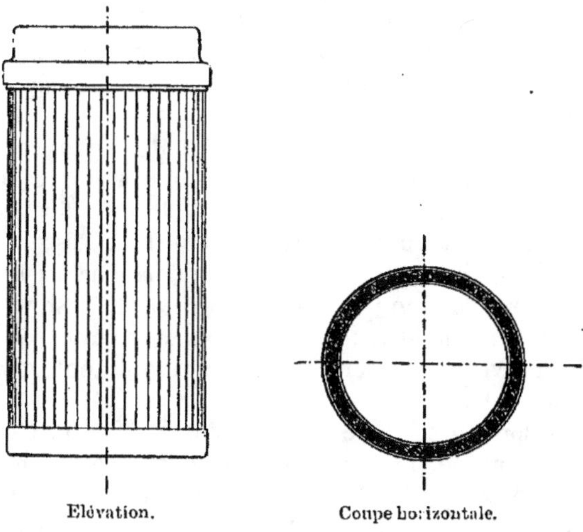

Fig. 54. — Verre à baguettes.

il est arrivé qu'au bout d'un temps d'emploi assez court le mica devenait cassant à hauteur du manchon et noircissait au point d'absorber la plus grande partie de la lumière; son prix de revient étant d'autre part élevé, l'économie réalisée sur les manchons se trouvait presque supprimée.

La solution provisoire fut alors trouvée grâce aux cheminées dites « à baguettes », constituées par une série de baguettes cylindriques en verre, accolées les unes aux autres et scellées à leurs extrémités à l'intérieur de deux bagues en cuivre (fig. 54). Ces cheminées avaient l'avantage d'être très résistantes, de cacher le manchon et de diffuser la lumière; mais, sous l'action de la chaleur, les baguettes de verre s'opalisaient, si bien que, tout en résistant mieux que les cheminées en mica, elles absorbaient aussi, au bout de quelque temps, une grande partie de la lumière. Leur prix, moins élevé que celui des cheminées en mica, influait cependant d'une façon sensible sur les frais d'entretien, car, dans la pratique, lorsqu'une baguette était détériorée, il fallait remplacer toute la cheminée, en raison de la difficulté de desceller les bagues en cuivre sans briser les autres baguettes.

La solution véritablement pratique ne fut réellement réalisée que par la mise en service de la verrerie d'Iéna, car les cheminées cylindriques en verre trempé de cette marque, si elles ne sont pas incassables, ont du moins l'avantage de très bien résister aux variations de température.

Les expériences suivantes ont été faites de divers côtés, et j'y ai procédé personnellement. On a projeté des gouttes d'eau sur des verres d'Iéna placés sur des becs allumés depuis longtemps et aucun ne s'est cassé. Poussant plus loin l'essai, on a plongé dans l'eau les mêmes verres, dont la majorité a résisté à cette très forte différence de température. D'autre part, lorsque, le manchon ayant une fente, le gaz vient chauffer, en flamme de chalumeau, un point du verre, ce dernier résiste infiniment mieux que les verres ordinaires.

Enfin, lorsque le verre d'Iéna se casse, il se produit une fêlure sinueuse localisée, mais le verre reste entier, au lieu de se briser en morceaux et de détruire en même temps le manchon. On s'aperçoit ainsi à l'extinction que le verre n'est plus en bon état et l'on peut le retirer doucement, le manchon restant intact.

Ces propriétés du verre d'Iéna en font donc le type du verre d'éclairage public.

Systèmes divers d'allumage.

Il existe un très grand nombre de systèmes d'allumage, que je décrirai successivement en les divisant par classes.

a) Allumage à veilleuse. — Cet allumage, consistant à avoir une veilleuse constante qui sert à allumer le bec à l'heure voulue, a été le premier employé. On lui trouvait l'avantage, à l'époque où l'on craignait beaucoup l'explosion produite à l'allumage, de permettre une inflammation lente et douce, sans danger pour le manchon.

Il y a deux groupes d'allumages à veilleuse: ceux où l'allumage se fait au moyen d'un tube de veilleuse indépendant du bec, et ceux où le bec lui-même est muni d'un dispositif de veilleuse. Dans les deux cas, la veilleuse brûle constamment pendant les heures de non-éclairage et, au moment de l'allumage, la manœuvre d'un robinet permet de passer, sans arrêt, de la position de veilleuse à une position intermédiaire dans laquelle le gaz passe dans la veilleuse et légèrement dans le bec (position d'allumage), puis de cette position à une troisième correspondant à l'allumage en plein du bec et à l'extinction de la veilleuse. Pour éteindre, le mouvement est contraire et, à la fin de la manœuvre du robinet, la veilleuse seule reste allumée.

Le premier système (tube de veilleuse indépendant du bec) est assez employé en Allemagne, où le tube aboutit, en général, au-dessus du verre.

Le second (bec muni d'un dispositif de veilleuse) a été employé au début en France, conformément à la figure 55. Le bec à veilleuse était muni d'une tirette, descendant au-dessous du verre de fond, et d'un contre-poids.

Ce système d'allumage a été rapidement abandonné en France, à la suite des essais de la Ville de Paris, où un chantier (place du Théâtre-Français) en avait été muni.

En effet, outre la dépense inutile de gaz qu'il entraîne, son tube de veilleuse, presque capillaire pour assurer une dépense très faible, est susceptible d'engorgements faciles sous l'action du froid et d'extinctions inévitables sous l'action du vent.

Au point de vue de la consommation, la veilleuse doit débiter théoriquement de 5 à 6 litres à l'heure; mais, pour que les inconvénients précités ne soient pas trop fréquents, il convient, en pratique, de la régler à environ 10 litres. Or, le nombre total d'heures d'allumage des becs permanents est d'environ 3.750, ce qui correspond, en moyenne, à environ 10 heures par jour; il reste donc, pour la veilleuse, 14 heures d'allumage par jour, soit, par an, à raison de 10 litres à l'heure:

$$14 \times 10 \times 365 = 50.100 \text{ litres ou } 50 \text{ m}^3 \text{ en nombre rond.}$$

Avec du gaz à 0 fr. 20 le mètre cube, on doit subir de ce fait une dépense de gaz inutile, par bec et par an, de

$$50 \times 0 \text{ fr. } 20 = 10 \text{ francs}$$

somme avec laquelle, comme on le verra plus loin, on pourrait,

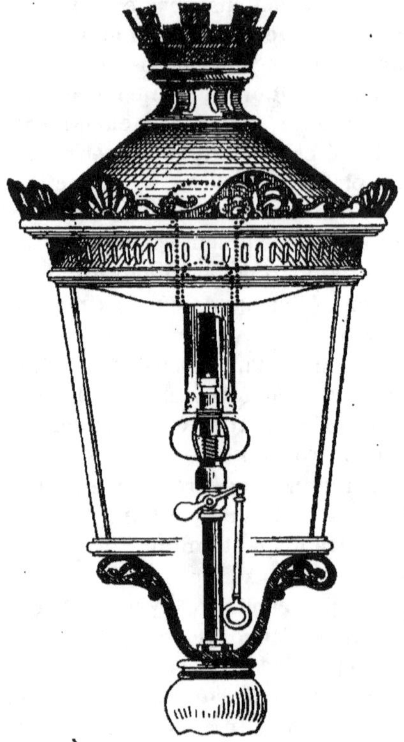

Fig. 55. — Bec Auer à veilleuse tirette.

dans le cas le plus général, payer l'entretien supplémentaire résultant de l'emploi de l'incandescence.

On a donc renoncé, pour les cas ordinaires, à cet allumage coûteux, que l'on a réservé pour certains cas spéciaux, en forçant un peu la consommation de la veilleuse, par exemple pour l'allumage d'un groupe de becs intensifs sans verres. La figure 56 représente une lanterne ronde grand modèle, type Ville de Paris munie de 3 becs Bandsept D sans verre (consommant 300 litres chacun), avec allumage à veilleuse.

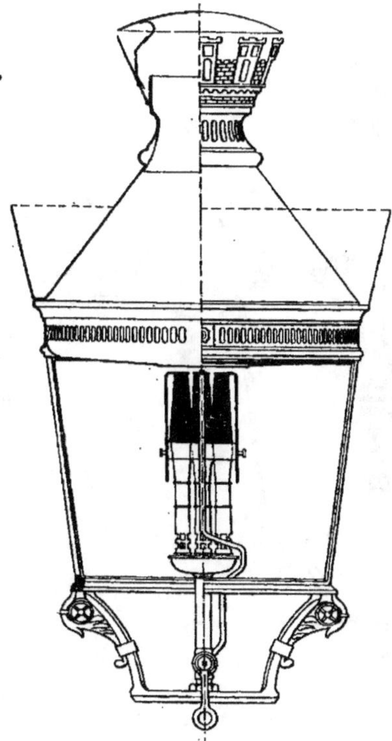

Fig. 56. — Lanterne grand modèle à 3 becs Bandsept D
(Allumage à veilleuse).

b) Allumages par le haut. 1° Allumages à cuiller. — Le principe de cet allumage consiste à fixer au sommet de la lanterne, au-dessus du verre, une sorte de cuiller métallique, communiquant avec un tube sortant à l'extérieur de la lanterne et à l'issue duquel on présente l'allumoir.

Lorsqu'on ouvre le robinet, le gaz, s'échappant du bec, vient s'accumuler dans la cuiller et sort par le tube en question, à l'extrémité duquel il s'allume.

On a construit d'abord *l'allumage à cuiller simple,* dans lequel le tube réunissant la cuiller à l'extérieur est un simple tube recourbé et largement ouvert à son extrémité (fig. 57).

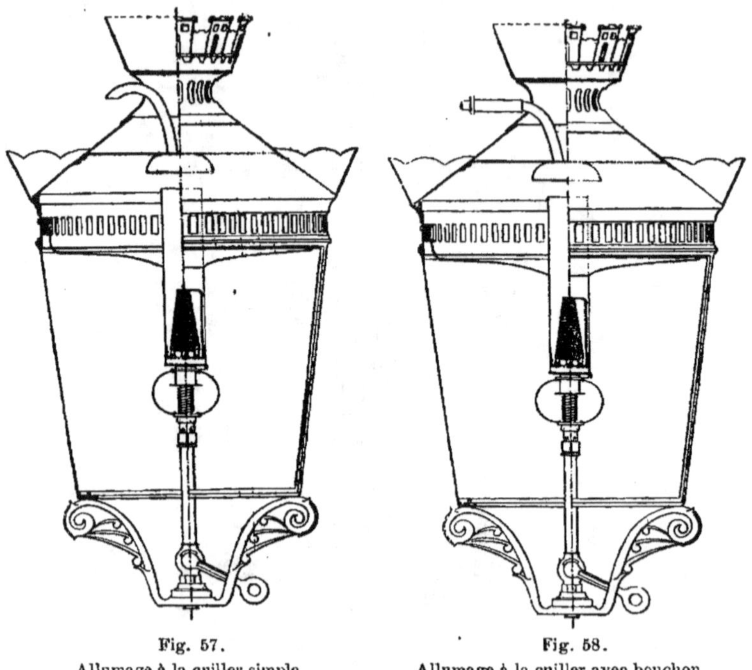

Fig. 57.
Allumage à la cuiller simple.

Fig. 58.
Allumage à la cuiller avec bouchon.

Mais le gaz, passant en petite quantité au moment de l'allumage, était parfois dispersé, sous l'action d'influences extérieures, dans son trajet entre le verre et la cuiller; en outre, si le vent soufflait dans la direction du tube de cuiller, le gaz pouvait être refoulé dans la cuiller. Pour remédier à ce dernier inconvénient, on a muni, à l'extérieur, le tube de cuiller d'un bouchon (fig. 58) percé de deux trous: l'un pour l'allumage, l'autre pour l'évacuation des produits de combustion.

On a cherché ensuite à suppléer au défaut de gaz débité par le bec seul au moment de l'allumage, en jetant dans la cuiller une notable quantité de gaz supplémentaire. De là est venu l'*allumage à cuiller avec injecteur au verre,* dans lequel le robinet ordinaire est remplacé par un robinet à trois voies, muni d'un tube injectant du gaz dans le verre au moment de l'allumage (fig. 59).

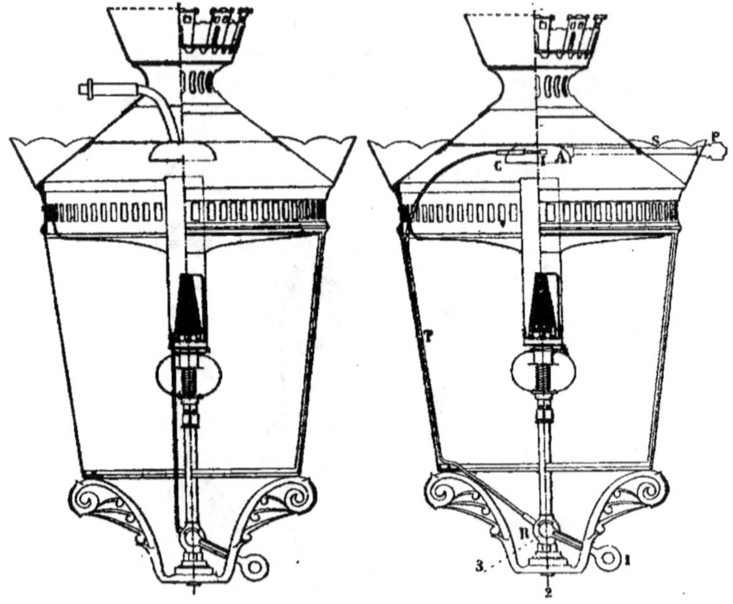

<table>
<tr><td align="center">Fig. 59.
Allumage à la cuiller, avec injecteur au verre.</td><td align="center">Fig. 60.
Allumage à injecteur de cuiller.</td></tr>
</table>

Ce système, présentant l'inconvénient de permettre au gaz de s'accumuler dans le verre à proximité du manchon et de produire à l'allumage une explosion assez forte, a été peu employé et remplacé rapidement par *l'allumage avec injecteur de cuiller.* Ce dernier consiste (fig. 60) en un robinet à trois positions R, duquel se détache un tube T suivant le contour de la lanterne et venant pénétrer dans la cuiller C, à l'intérieur de laquelle il se termine par un injecteur capillaire à un trou I; le tube de cuiller S, partant de l'autre côté de la cuiller, se termine à l'extérieur de la lanterne par un ajutage percé de trous P, en forme de pomme d'arrosoir. La distance entre l'extrémité A du tube S dans la cuiller et l'injecteur I est telle que, lorsqu'on présente une flamme à la pomme d'arrosoir P, le gaz vient s'enflammer à l'injecteur I et allume le bec, qui est à ce moment partiellement ouvert.

La position 1 correspond à l'extinction, la position 2 à l'allumage (gaz passant dans l'injecteur de cuiller et partiellement dans le bec), et la position 3 à l'allumage en plein du bec, avec extinction de l'injecteur de cuiller.

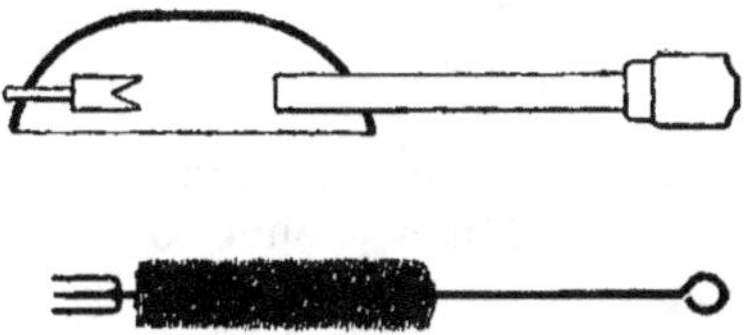

Fig. 61. — Écouvillon de nettoyage.

Cet allumage fonctionne parfaitement et ne donne lieu à aucune explosion, le choc à l'allumage se produisant sur la paroi de la cuiller et la flamme descendant doucement jusqu'au bec. Il a donné les meilleurs résultats au point de vue de la durée des manchons, lors des essais officiels de la Ville de Paris, et a été employé par de nombreuses villes dont les principales sont Nîmes, Roanne, Bédarieux, Meaux, etc.

Mais il nécessite l'emploi de cheminées de hauteur déterminée, de façon que la distance entre le sommet de la cheminée et la cuiller soit bien fixe (25 à 30 m/m), et exige un réglage assez délicat (dépendant de la pression) pour la distance I A de l'injecteur de cuiller au tube de cuiller.

En outre, il est nécessaire de nettoyer, en même temps que la lanterne, le tube et l'injecteur de cuiller au moyen d'un écouvillon (fig. 61) composé d'une brosse terminée par une fourche, entre les branches de laquelle se trouve une aiguille. On enlève la pomme d'arrosoir et on introduit la brosse, la fourche en avant, dans le tube de cuiller jusqu'à ce que, les branches de la fourche s'appuyant sur les parois extérieures de l'injecteur de cuiller, l'aiguille pénètre dans l'orifice de cet injecteur.

Ce dernier a la forme d'une cuvette conique, de façon à empêcher les dépôts des produits de combustion de venir obstruer l'orifice et à servir, en outre, de guide à l'aiguille montée sur l'écouvillon.

Il est arrivé parfois, avec ce système, que les allumeurs laissaient volontairement une petite flamme brûler toute la journée à l'injecteur de cuiller, de façon à le faire fonctionner comme veilleuse le soir et à produire l'allumage en un seul mouvement. Il s'ensuivait que le gaz, brûlant mal à la sortie de cet orifice capillaire, déposait de la suie qui obstruait rapidement l'injecteur, produisait l'extinction de la flamme veilleuse et empêchait les allumages ultérieurs.

2° Allumage Ménier. — Ce système d'allumage est représenté sur les fig. 62 et 63. L'allumeur Ménier est une sorte de tronc de cône qui se place latéralement et extérieurement contre le chapiteau des lanternes, comme l'indique la fig. 63; il se fixe à une chatière qui est elle-même rivée au chapiteau. Il comprend une enveloppe à l'intérieur de laquelle se trouve une pièce coudée se rattachant d'une part à un tube d'alimentation partant du robinet et terminée d'autre part par un petit orifice d'injection de gaz.

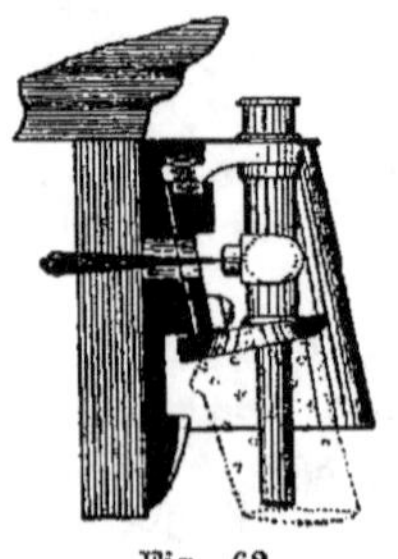

Fig. 62.
Détail de l'allumage Ménier

Une autre pièce, mobile, maintenue à sa position par un fort ressort à boudin ayant son point d'appui à la partie supérieure de l'allumeur, comprend un petit entonnoir servant de guide à l'allumoir et surmonté d'un ajutage, métallique, qui, à la position d'extinction, bouche à la fois l'injecteur du tube d'alimentation et un orifice percé dans l'enveloppe de l'allumeur Ménier et dans le chapiteau de la lanterne. L'enveloppe est fermée à sa partie supérieure par un couvercle fixé par une vis.

Pour allumer, on ouvre le robinet de la lanterne et on introduit la perche spéciale dans l'allumeur Ménier où elle est guidée par l'entonnoir; la lampe d'allumage se termine par une partie pointue qui vient s'appuyer contre l'ajutage métallique et le soulève en comprimant le ressort. L'injecteur du tube d'alimentation est ainsi dégagé ; le gaz s'y allume au contact de l'allumoir et la flamme se transmet au bec par les orifices, également dégagés, de l'allumeur Ménier et du chapiteau.

Lorsqu'on retire la perche, la pièce obturatrice reprend, sous l'action du ressort, sa position primitive et vient boucher à nouveau les orifices du tube d'alimentation et de la lanterne.

Ce système d'allumage a été adopté à Bruxelles et à Cambrai et donne de bons résultats.

Fig. 63. — Lanterne ronde avec allumage Ménier.

c) Allumages à rampe. — Ces allumages, excessivement nombreux, sont tous basés sur le principe suivant :

Un robinet, à trois positions, permet l'extinction complète, le passage du gaz en plein dans la rampe et partiel dans le bec (position d'allumage), enfin, la fermeture de la rampe et le passage complet du gaz dans le bec (position d'éclairage). La rampe est un tube en cuivre percé de trous, par lesquels le gaz sort et s'enflamme de proche en proche, au contact de la lampe d'allumeur; l'extrémité supérieure de la rampe pénètre dans la galerie du bec.

1° Rampe ordinaire à gaine. — La figure 64 indique la nature et la

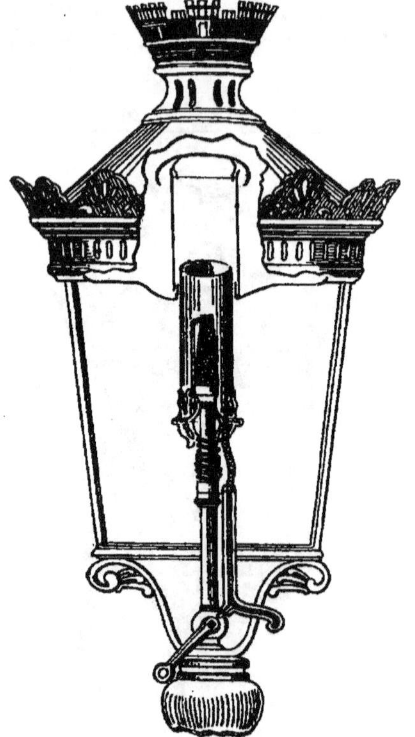

Fig. 64. — Allumage à rampe à gaine.

position de cette rampe, qui est entourée d'une gaine servant à la protéger contre le vent.

L'allumage se fait avec la lampe ordinaire à l'huile. Cet allumage a été adopté par les villes de Romorantin et d'Etretat.

Les rampes de ce genre ont l'inconvénient de se boucher en

quelques points sous l'influence des poussières, des gouttes d'eau, etc.; si certains trous viennent ainsi à manquer, la flamme de la rampe s'éteint avant d'arriver au bec et il faut les épingler. On a, par suite, cherché à perfectionner le système de façon à remédier à ces défauts.

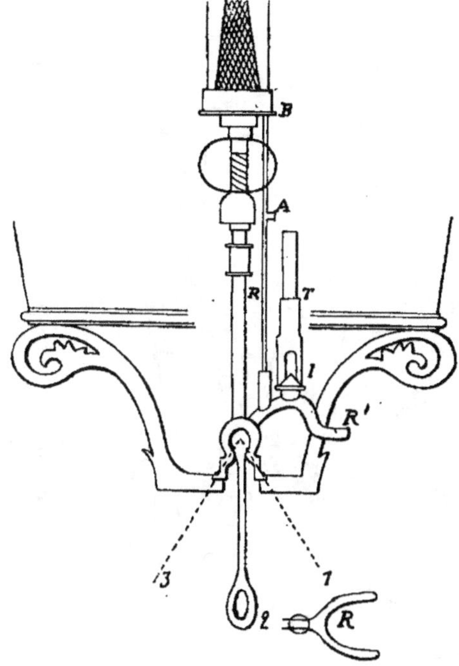

Fig. 65. — Allumage à rampe pistolet.

2° *Rampe pistolet.* — Ici, il y a deux rampes, l'une extérieure à fort débit, l'autre intérieure à débit ordinaire, réunies par un brûleur Bunsen.

La figure 65 représente ce système qui se compose: d'un robinet à trois positions, d'une rampe R présentant des trous dans la partie A B et pénétrant dans la galerie du bec, d'une rampe R', à fort débit et disposée en forme de croissant, entre les branches de laquelle on présente la lampe ordinaire d'allumeur à huile, enfin d'un brûleur Bunsen T avec son injecteur I.

La position 1 de la clé correspond à l'extinction. Dans la position 2, le gaz passe à la fois dans le bec, dans les rampes R et R' et dans l'injecteur I; le gaz s'enflamme d'abord en R', au contact de la lampe d'allumeur, et produit dans le bunsen T une explosion qui a pour effet d'allumer la rampe R au-dessus du point A.

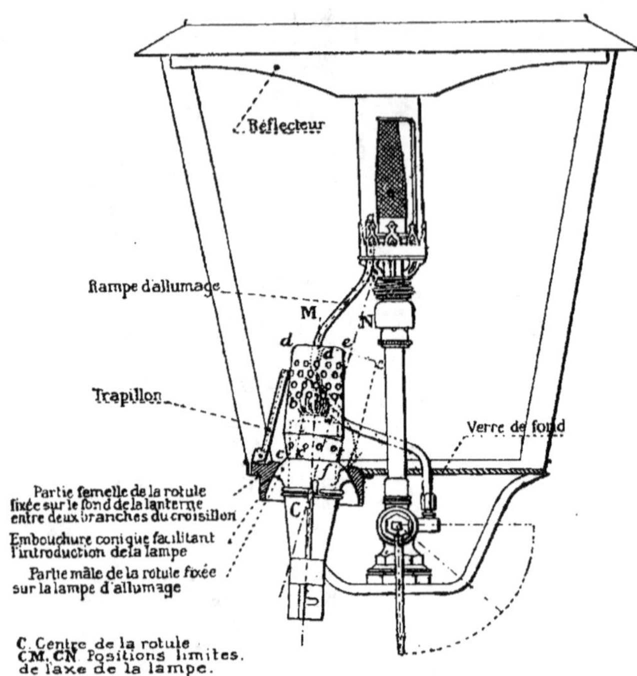

Fig. 66. — Allumage à rotule et rampe Tritz.

3° *Rampe avec rotule Tritz.* — Ce système, très intéressant, inventé par M. Tritz, Ingénieur de la Cie Centrale d'Eclairage et de Chauffage par le gaz, est basé sur l'application d'une rotule dont la partie mâle fait corps avec la lampe d'allumeur (à huile) et dont la partie femelle, munie d'un trapillon, est fixée sur le fond de la lanterne (voir fig. 66 et 67).

Une rampe, qui ne présente de trous qu'à l'intérieur de la lan-

terne, se détache du robinet et, étant courbe, se trouve en face de
la lampe d'allumeur introduite dans le trapillon (voir fig. 66).

Le principe de cette disposition est de produire l'allumage à
l'intérieur même de la lanterne, c'est-à-dire à l'abri complet du
vent, tout en évitant, même lorsque la nuit est venue, le choc ou le
contact de la lampe d'allumeur avec le bec. Les éléments de la

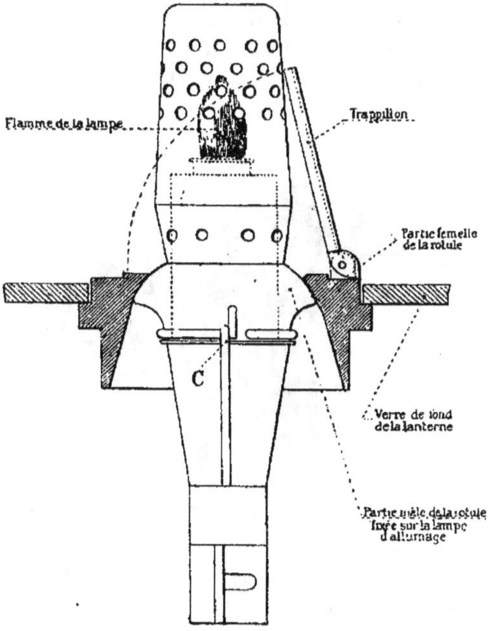

Fig. 67. — Lampe d'allumeur et fond à rotule Tritz.

rotule sont déterminés de façon à répondre à cet objectif; ils permettent en outre une oscillation de la lampe dans tous les sens,
tout en assurant l'étanchéité de la rotule par rapport au vent dans
toutes les positions de la lampe: l'allumeur est ainsi dispensé de
l'obligation de se placer dans une position fixe et peut toujours
retirer sa lampe, même obliquement, sans coincement.

La partie percée de la rampe étant complètement à l'intérieur
de la lanterne, la flamme est absolument protégée contre le vent et

la poussière. En effet, la lampe étant introduite dans le trapillon, l'étanchéité est, comme je viens de le faire remarquer, parfaite et, lorsqu'on retire la lampe, le trapillon, qui est disposé de façon à rester incliné, se referme de lui-même, par son propre poids, sans le secours d'aucun ressort, à l'encontre de ce qui se produit pour les trapillons ordinaires des lanternes à becs papillons, qui restent presque constamment ouverts.

Ce système, qui est, comme on le voit, extrêmement bien étudié, est employé par de nombreuses villes, parmi lesquelles Valenciennes, Douai, Angoulême, Landerneau, etc.

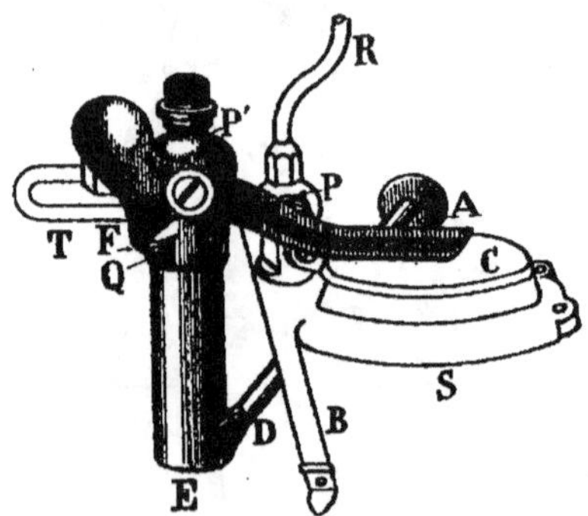

Fig. 68. — Rampe avec trapillon supprimant le robinet à bascule.

4° Rampe avec trapillon supprimant le robinet à bascule. — Ce système, par la suppression du robinet à bascule, permet l'allumage en un seul mouvement par la simple entrée de la lampe.

Il se compose (fig. 68) d'un clapet C enclavé dans le verre de fond et dont le siège S est muni d'une barrette B fixée à la base de la lanterne. Un robinet P, mû par le clapet au moyen d'un petit levier, fait gazer la rampe R, en même temps qu'un autre robinet P', ouvert par un butoir A porté par sa clé, alimente le bec. Le gaz parvient à la rampe au moyen d'un petit tube T partant du robinet P' et arrivant au robinet P. Si l'on introduit la lampe spéciale d'allumage à huile nécessaire, on soulève le clapet qui relève la bascule A du robinet P', ouvre ce robinet et fait gazer le bec; simultanément, le clapet, agissant sur le levier du robinet P, fait gazer la rampe. Dans ce mouvement le crochet F du robinet P' fait pivoter le tube E, qui sert de gaine à la chandelle, en agissant sur le taquet Q et dispose la bascule horizontale extérieure D dans sa position prête pour l'extinction ultérieure. La lampe d'allumage enflamme alors la rampe R, qui allume le bec, et, lorsqu'on retire la lampe, le clapet C retombe, par son poids, sur son siège et le robinet P de la rampe se ferme sous l'action d'un ressort antagoniste.

Pour éteindre, il suffit d'agir sur la bascule extérieure horizontale D; on obstrue ainsi l'arrivée du gaz au bec et, en faisant pivoter le tube E on remet le système dans la position précédant l'allumage.

Les derniers systèmes perfectionnés d'allumage à rampe que je viens de décrire donnent des résultats satisfaisants, mais les pièces diverses qu'ils nécessitent entraînent des frais assez élevés de transformation des lanternes; en outre, ils deviennent compliqués s'il y a plus d'un bec dans la lanterne.

D) Allumages par la perche à alcool. — Les systèmes les plus en vogue actuellement sont les allumages par la perche à alcool qui utilisent la lampe d'allumeur à injection d'alcool. Cette lampe, dont le premier modèle est représenté sur la figure 69, comprend un réservoir à alcool B et une lampe à huile *C*. Un tube *a*, traversant l'intérieur de la perche, porte à sa base une poire en caoutchouc P et vient aboutir au-dessus du réservoir à alcool B. Ce réservoir supporte lui-même un tube *t t'*, ouvert, plongeant dans l'alcool par sa partie *t'* et dont la partie supérieure vient aboutir en face de la flamme d'huile F.

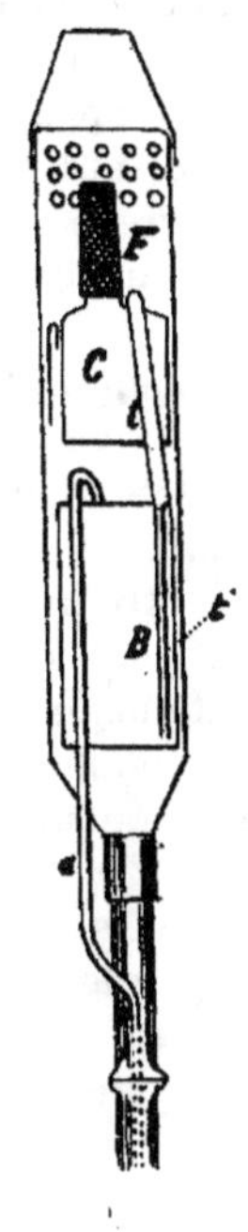

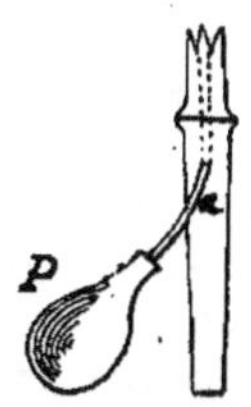

Fig. 69.
Perche à alcool.

Si l'on comprime la poire en caoutchouc P, on produit une pression sur l'alcool, dont une partie, vaporisée, pénètre dans le tube *t' t* et vient s'enflammer au contact de la flamme d'huile F; il se produit ainsi une flamme d'alcool qui allume le bec, soit par le dessous de la galerie (becs à galerie ouverte), soit par les trous du verre (becs à galerie obturée et à verre à trous).

1° Allumage de la Compagnie Parisienne du gaz. — La Compagnie Parisienne, après avoir adopté cet allumage pour les becs éclairant l'Exposition de 1900, en a étendu l'emploi à tous les appareils d'éclairage public de Paris en conservant les trapillons qui existaient pour les becs papillons. Ses allumeurs ouvrent donc les robinets, puis les trapillons, introduisent la perche dans la lanterne et provoquent le jet d'alcool enflammant le bec.

Ce système, permettant de conserver les fonds à trapillon et les robinets existants, est, par suite, très économique et l'on a été tenté de l'employer au début pour toutes les installations. Mais, dans la pratique, il a présenté les graves inconvénients suivants :

1° Il faut, pour provoquer l'allumage des becs, introduire la lampe dans la lanterne. Or, en raison du manque de repères et une partie de l'allumage public se faisant à la nuit, l'allumeur n'est jamais certain de ne pas heurter la galerie du bec ; en fait, cette circonstance se produit fréquemment et entraine généralement le bris du manchon et même celui du verre.

2° Il faut conserver, dans le fond de la lanterne, l'ouverture produite par le trapillon, qui est nécessaire pour le passage de la lampe. Or, pour les lanternes carrées, ce trapillon est en toile métallique, et, au surplus, quel que soit le type des lanternes, la fermeture des trapillons n'étant pas automatique, les allumeurs laissent très souvent les trapillons ouverts. Donc, soit par les mailles de la toile métallique, soit par l'orifice entier si le trapillon est laissé ouvert, le vent, l'humidité, la poussière, la pluie, etc., trouvent libre passage et l'étanchéité de la lanterne est ainsi supprimée. C'est en général à l'extinction que les allumeurs laissent le trapillon ouvert, ce qui, au point de vue hygrométrique, a beaucoup plus d'inconvénients que lorsque le manchon est allumé.

Le danger de laisser le manchon exposé au vent est moins grand à Paris qu'ailleurs, car les lanternes y sont protégées jusqu'à un certain point par les hautes maisons ; mais, en province, il n'en est pas de même et les premières installations, faites notamment à Nanterre et à Pontoise, ont prouvé que la fermeture de la lanterne était insuffisante, même avec trapillon fermé.

2° Allumage par la perche à alcool avec fond breveté à double tube. — C'est pour remédier à cette situation que la Société Française d'incandescence par le gaz (système Auer) a étudié un fond assurant la fermeture hermétique de la lanterne en dehors du moment précis de l'allumage et a mis en service son allumage avec fond breveté à double tube (fig. 70, 71 et 72).

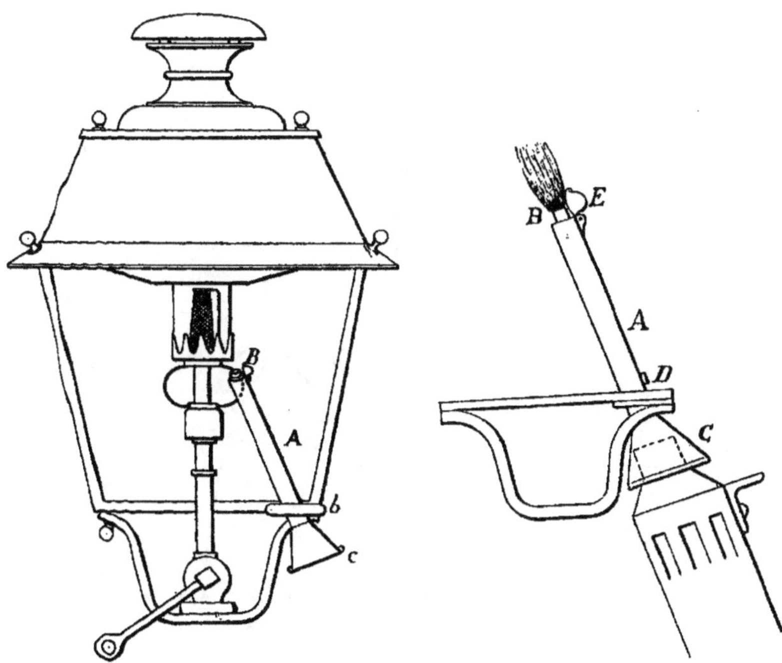

Fig. 70.
Lanterne avec allumage « double tube »

Fig. 71.
Détail de l'allumage « double tube »

Entre le croisillon et le corps de la lanterne se fixe (fig. 70 et 71), au moyen d'une barette *b*, un fourreau en cuivre fixe A, dans lequel s'introduit librement un tube mobile B ouvert à sa partie supérieure et terminé à sa partie inférieure par un entonnoir C. Le tube intérieur B est retenu dans le tube extérieur A par la vis D qui l'empêche de tourner ; pour lui permettre, d'autre part, un mouvement ascensionnel dans le tube extérieur fixe, le tube B porte une rainure longitudinale limitée, dans laquelle s'engage la vis D.

A l'extrémité supérieure du tube extérieur A est fixé, pour les becs à galerie ouverte et à verre ordinaire (fig. 71), un couvercle à charnière E, qui, en raison de l'inclinaison de ce tube A, obture constamment son orifice supérieur.

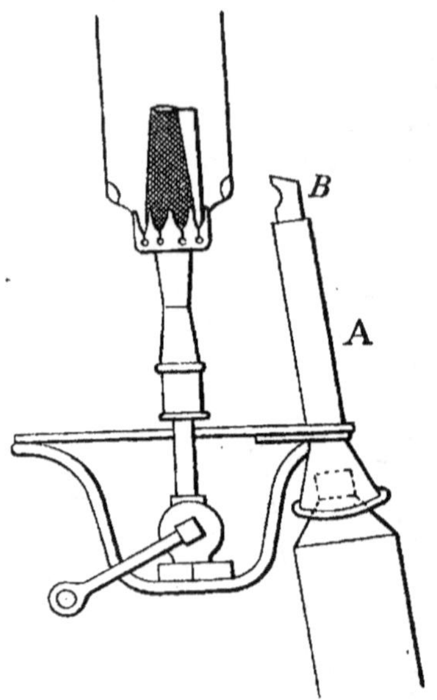

Fig. 72. — Allumage « double tube » pour becs à verre à trous.

Le fonctionnement du système est le suivant: après avoir ouvert le robinet de la lanterne, l'allumeur introduit l'extrémité de la lampe dans l'entonnoir C ménagé à cet effet ; l'effort qu'il exerce pour y faire adhérer sa lampe soulève le tube intérieur B qui, à son tour, soulève le couvercle E. Agissant alors sur la poire de la lampe, l'allumeur fait jaillir la flamme d'alcool qui, guidée par le tube B, passe sous la galerie et vient allumer le bec. Lorsqu'on retire la lampe, le tube B retombe par son propre poids, ainsi que le couvercle E qui ferme l'orifice du système à double tube. Dans le montage du double-tube, l'extrémité supérieure doit arriver à environ 2 c/m (distance verticale) au-dessous de la galerie.

Pour les becs à galerie obturée et à verre à trous, le principe est absolument le même, mais la fermeture automatique (fig. 72) se produit de la manière suivante: le tube extérieur A est ouvert à sa partie supérieure et le tube intérieur est au contraire fermé, mais porte latéralement une ouverture en biseau par laquelle sort la flamme.

Lorsque le tube intérieur est au bas de sa course, le système est fermé par la partie supérieure de ce tube dont l'ouverture latérale est obstruée par la paroi du tube extérieur. Si l'on soulève le tube, cette ouverture latérale, par laquelle sort la flamme d'alcool, vient se présenter en face du plan horizontal des trous des verres; le montage doit être fait de façon que, le tube intérieur étant soulevé, son ouverture soit située à une distance d'environ 1 c/m ½ du verre. Il n'est pas nécessaire que l'ouverture du tube intérieur soulevé se trouve exactement en face d'un trou du verre, car la flamme d'alcool produite est assez forte pour s'épanouir autour du verre.

La description qui précède prouve que ce système d'allumage remplit bien son but, car :

1º Il évite l'introduction de la perche dans la lanterne.

2º Il asssure la fermeture hermétique de cette lanterne.

3º Il fait gagner en outre le temps nécessaire à l'ouverture et à la fermeture du trapillon.

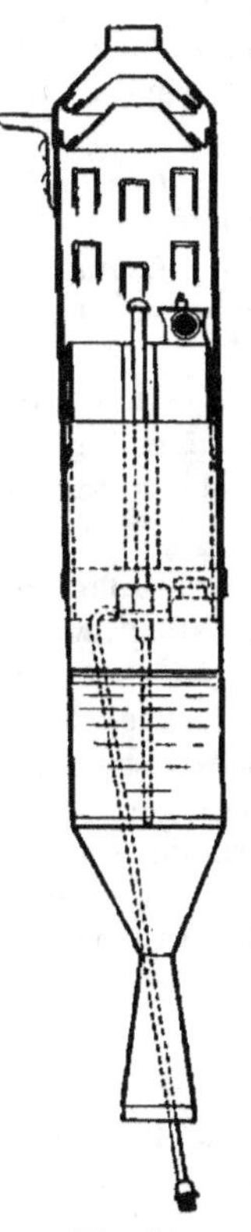

Fig. 73.
Lampe d'allumage
à l'alcool.

La perche d'allumage primitive présentant trop peu de résistance au vent, surtout dans les endroits non abrités tels qu'on les rencontre en province, la Société Auer a modifié le chapeau de la lampe primitive de façon à mieux protéger la flamme d'huile. La disposition, représentée sur la figure 73, a donné de bons résultats.

Le fonctionnement de ce système d'allumage est excessivement pratique et rapide, dès que les allumeurs sont familiarisés avec la lampe à alcool et qu'ils observent les petites prescriptions très simples suivantes :

1° Ne remplir le réservoir d'alcool qu'aux 2/3 environ, de façon à maintenir à sa partie supérieure un petit matelas d'air et à éviter sur la flamme d'huile la projection d'alcool liquide susceptible de l'éteindre.

2° Placer le trou de l'injecteur d'alcool de telle sorte que le jet d'alcool pulvérisé effleure la flamme de la lampe à huile.

3° Mettre, au moment de l'allumage, la lampe dans l'axe même du double tube, de façon que la flamme soit bien dirigée vers l'orifice supérieur et qu'il n'y ait pas de refoulement.

4° Presser doucement sur la poire en caoutchouc, pour éviter une dépense exagérée d'alcool et la production d'une flamme trop forte, qui, ne trouvant pas libre passage dans le tube, refoule et peut éteindre la flamme d'huile.

Ce système d'allumage, très économique comme installation, puisqu'il permet de conserver les robinets placés au croisillon, et très avantageux comme fonctionnement, a été adopté par de nombreuses villes, notamment : Lyon, Rouen, Lille, Le Havre, Caen, Aix-les-Bains, Annecy, Alençon, Bagnères-de-Luchon, Beaucaire, Bourg, Brioude, Cette, Châlons-sur-Marne, Châlon-sur-Saône, Chatou, Compiègne, Constantine, Courbevoie, Darnetal, Dinard, Fontainebleau, Gournay, Montbrison, Montdidier, Montélimar, Montluçon, Nanterre, Pontoise, Privas, Roubaix, Saint-Chamond, Saint-Dizier, Suresnes, Toul, Troyes, Valence, Vernon, Vierzon, Vichy, Vire, Vitré, etc.

3° Allumage Tritz par la perche à alcool. — Le succès de l'allumage par la perche à alcool a déterminé M. Tritz à modifier son allumage à rotule, en supprimant simplement la rampe et en conservant les robinets placés au croisillon des lanternes. La lampe d'allumage à alcool, modifiée de façon à être munie d'une rotule, est introduite dans le trapillon Tritz, comme je l'ai indiqué dans le paragraphe des allumages à rampe, et fonctionne par pression de la poire en caoutchouc. Le système Tritz sans rampe peut même actuellement fonctionner à un seul temps par l'addition d'une chaîne, fixée, d'une part, au trapillon à rotule et, d'autre part, au robinet ; lorsque l'on ouvre le trapillon en introduisant la perche, la chaîne agit sur le robinet et l'ouvre en même temps.

Le système Tritz à alcool, de fonctionnement excellent, est employé dans de nombreuses installations parmi lesquelles je citerai Évreux, Mantes, Alger, Mustapha, Saint-Eugène, Dieppe, Honfleur, Montereau, Morlaix, Nangis, Quimper, Saint-Brieuc, etc.

4° L'allumage à rampe avec trapillon supprimant le robinet à bascule a également été transformé pour fonctionner, sans rampe, avec la perche à alcool ; mais il est sensiblement plus coûteux, comme frais de premier établissement, que les précédents.

Un des grands avantages de l'emploi de la perche à alcool est de maintenir hors de la lanterne l'organe d'allumage qui, dans les systèmes à cuiller, à rampe, etc., nécessite toujours des nettoyages, épinglages, etc. Avec l'allumage à alcool, on n'a besoin que d'une seule perche pour un grand nombre de lanternes et son nettoyage, facilement effectué à l'atelier, consiste simplement à débarrasser de temps à autre l'intérieur du chapeau de la suie dont il s'enduit après un certain temps de fonctionnement.

On a reproché à la perche à alcool l'usure de la poire en caoutchouc et on a fabriqué des perches dans lesquelles cette poire n'existe pas et est remplacée par un appareil de pression intérieure à ressort ; mais ce système a l'inconvénient de soumettre les verres de fond à un trop grand effort et la bonne conservation de la poire en caoutchouc peut être aisément obtenue en enveloppant cette poire d'un chiffon de laine ou de drap empêchant le caoutchouc d'être attaqué par l'alcool, les matières grasses, etc.

E) Lampe d'allumeur à acétylène. — M. Bachelay, Directeur de la Société du Gaz de Toulon et ingénieur gazier très expérimenté, a inventé une lampe d'allumeur fort intéressante, appelée *photophorogène*, dans laquelle la flamme d'huile est remplacée par une flamme d'acétylène beaucoup plus résistante et plus éclairante. Il a présenté, au Congrès des Gaziers de 1902, un système d'allumage « en un temps » dans lequel le fond de la lanterne est muni d'un clapet formant guide (figure 74).

La source de lumière ou *photogène*, fixée à l'extrémité de la perche, se prolonge par une chandelle d'environ 0^{m}20 de longueur et coulisse dans une enveloppe surmontée elle-même d'un tube-lanterne perforé, qui est maintenu en position par un ressort à boudin prenant son point d'appui sur le sommet du photogène. Dans la position de détente du ressort, la flamme d'acétylène

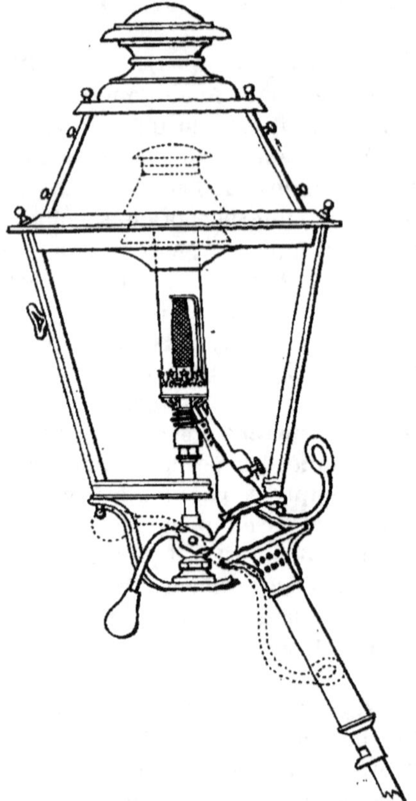

Fig. 74. — Allumage photophorogène de M. Bachelay.

est protégée par le tube-lanterne; lorsque le ressort est comprimé, le porte-feu émerge du tube-lanterne et dégage la flamme d'acétylène.

Quand on introduit la lampe dans le cône-guide, on soulève

d'abord le clapet, puis, en continuant à exercer une pression de bas en haut, on comprime le ressort et la flamme d'acétylène, dégagée, allume le gaz à sa sortie du brûleur.

Pour réaliser l'allumage en un temps, il suffit de modifier la bascule du robinet, de façon qu'elle soit entraînée de bas en haut, dans le mouvement ascensionnel de la lampe, par un appendice fixé à cette lampe.

F) Allumages électriques. — L'allumage électrique des becs à incandescence a ouvert un large champ aux inventeurs et les appareils de ce genre sont innombrables ; mais ils ont, en général, l'inconvénient d'être d'un prix élevé et de ne pas permettre l'allumage ordinaire, lorsque l'électricité vient à manquer, puisque la plupart d'entre eux ont pour but d'assurer automatiquement l'ouverture du robinet en même temps que l'allumage. Ces derniers n'ont donc pu être employés pour l'éclairage public.

1° Allumeur électrique Luc à distance. — Dans l'allumeur Luc, l'inventeur a cherché à remédier à ce défaut.

L'allumage a lieu par une étincelle se produisant par extra-courant au-dessus d'un petit bunsen, placé à environ 2 centimètres sous le bec principal, et qui enflamme ce dernier dès que le passage du gaz est établi dans l'appareil. Grâce à cette disposition, les pointes entre lesquelles jaillit l'étincelle ne sont pas en contact avec le foyer et acquièrent ainsi une longue durée, étant à l'abri de la chaleur.

La fermeture se compose d'une demi-bille logée dans une cavité spéciale et maintenue en place par une tige flexible. Un pivot, situé à 2 centimètres de cette bille et en dehors, permet de la déplacer légèrement de bas en haut, au moyen d'un levier à palette actionné par des électros ; on conçoit que le déplacement de cette bille, distante de 2 centimètres seulement de son pivot, soit presque nul et rende tout coincement impossible.

Pour le cas où le courant viendrait à manquer et où l'appareil ne pourrait, par suite, plus fonctionner automatiquement, on a percé dans l'enveloppe de l'appareil deux petits trous marqués O (ouvert) et F (fermé) et disposés en face des palettes d'ouverture et de fermeture ; il suffit ainsi d'introduire une épingle dans l'un des trous pour faire mouvoir le mécanisme dans un sens ou dans l'autre, suivant que l'appareil est resté ouvert ou fermé.

Ce système d'allumage paraît bien conçu : l'obturation du gaz s'y fait sans frottement et le mécanisme est fort simple. Il est donc de nature à rendre des services pour l'éclairage particulier, mais pour l'éclairage public, la manœuvre du mécanisme, indiquée plus haut, semble trop compliquée et nécessiterait une main-d'œuvre très dispendieuse, si, pour une cause quelconque, le dispositif électrique ne fonctionnait pas.

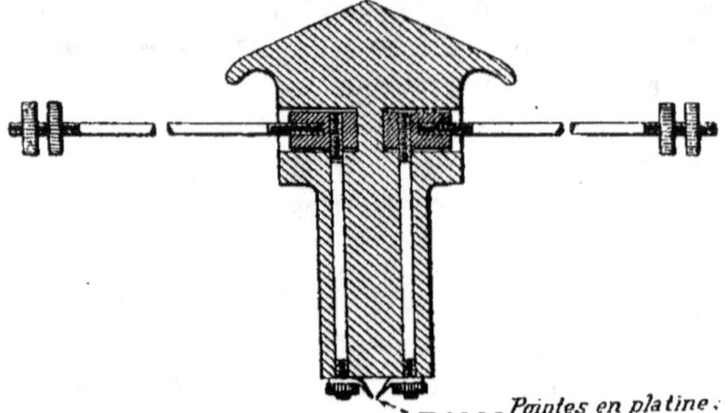

Fig. 75. — Allumage électrique Brouardel.
(Détail du crayon d'inflammation.)

2° Allumage électrique Brouardel. — Il résulte de ce qui précède que, pour réaliser un allumage électrique pratique des lanternes publiques, il convient de conserver l'ouverture et la fermeture du gaz par un robinet.

Partant de ce principe, M. Brouardel, Directeur de la Compagnie française du Centre et du Midi pour l'Eclairage au gaz, a imaginé un dispositif très ingénieux ayant pour but d'enflammer le gaz à sa sortie du verre par la production d'une étincelle électrique.

Un godet isolateur en porcelaine, analogue aux godets des poteaux télégraphiques, est fixé à la base de la lanterne et protège deux fourches de contact en cuivre, complètement isolées l'une de l'autre ; les tiges filetées de ces fourches pénètrent dans l'intérieur de la lanterne, toujours isolées l'une de l'autre, et c'est entre les écrous de ces tiges que s'attachent les fils isolés reliant les fourches de contact au crayon d'inflammation. Ce dernier est fixé à frottement dur dans un orifice pratiqué à la partie supérieure du réflecteur. Il comprend (figure 75) une pièce en porcelaine émaillée en forme de champignon, à la partie supérieure de laquelle sont ménagées deux cavités diamétralement opposées et isolées l'une de l'autre; elles communiquent respectivement avec deux canaux verticaux débouchant à la base du champignon. Les cavités renferment deux écrous cylindriques en cuivre sur lesquels se vissent horizontalement des tiges en nickel reliées aux fils isolés venant des fourches.

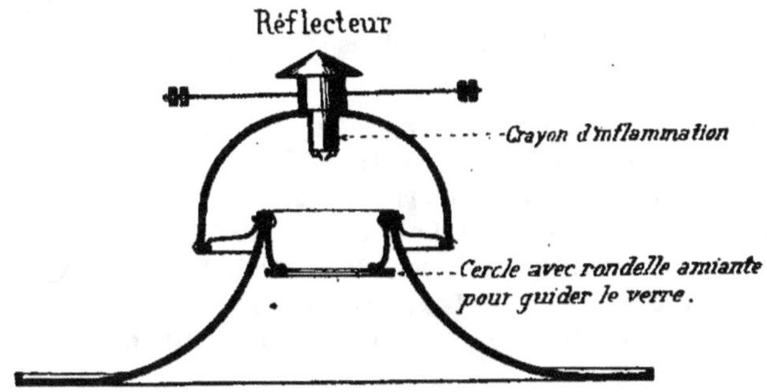

Fig. 76. — Allumage électrique Brouardel.
(Réflecteur spécial muni du crayon d'inflammation.)

Par les canaux verticaux, deux autres tiges en nickel pénètrent à leur partie supérieure dans les écrous cylindriques, tandis que leur extrémité inférieure sert de point d'attache à deux pointes de platine fixées par des écrous en acier ; c'est entre ces deux pointes de platine que jaillit l'étincelle électrique qui allume le bec. La figure 76 représente la disposition du réflecteur spécial, muni de son crayon d'inflammation, adopté par M. Brouardel.

L'étincelle est produite par une bobine d'induction actionnée par un accumulateur, le tout disposé dans une boîte portée par l'allumeur; un bouton-poussoir placé sur la boîte permet de fermer le circuit au moment opportun. Le courant de la bobine est recueilli, à l'extrémité de la boîte, sur deux prises de courant dans lesquelles l'allumeur ajuste deux chevilles fixées aux extrémités des fils de la perche. Cette perche, servant à transmettre le courant à la lanterne, est un bambou contenant les deux fils isolés faisant communiquer la bobine avec le dispositif électrique de la lanterne ; à cet effet, la tête de perche est terminée par un cylindre en fibre isolante percé de deux canaux verticaux isolés l'un de l'autre. Deux tiges de cuivre latérales communiquent chacune avec un des fils de la perche. L'allumeur engage ces tiges entre les fourches du dispositif fixé à la base de la lanterne et détermine ainsi un contact franc ; en poussant le bouton de la boîte, il ferme le circuit et fait jaillir, entre les pointes de platine du crayon d'inflammation, l'étincelle qui produit l'allumage.

Les principales villes qui emploient cet allumage sont Béziers, Blois, Châtellerault, Tarbes, Toulouse, etc.

G) Allumages automatiques sans le concours de l'électricité. — Dans la comparaison entre l'électricité et le gaz, ce dernier se trouvait toujours en état d'infériorité au point de vue de la commodité d'allumage ; aussi s'est-on rappelé que la mousse de platine avait la propriété d'absorber le gaz, en dégageant une quantité de chaleur suffisante pour porter au rouge un fil fin de platine, et on a basé sur l'utilisation de cette propriété un grand nombre d'appareils automatiques.

La première idée, pour constituer un tel allumeur, a été de placer au-dessus du verre un simple fumivore en mica, auquel était fixé le système comprenant la pastille en mousse de platine et les fils ; mais le corps allumeur, restant ainsi constamment exposé à la chaleur et à l'action des produits de la combustion, se détériorait rapidement.

On a, par suite, construit des systèmes comportant des protections diverses, soit que la plaque de mica fût munie d'une charnière et se relevât, dès l'allumage produit, sous l'action du courant d'air chaud, mettant ainsi le corps allumeur en dehors du chemin des produits de combustion, soit que la pastille, maintenue au-dessus de la flamme, fût protégée par une ou plusieurs plaques de mica perforées en forme de cible.

Mais, dans le premier système, le mécanisme, exposé à la chaleur, devient rapidement délicat et d'un fonctionnement douteux ; quant au second système, il a l'inconvénient d'empêcher le libre échappement des produits de la combustion, qui, gênés à leur sortie, sont obligés de prendre des chemins détournés et parviennent à détériorer la pastille ; de plus, ces gaz, s'accumulant dans le verre,

·gènent le tirage et produisent un effet nuisible sur la flamme et sur le pouvoir éclairant.

Un nouvel appareil, évitant ces divers défauts, a été mis récemment en service sous le nom d'*allumeur à cône spirale* ou « *Conus* », représenté sur la figure 77.

Fig. 77. — Allumeur à cône spirale dit « Conus ».

La pastille est ici enfermée dans un cône en fils de fer enroulés en spirale, les spires étant très serrées à la base. De la sorte, l'appareil ne présente qu'une très petite partie, presque la pointe seule, à l'action de la flamme et les produits de la combustion, rencontrant d'abord la partie très serrée du cône, ne pénètrent pas à l'intérieur et sont rejetés sur les côtés, d'où ils s'échappent librement. La pastille est donc bien protégée ; il n'y a pas de mécanisme et les gaz de la combustion ne sont en rien contrariés dans leur course et ne nuisent pas au pouvoir éclairant.

Le conus se fixe simplement sur le haut du verre comme l'indique la figure.

Robinet auto-allumeur. — Les appareils que je viens de signaler se placent tous au-dessus du verre ; le robinet auto-allumeur, lui, se visse sous le bec, qu'il allume au moyen d'une dérivation latérale munie du corps allumeur.

Le robinet est à trois positions : l'une pour l'extinction, l'autre pour l'allumage, la troisième pour l'éclairage. Un tube de dérivation, partant du boisseau, vient s'engager dans la galerie du bec à côté du manchon et est coiffé d'un système, appelé veilleuse, supportant le corps allumeur. La figure 78 représente un bec monté sur robinet-allumeur et la figure 79 le détail de la veilleuse.

Fig. 78.
Bec monté sur robinet allumeur.

Fig. 79.
Détail de la veilleuse du
robinet allumeur.

La veilleuse (fig. 79) comprend un tube A par lequel arrive le gaz venant du tube de dérivation, une chambre de détente B, qui assure, par l'orifice très petit de l'ajutage C, un débit de gaz doux et régulier, et un support S qui maintient le corps allumeur Z et l'ensemble des pièces A B C dans une position déterminée.

De petits fils de platine très fins, réunissant la pastille en mousse de platine Z à l'ajutage C, sont disposés parallèlement au jet de gaz.

Lorsqu'on tourne le robinet de la position extinction à la position allumage. le gaz sort de la veilleuse, est absorbé par la pastille, qui s'échauffe assez pour porter à l'incandescence les fils de platine, et s'allume à leur contact. Il suffit alors de tourner doucement le robinet de la position allumage à la position éclairage : on rencontre ainsi sans arrêt une position intermédiaire à laquelle la veilleuse reste allumée et le gaz commence à passer dans le bec et s'y allume. En continuant le mouvement, la veilleuse s'éteint et le bec est allumé en plein.

Les veilleuses coiffent simplement le sommet du tube de dérivation et sont interchangeables.

Self-allumeur. — Cet appareil (fig. 80) diffère du précédent en ce que, grâce à un mécanisme automatique basé sur la dilatation d'un corps exposé à la chaleur, la veilleuse ouvre elle-même l'alimentation du bec ; il n'y a donc ainsi qu'un seul mouvement au lieu de deux.

Le fonctionnement de cet appareil est le suivant.

Lorsqu'on ouvre le robinet, le gaz passe dans la veilleuse seule, où il s'enflamme au contact des fils de platine ; la chaleur, ainsi dégagée, fait dilater une tige, appelée pyromètre, tige métallique, d'une composition spéciale, dont l'allongement fait descendre un piston qui agit sur un levier entraînant lui-même la soupape de fermeture du gaz.

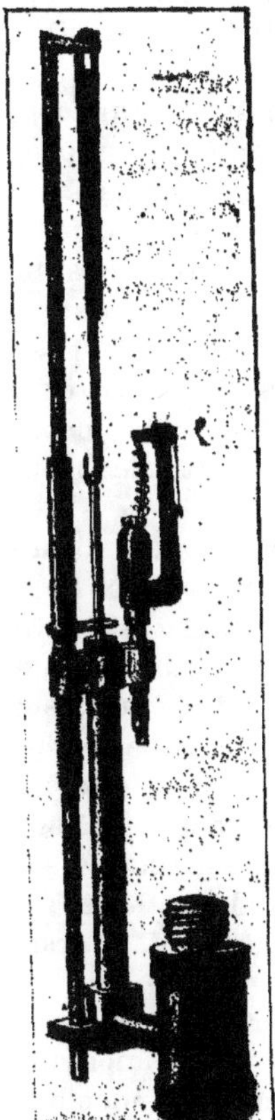

Fig. 80.
Self-Allumeur.

Le gaz passe alors dans le bec, s'allume au contact de la veilleuse, et, la chaleur augmentant, la dilatation du pyromètre s'accroît également et permet à la soupape de s'ouvrir complètement, en descendant jusqu'à son siège inférieur et en fermant ainsi l'arrivée du gaz dans le tube d'alimentation de veilleuse.

Lorsqu'on éteint en fermant le robinet du bec, le pyromètre se contracte sous l'action du refroidissement, et remonte tout le système, piston, levier et soupape, jusqu'à ce que cette dernière, s'appuyant sur son siège supérieur, replace l'appareil dans la position prête pour le prochain allumage.

Tous les appareils précédents, basés sur l'utilisation d'un corps allumeur en mousse de platine, ont surtout leurs applications pour l'éclairage particulier, l'absorption du gaz par cette substance étant très contrariée par l'humidité et les poussières, à l'action desquelles elle est soumise en éclairage extérieur. Cependant le robinet auto-allumeur a été utilisé avec succès à l'allumage des lanternes publiques de Grenoble, le tube d'alimentation de veilleuse étant terminé par une fourche portant deux veilleuses identiques ; de cette façon, on obtenait un allumage régulier, car il était rare que les deux pastilles aient simultanément un fonctionnement défectueux.

Auto-flamme. — Un autre allumage automatique est l'auto-flamme, dont la caractéristique est la substitution à la mousse de platine d'une substance qui, d'après les constructeurs, n'est altérée ni par l'humidité, ni par la chaleur. Suivant une communication de M. Lecomte, cette substance est constituée par des pilules spéciales en alumine gélatineuse calcinée au four et imbibée de chlorure de platine. Le principe est alors le même que pour le robinet auto-allumeur ; on prend, sur la canalisation de l'appareil à allumer, une dérivation qui aboutit à un petit bec au-dessus duquel sont les pilules munies de fils de platine ; le jet de gaz du petit bec s'allume et allume l'appareil principal à l'aide d'un dispositif de transmission quelconque.

On peut éteindre le petit bec, soit à la main (robinet spécial ou robinet à trois voies, ou poussoir ressort pour l'alimentation de la dérivation, etc.), ou automatiquement, au moyen d'une colonne de mercure, qui en se dilatant, vient obstruer l'arrivée du gaz.

Les applications de ce système d'allumage sont assez récentes et je n'en connais pas en éclairage public.

H) Allumages à distance. — Les gaziers aspirent de plus en plus à la découverte d'un système pratique d'allumage et d'extinction à

distance, qui aurait pour eux l'avantage de permettre de sup.
primer une grande partie du personnel employé à ce service pénible
et de réduire ainsi, après une dépense de première installation une
fois payée, des frais annuels importants, laissés généralement à
leur charge par les municipalités et qui tendent d'ailleurs à s'augmenter constamment.

Il existe déjà un certain nombre d'appareils ayant ce but et
dont le principe est basé, soit sur l'emploi de l'électricité, soit sur
un mécanisme d'horlogerie qui ouvre ou ferme le passage du gaz
aux heures voulues, soit sur une différence de pression à l'usine
ayant le même objet.

Pour les appareils électriques, dans lesquels l'ouverture et la
fermeture du gaz se font automatiquement, j'ai déjà exposé leurs
inconvénients au paragraphe « allumages électriques »; ils man-
quent de sécurité pour un service public et peuvent donner lieu à
de graves difficultés au cas où l'électricité viendrait à manquer.

Les appareils basés sur un mouvement d'horlogerie sont plus
sûrs et il en existe une installation importante en Suisse, à Zurich,
où, d'après le rapport de l'Usine à gaz municipale sur l'exploitation
en 1903, il y en avait 708 en service. Mais ils nécessitent, pour l'allumage, au moment de l'ouverture du robinet par le mécanisme
d'horlogerie, une veilleuse brûlant constamment et par suite une
dépense très appréciable de gaz inutilisé. En outre, il convient de
tenir compte de la main d'œuvre, probablement assez fréquente,
indispensable pour le remontage et l'entretien des horloges.

Les systèmes basés sur une différence de pression à l'usine
répondent au principe suivant: l'usine à gaz, à l'heure de l'allu-
ge ou de l'extinction, donne une différence subite de pression dans
les conduites et fait ainsi mouvoir, à chaque appareil, une cloche
ou une masse liquide dont le mouvement ouvre ou ferme l'arrivée
du gaz; une veilleuse constante allume l'appareil.

Un système à cloche, inventé par M. Besnard, Directeur de la
Cie du gaz de Châteaubriant (Loire-Inférieure), a été mis en service
en 1899; il y avait 117 becs publics, dont 26 brûlant toute la nuit et
91 éteints à 11 heures du soir : à l'allumage, on donnait la pression maxima, soit 60 $^{m}/^{m}$; à 11 heures du soir, on ne laissait que
40 à 45 $^{m}/^{m}$, et au jour on ramenait la pression à 30 $^{m}/^{m}$; les systèmes à cloche des 26 appareils permanents étaient réglés de façon
à ne produire l'extinction que pour cette dernière pression. L'éco-

nomie constatée sur les frais d'allumage et d'extinction aurait été d'environ 2/3 et, d'après une délibération du Conseil Municipal en date du 12 avril 1900, le système aurait très bien fonctionné, sans gêner la clientèle privée, pendant l'hiver 1899-1900.

Un tel système est évidemment moins coûteux, comme installation et entretien, que les appareils à horloge; mais, indépendamment de ce qu'il exige toujours la veilleuse constante à chaque bec, il semble difficile à employer, sans réglage compliqué, là où il existe d'importantes différences de niveau, ainsi que dans les grandes villes ou centres industriels, où la pression dans les conduites maîtresses peut être sensiblement influencée par les variations de la consommation chez les particuliers.

La disposition vraiment pratique dans tous les cas ne semble donc pas être réalisée par les appareils précédents et cela résulte du rapport sur les appareils pour allumage automatique des becs de gaz présentés au Congrès des Gaziers français, en 1904. Le Comité, nommé pour examiner ces appareils, conclut dans son rapport qu'il n'y a pas lieu de décerner les récompenses à attribuer éventuellement aux appareils allumeurs-extincteurs automatiques, qui n'ont encore aucune sanction pratique suffisante, mais qu'il est heureux de constater les efforts ingénieux déjà faits par les inventeurs dans cet ordre d'idées.

Un autre appareil, non présenté à ce Congrès et basé sur l'emploi de l'air comprimé agissant sur une colonne de mercure, a été inventé par M. F. Siemens, de Dresde. Lorsque la pression d'air est normale, le dispositif adopté permet au gaz d'alimenter une veilleuse constante et en même temps le bec qui est ainsi à la position d'éclairage. Quant la pression d'air augmente, le mercure s'élève et obstrue l'arrivée du gaz au bec, en laissant libre l'alimentation de la veilleuse. L'appareil peut être facilement réglé pour différentes pressions d'air, de manière que l'extinction de tous les becs puisse ne pas être simultanée. Dans ce système, la fermeture est assurée par la colonne de mercure seule, à l'exclusion de toute soupape rigide ou à flotteur. En outre, le fonctionnement est sûr: il n'y a pas, en effet, d'augmentation de pression pour l'allumage, mais au contraire diminution; il est donc impossible d'avoir des extinctions par suite d'un défaut d'étanchéité. Le manque d'étanchéité peut seulement produire des allumages intempestifs, dont on s'aperçoit facilement et auxquels on peut remédier en fermant le gaz.

D'après le Journal des Usines à gaz du 20 février 1904, cet appareil a été appliqué à Dresde, dans la rue de Nuremberg, et à Berlin, dans plusieurs voies importantes: les résultats obtenus auraient décidé plusieurs villes allemandes à en faire l'essai à leur tour.

Il faut remarquer que l'adoption de ce système d'allumage nécessite, comme tous les systèmes non électriques, la présence d'une veilleuse permanente à chaque bec et exige en outre une canalisation d'air comprimé.

I) Alliages pyrophoriques Auer. — D'après le " Journal of gas Lighting ", la découverte la plus récente, au point de vue de l'allumage automatique, serait dûe au docteur Auer, qui a pris un brevet pour des alliages pyrophoriques découverts il y a peu de temps.

L'inventeur expose que les métaux de terres rares, alliés au fer ou à certains autres métaux, ont la propriété d'émettre, sous l'action du frottement, des étincelles provenant de l'ignition spontanée de particules métalliques très fines, mises en liberté par ce frottement. L'intensité de l'ignition et l'éclat lumineux des étincelles varient suivant les alliages et les effets les plus intenses sont obtenus avec une proportion de 30 % de fer. Les meilleurs alliages sont ceux du lanthane avec le fer et du cérium avec le fer, surtout ce dernier, circonstance favorable, car le cérium se trouve en grande quantité, et en grande partie inutilisé, dans les sables monaziteux d'où l'on extrait la thorine formant la masse principale des manchons.

Les particules fines, détachées par le frottement, brûlent très vite, avec un dégagement de chaleur faible, mais suffisant toutefois pour produire l'allumage sûr et presque instantané des gaz combustibles mélangés à l'air; un léger frottement, au moyen d'un archet ou d'une tige d'acier, produit l'ignition et pourrait être déterminé par un dispositif automatique correspondant à l'ouverture du robinet.

On conçoit tout le parti qu'il serait possible de tirer de ce procédé si, dans la pratique, les circonstances précédentes se réalisent, sans que les alliages employés soient influencés par les agents atmosphériques.

Conclusion sur la transformation des lanternes.

Pour conclure, dans l'état actuel pratique de la question, une bonne transformation des lanternes ordinaires existantes, doit comprendre : un réflecteur de forme appropriée, de préférence en demi-porcelaine, avec ses moyens de fixation ; des carreaux métalliques remplaçant les carreaux de verre du chapiteau ; une chicane brise-vent (en cuivre rouge pour résister à la chaleur) fixée par des vis à la calotte supérieure de la lanterne ; des bandes métalliques bouchant la couronne ajourée des lanternes rondes ; une chandelle porte-bec en cuivre ; un verre de fond fermant la lanterne aussi hermétiquement que possible ; un système d'allumage pratique ; un régulateur et un bec avec anti-trépidateur (à ressort à boudin, à quatre lames, à billes, ou Clay, suivant les circonstances).

A mon avis, les systèmes d'allumage les meilleurs et les plus économiques, ayant actuellement la sanction de la pratique, sont ceux qui utilisent la perche à alcool, soit avec fond à double tube, soit avec trapillon Tritz.

Parmi les becs les plus avantageux, ceux qui se plient le mieux à toutes les consommations sont les becs Bandscpt.

La transformation, ainsi bien définie, doit être précédée d'une étude de pression permettant le réglage convenable des becs. Le montage des pièces d'appareillage dans les lanternes, ainsi que celui des lanternes sur leurs supports, doivent ensuite être exécutés avec soin et précision, de préférence par des entrepreneurs expérimentés de la spécialité.

Le coût d'une telle installation varie suivant l'état et les dimentions des lanternes, leur nombre, les conditions de la main-d'œuvre, etc.; si l'on adopte les allumages recommandés plus haut, permettant de conserver sans modification les robinets placés au croisillon des lanternes, on peut tabler sur une dépense d'environ 20 francs par lanterne toute transformée, prête à fonctionner.

Il n'y a pas intérêt à chercher à réparer les lanternes en mauvais état d'entretien, qui ne peuvent pas supporter utilement la transformation ; il vaut mieux, en vue d'un bon fonctionnement ultérieur, les réformer et les remplacer par des neuves, ayant leur chapiteau entièrement métallique et bien clos, de façon à éviter l'acquisition d'une chicane brise-vent et de carraux de chapiteau.

Au point de vue de la durée, les lanternes en cuivre sont bien préférables aux lanternes en tôle. Un nouveau modèle a été mis en service assez récemment: ce sont des lanternes en fonte, très décoratives, adoptées par les villes de Bruxelles, Cambrai, Beaucaire, etc., avec toutes leurs pièces interchangeables, de sorte que les réparations peuvent se faire sur place avec une grande facilité.

Le coût actuel de lanternes neuves, complètement appareillées, peut être évalué à environ 30 ou 35 francs pour le modèle carré ordinaire, et à 65 à 70 francs pour le modèle rond ordinaire.

Entretien.

Une fois la transformation de l'éclairage bien exécutée, il est indispensable que l'entretien soit assuré, dès le début, régulièrement, dans les meilleures conditions possibles.

Cet entretien a, en effet, pour but de prévenir le mauvais état des lanternes transformées, et non pas d'y remédier lorsqu'il s'est produit. C'est pourquoi, si l'on veut obtenir d'un éclairage public à l'incandescence l'amélioration désirée, il importe absolument que les conditions d'entretien soient fixées dès le début et que l'entrepreneur responsable soit désigné avant l'exécution des travaux, de telle sorte que le service puisse fonctionner régulièrement aussitôt que les premières lanternes appareillées sont en service.

Étant donné que la transformation nécessite l'addition de certaines pièces aux lanternes telles qu'on les trouve dans le commerce, l'entretien de ces lanternes appareillées pour l'incandescence vient s'ajouter à l'entretien primitif et est, par suite, un entretien supplémentaire. Il comporte: la fourniture et la main-d'œuvre de pose des manchons et verres de remplacement; la fourniture et la main-d'œuvre de pose des diverses pièces d'appareillage de rechange, autres que les manchons et les verres (réflecteurs, becs, chicanes, systèmes d'allumage, régulateurs, antitrépidateurs, etc.), le nettoyage des becs et des pièces de l'appareillage spécial.

Pour qu'un entretien soit bien fait et permette de bénéficier normalement d'un éclairage régulier, il doit surtout assurer à la galerie porte-manchon un constant état de propreté, car c'est cette galerie qui supporte la grille de combustion et c'est de l'état de cette grille que dépend la bonne combustion et, par suite, le bon éclairage.

A ce point de vue donc, aussi bien qu'au point de vue de la commodité du montage et du flambage des manchons de rechange, il convient de procéder de la façon suivante : l'entrepreneur chargé de l'entretien doit avoir un certain nombre de galeries de roulement, proportionnel au nombre des becs en service, que l'on munit d'avance, à l'atelier, de leur manchon flambé et de leur verre, de façon à pouvoir les transporter en boîtes et à n'effectuer sur la voie publique que l'opération très simple consistant à substituer au système usagé (galerie usagée, manchon détérioré et verre) le système neuf (galerie, manchon et verre en bon état). La galerie et le verre usagés sont alors remportés à l'atelier et nettoyés, la galerie avec une brosse dure, le verre avec de l'alcool; ils peuvent ensuite être réemployés en bon état pour les remplacements ultérieurs.

On évite, par ce procédé, le système très défectueux consistant à monter sur les galeries usagées et à flamber, sur la voie publique même, les manchons de remplacement, ce qui présente les inconvénients graves d'utiliser, sans nettoyage, les galeries et les verres sales et d'entraîner une casse importante de manchons, les opérations du montage et du flambage à la lanterne même étant exposées à toutes les intempéries.

Les allumeurs ont une tendance à mettre hors service le verre, lorsque le manchon est usagé, et à remplacer, par suite, toujours le verre en même temps que le manchon; il faut réagir contre cette habitude, qui donne naissance à une augmentation appréciable des frais d'entretien, et tenir la main à ce que les verres non cassés ne soient pas jetés, mais soient, au contraire, rentrés à l'atelier pour y être nettoyés et garnir ensuite les galeries préparées pour les remplacements ultérieurs.

L'exposé qui précède fait ressortir le grand défaut des becs construits de telle sorte que la grille de combustion fasse corps avec le brûleur lui-même, au lieu d'être partie intégrante de la galerie: avec ces becs, en effet, le brûleur n'étant pour ainsi dire jamais remplacé, la grille n'est jamais nettoyée et le pouvoir éclairant diminue, de ce fait, rapidement et dans une large mesure.

L'entretien et le nettoyage de l'appareillage, pour les parties autres que les galeries, manchons et verres, sont peu importants, car les pièces sont durables et il suffit généralement de nettoyer le réflecteur en porcelaine ou demi-porcelaine avec un linge mouillé et de dégorger le brûleur lorsqu'il est engorgé.

On s'aperçoit qu'un engorgement existe lorsque le manchon, quoique en bon état, n'est pas complètement incandescent ou donne une incandescence jaune. Il n'y a pas lieu, en ce cas, de remplacer ce manchon, mais il convient de s'assurer si l'engorgement provient de la canalisation, du robinet ou du brûleur, et, dans cette dernière occurence, de souffler les entrées de gaz et d'air du brûleur pour faire disparaître les poussières et impuretés. Si ce moyen n'est pas suffisant, l'on passe un crin dans les orifices d'arrivée du gaz pour les déboucher ; mais il ne faut, sous aucun prétexte, se servir d'une pointe métallique, susceptible d'en augmenter les dimensions et de modifier ainsi le réglage, en ayant pour conséquence un débit plus fort et un pouvoir éclairant moindre.

Il convient de vérifier également si la bague d'air ne s'est pas déplacée et si elle est bien à la position du maximum d'éclairement.

En vue d'un entretien régulier, les réparations d'ordres divers nécessaires sont notées par les allumeurs à l'extinction, et celles qui concernent des remplacements de manchons et de verres ou des engorgements doivent être effectuées avant l'allumage du soir, les autres défauts étant rectifiés dans le plus bref délai possible, à l'aide d'un dépôt central des différentes pièces de rechange.

Si l'on veut obtenir un entretien exactement suivi, il est bon de tenir un registre par numéros de tous les appareils publics et d'y inscrire régulièrement les remplacements de manchons et de verres ; on peut ainsi se rendre un compte exact de la manière dont tous les becs se comportent et prendre en temps utile les mesures d'amélioration nécessaires pour réduire les bris constatés (addition d'antitrépidateurs appropriés, vérification de la fermeture des lanternes, du réglage des becs, de l'état des systèmes d'allumage, etc.). Il convient également de tenir la vitrerie régulièrement en bon état, de manière à avoir toujours des lanternes bien closes.

Un facteur important d'un entretien économique consiste en ceci que les allumeurs ne doivent jamais laisser de becs allumés à l'injecteur, car, si ce fait se produit, toute la cuivrerie s'échauffe d'une façon anormale, il se produit des dilatations inégales, les ressorts se détrempent et le bec entier est mis rapidement hors de service. Les premiers jours de familiarisation passés, cette négligence ne doit plus se produire, car, si les allumeurs ont soin de regarder le bec avant de le quitter, la malfaçon leur saute aux yeux par le défaut d'éclairage du manchon et par la production d'une flamme bleu pâle, visible par les trous d'air du brûleur ; il suffit alors d'imprimer à la clef du robinet un rapide mouvement de va-et-vient pour réaliser l'allumage en plein.

En ce qui concerne la qualité du gaz, il y a lieu de veiller à ce qu'il ne contienne ni soufre, ni goudrons : le soufre, en effet, attaque les tiges en formant un sulfure de nickel très friable, entraînant rapidement le bris de la tige et la casse consécutive du manchon ; quant aux goudrons, ils se déposent sur les orifices d'entrée de gaz du brûleur et les obstruent rapidement en supprimant tout pouvoir éclairant.

Il est difficile d'indiquer un prix d'entretien, les frais correspondants étant essentiellement variables suivant les conditions de transformation et de montage des lanternes, le système d'allumage choisi, la manière dont l'entretien est assuré, les conditions atmosphériques locales, les trépidations, etc.

Toutes les conditions de bon fonctionnement étant réalisées, on peut se baser sur une dépense annuelle d'environ 10 francs par bec (fournitures et main-d'œuvre) pour l'entretien des appareils d'une consommation inférieure ou égale à 120 litres. De 120 à 300 litres, la dépense à prévoir est de 12 à 16 francs ; elle atteint 25 à 30 francs pour les becs intensifs à fort débit. A Paris, la Ville paie, pour l'entretien, 11 fr. 90 par bec Auer n° 2 et 16 fr. 10 par bec Auer n° 3, Denayrouze ou Saint-Paul, et par an.

En résumé, avec une transformation des lanternes bien comprise et bien exécutée, avec un entretien convenablement et régulièrement assuré, on bénéficie de tous les avantages du système, c'est-à-dire d'un éclairement très supérieur, quoique économique, et uniformément réparti, d'une lumière plus fixe, etc.

Certaines Municipalités ou Compagnies de gaz préfèrent parfois adopter des appareillages sommaires, en vue de réduire les frais de premier établissement; c'est là une mauvaise solution, car, sans parler de l'éclairage défectueux et des réclamations consécutives qu'il entraîne, il faut considérer que la dépense d'installation est une dépense une fois payée, alors que la dépense d'entretien est annuelle et permanente: l'augmentation de cette dernière annihile donc, à très bref délai, la diminution, nuisible au bon fonctionnement, réalisée sur la première.

Historique de l'éclairage public à l'incandescence par le gaz en France et à l'étranger.

FRANCE

Les premières applications importantes d'éclairage public au bec Auer eurent lieu à Paris et j'ai eu à m'occuper de toute la série des essais qui y ont été exécutés, sous la direction du Service Technique de la Voie Publique et de l'Eclairage, essais dont sont résultées, d'abord la démonstration de la praticité et des avantages du système, ensuite l'extension de son emploi sur la voie publique en France.

Les essais se sont étendus sur deux périodes. La première, officieuse, a duré d'avril au 15 décembre 1894 et a été marquée par la transformation successive des appareils sur divers chantiers, placés dans des conditions très diverses, susceptibles, par suite, de donner une idée exacte de la manière dont le nouvel éclairage se comportait et des frais moyens d'entretien qu'il nécessitait. Les becs Auer furent successivement adoptés pour les Champs-Elysées, la Place du Palais-Royal, la Place de la Concorde, la Place du Théâtre-Français, une partie du Boulevard Voltaire, la Rue et le Boulevard de Strasbourg, la Place du Trocadéro, l'Avenue de la Grande-Armée, la Place du Parvis Notre-Dame, la Rue de Rennes, l'Avenue des Ternes, le Boulevard de Belleville et une partie de la Rue St-Maur.

Finalement, il y avait 1.326 becs n° 2 de 115 litres, répartis par 1, 2 ou 3, dans 963 lanternes de tous les types.

La deuxième partie des essais, qui a duré du 15 décembre 1894 au 28 février 1895, fut consacrée à des essais officiels destinés à fixer les données déjà obtenues et à fournir une base solide pour l'évaluation des dépenses d'entretien en manchons et verres.

Au point de vue de l'allumage, après l'abandon très rapide de l'allumage à veilleuse, les lanternes furent munies de l'allumage à cuiller ; puis, lors de l'apparition de l'allumage à rampe, la Ville en demanda l'expérimentation et la rampe fut substituée à la cuiller sur un certain nombre de chantiers. A cette époque, les rampes perfectionnées n'étaient pas inventées et il s'agissait d'un simple tube de dérivation pris sur le robinet : les premières rampes, sortant à l'extérieur du verre de fond, ayant été reconnues sujettes à des engorgements fréquents, furent remplacées par des rampes intérieures, terminées à leur partie inférieure par une boule formant réservoir de gaz ; il fallait donc, pour les lanternes munies de cette rampe, conserver les anciens trapillons et introduire, pour l'allumage, la perche dans la lanterne.

L'effet produit par le nouvel éclairage fut très apprécié, principalement la modification heureuse apportée à la place de la Concorde, qui, grandiose le jour, était autrefois, dès la nuit venue, un triste et obscur désert sur lequel on ne s'engageait pas sans appréhension. Chaque lanterne fut pourvue de deux becs Auer nº 2 et l'aspect nocturne de cette superbe place subit une transformation véritablement féérique.

Les résultats obtenus, très satisfaisants dans leur ensemble, furent, comme l'on s'y attendait, essentiellement variables, suivant la situation des chantiers, la nature de leur sous-sol, le mode d'allumage adopté, les soins apportés par les allumeurs, etc. Au début, les moyennes de durée des manchons étaient comptées en heures d'allumage, d'après la méthode adoptée en Allemagne ; mais on se rendit bientôt compte qu'un manchon allumé était souvent mieux protégé, notamment contre l'humidité, et que les bris se produisaient aussi bien pendant les périodes d'extinction et d'allumage que pendant l'éclairage. On se décida donc définitivement à évaluer en journées de fonctionnement la durée des manchons.

La moyenne générale des deux périodes d'essais concorda sensiblement et atteignit, en comptant les manchons cassés dans les dépôts au même titre que ceux brisés en service, une durée de 64 jours, correspondant à 5,7 manchons par bec et par an. Au point de vue des variations suivant les chantiers, on constata des divergences notables : c'est ainsi que l'on obtint seulement 16 jours au Boulevard de Strasbourg et 32 jours au Boulevard Voltaire, alors que l'on arrivait à 138 jours au Parvis Notre-Dame, 102 jours Place du Trocadéro, 85 jours Avenue de la Grande-Armée, etc.

L'allumage à cuiller fournit une bien meilleure moyenne que l'allumage à rampe, qui nécessitait l'introduction, souvent brusque et non limitée, de la perche dans les lanternes et provoquait en outre d'assez fréquents allumages à l'injecteur auxquels les allumeurs ne remédiaient pas toujours en temps utile.

La moyenne générale des chantiers à cuiller fut de 74 jours 5 en comptant le Boulevard de Strasbourg et de 96 jours sans compter ce boulevard.

La moyenne générale des chantiers à rampe ne fut que de 49 jours 7.

Cette influence de l'allumage est rendue très apparente par l'examen des résultats obtenus, sur un même chantier, après substitution d'un système à l'autre : ainsi l'adoption de la rampe en remplacement de la cuiller a fait baisser la moyenne de la Place de la Concorde de 128 jours à 58 jours.

Les conséquences du soin apporté par les allumeurs à leur service ont été de même nettement mises en lumière au cours des essais : ainsi, sur la Place du Palais-Royal, éclairée par des lanternes suspendues aux arcades, avec allumage à rampe, la moyenne a été de 68 jours sous les arcades des Magasins du Louvre et de 38 jours seulement sous les arcades opposées.

Comme je l'ai exposé au paragraphe traitant des antitrépidateurs, aucun système efficace n'existait encore pour combattre les trépidations violentes et l'on se contentait d'interposer entre le brûleur et la galerie un ressort à boudin, remplissant convenablement son rôle dans la majeure partie des cas, mais, tout-à-fait insuffisant en présence des trépidations considérables qui règnent dans certaines rues des grandes villes. C'est à la suite des essais officiels du Boulevard de Strasbourg, où la moyenne de 16 jours correspondait à 22 manchons par bec et par an, que la suspension à quatre lames fut inventée et réduisit cette moyenne, au cours de la prolongation des essais sur ce chantier, à environ 8 manchons par bec et par an.

Durant les essais dont je viens de parler, les verres employés furent des verres à baguettes et il en fut dépensé 677, pendant la période officielle, ce qui correspond à une durée moyenne de 114 jours, soit 3,2 verres par bec et par an.

Le résultat final de la période d'essais officiels s'est chiffré de la façon suivante :

```
Economie de gaz (25 litres par bec-heure à 0 fr. 15 le mètre cube)
Pour 1.525.734 heures  . . . . . . . . . . . . .   5.721ᶠ50
2.021 manchons à 2 fr. 25. . . .     4.547 25  )
                                                )   5.021ᶠ15
677 verres à 0 fr. 70. . . . . .      473 90   )
                                                ─────────
              ECONOMIE.  .   . . . .       700ᶠ35
```

Les résultats de ces essais furent donc probants et convainquirent complètement l'administration municipale parisienne. Ils furent d'ailleurs confirmés par les chiffres obtenus après les essais officiels, car M. Maréchal, Ingénieur des Ponts-et-Chaussées détaché à cette époque à la Ville de Paris et chargé du rapport sur les essais, indiquait, dans le *Génie Civil* du 11 janvier 1896, une moyenne de 68 jours par manchon, soit 5,37 manchons par bec et par an, et concluait que, dans ces conditions, aux prix élevés auxquels les manchons et les verres se vendaient alors, l'économie de gaz, résultant de la substitution d'un bec Auer n° 2 de 115 litres à un bec papillon de 140 litres, était suffisante pour payer la casse de verres et de manchons et pour parer aux imprévus, l'éclairement produit étant d'autre part au moins triple.

Des propositions furent d'ailleurs faites alors à la Ville de Paris par un entrepreneur, pour se charger de l'entretien forfaitaire des becs Auer en service moyennant une redevance égale à l'économie de gaz réalisée et cette formule fut acceptée jusqu'à ce que le service complet eût été repris par la Compagnie Parisienne du Gaz vers 1898.

Malgré ces excellents résultats, la Ville de Paris ne put pas transformer son éclairage aussi complètement et aussi rapidement qu'elle l'aurait désiré, car il ne s'agissait jusque-là que d'essais et les questions de réduction de consommation et de supplément d'entretien nécessitaient avec la Compagnie du gaz des négociations d'autant plus délicates que l'expiration de la concession de cette Compagnie était plus proche. Ce furent d'ailleurs des motifs analogues qui ralentirent en France l'adoption de cette incontestable amélioration.

Cependant les essais officiels de Paris portèrent rapidement leurs fruits et les résultats obtenus provoquèrent un mouvement d'opinion, d'où devaient sortir les transactions nécessaires entre Municipalités et Compagnies du gaz et la transformation, actuellement très avancée, des éclairages publics.

La première ville de France qui transforma complètement son éclairage public fut Elbeuf, à la suite des essais (décembre 1895-janvier 1896) dont j'ai rendu compte à propos des antitrépidateurs: 540 becs nº 1 et nº 2 furent ainsi installés avec allumage à cuiller simple.

Ensuite vint Meaux, dont la Commission Municipale conclut d'essais faits de janvier à juin 1896 sur 22 lanternes (13 avec becs nº 1, 9 avec becs nº 2) à une économie de 1.424 francs, manchons et verres de remplacement payés, si l'on transformait intégralement l'éclairage, et à une quantité de lumière de 3 à 5 fois supérieure. La sanction de ces expériences fut l'installation, à titre définitif, de 300 becs Auer nº 1 et nº 2 (allumage à cuiller) pour éclairer l'ensemble de la ville.

La réussite si éclatante de ces deux installations, que j'avais été chargé de suivre, détermina un grand nombre de Municipalités et de Compagnies de gaz à s'occuper de la question et j'eus là satisfaction de voir le système se développer de plus en plus et se comporter de manière très satisfaisante à Beaune (200 becs nᵒˢ 0, 1 et 2, allumage à injecteur de cuiller), à Bédarieux (225 becs nº 1 et nº 2, allumage à injecteur de cuiller), à Romainville (60 becs nº 2, injecteur de cuiller), à Chelles (environ 100 becs nº 2 injecteur de cuiller), à Asnières (1ʳᵉ installation d'environ 300 becs nº 2), à Grenoble (installations successives d'environ 500 becs nº 2, dont plusieurs avec allumage par robinets auto-allumeurs), au Pré-St-Gervais (environ 100 becs nº 2, injecteur de cuiller), à Boulogne-sur-Seine (900 becs nᵒˢ 2 et 3 à injecteur de cuiller), à Carcassonne (environ 600 becs nº 1 et 2, allumage à rampe), à Héricourt (une centaine de becs nº 2 à injecteur de cuiller), à Livarot (une cinquantaine de becs nº 2, injecteur de cuiller), à Romorantin (200 becs nᵒˢ 1 et 2, allumage à rampe), à Villeneuve-Saint-Georges (environ 80 becs nᵒˢ 1 et 2), à Vitry-sur-Seine (150 becs nᵒˢ 1 et 2), à Douai (environ 800 becs nᵒˢ 1 et 2, allumage rampe Tritz), etc.

Plusieurs grandes Compagnies gazières, bientôt convaincues qu'elles avaient intérêt à augmenter l'éclairage extérieur pour développer les besoins de lumière à l'intérieur, prirent alors la tête du mouvement et il convient de citer en première ligne : la Compagnie du Centre et du Midi qui éclaire ainsi, avec allumage électrique Brouardel, Béziers (environ 300 becs n° 3), Châtellerault (environ 600 becs n° 2), Toulouse (installation très intéressante de 3.500 becs n°s 1, 2 et 3 répartis suivant l'importance des voies), etc. ; la Société des Usines à gaz du Nord et de l'Est avec Soissons (400 becs n° 2, allumage à rampe), Épinal (500 becs n° 2, allumage à rampe), Avesnes (120 becs n° 2, à rampe), etc., la Société l'Union des Gaz avec Roanne (300 becs n° 3 à injecteur de cuiller), Albi (450 becs n° 2 à rampe), Nimes (1.200 becs n° 2 à injecteur de cuiller); la Compagnie Centrale d'éclairage et de Chauffage par le gaz avec Dieppe (250 becs n°s 1 et 2, allumage Tritz), Quimper (350 becs n°s 1 et 2, allumage Tritz), etc.

Grandes et petites villes suivaient donc le mouvement et, d'un bout de la France à l'autre, partout où les traités le permettaient, l'amélioration de l'éclairage gagnait de proche en proche. Paris ne pouvait pas se montrer aux étrangers, venus pour admirer les merveilles de l'Exposition de 1900, éclairé seulement par 1.400 becs Auer et plus de 50.000 becs papillons noirs et fumeux : une entente intervint donc en temps utile avec la Compagnie Parisienne et tous les beaux quartiers furent dotés d'un éclairage digne de Paris et de ses visiteurs, la ville payant elle-même sa transformation (avec allumage à injecteur de cuiller, becs n° 2 et antitrépidateurs à 4 lames) et bénéficiant de l'économie réalisée. Plusieurs milliers de becs Auer n° 2 et n° 3 et de becs Denayrouze et Saint-Paul furent ainsi installés et entretenus à forfait par la Compagnie du gaz moyennant 18 fr. par bec n° 2 et par an et 27 fr. par bec intensif et par an. La consommation des becs n° 2 fut ramenée de 115 litres à 100 litres à l'heure et tous les appareils furent munis de régulateurs Bablon.

Après l'Exposition, la substitution des becs à incandescence aux becs papillons fut généralisée et environ 30.000 nouveaux becs furent installés en 1901 et 1902; l'allumage par la perche à alcool avec trapillon ordinaire, inauguré à l'Exposition de 1900 par la Compagnie Parisienne, fut adopté pour toutes les lanternes. Les becs Bandsept firent leur première apparition à Paris, en 1900, sur la Place de la Concorde, où les deux becs n° 2 de chaque lanterne furent remplacés par deux becs Bandsept C, avec cheminées à trous, consommant chacun 150 litres à l'heure; on réalisa ainsi un éclairage vraiment merveilleux, digne de cette place unique au monde et de l'entrée principale de l'Exposition.

Les prix élevés d'entretien (18 fr. et 27 fr.), que je viens d'indiquer, diminuèrent progresssivement pour atteindre les prix actuels de 1905, soit 11 fr. 90 par bec n° 2 et 16 fr. 10 par bec intensif.

A la fin de 1902, les papillons et les récupérateurs avaient définitivement disparu et, au 31 décembre 1903, Paris était complètement éclairé avec becs à incandescence (en dehors des lampes électriques) au moyen de 55.978 lanternes, globes, verrines, etc, dont :

$$39.262 \quad \text{permanentes}$$
$$15.788 \quad \text{éteintes à minuit}$$
$$928 \quad \text{en cessation de service}$$

Total. . . . 55.978

L'éclairage public électrique comprenait 1.729 arcs et 85 lampes à incandescence.

La banlieue suivit Paris ; successivement les becs Auer furent adoptés par : Asnières, qui compléta son installation (environ 600 becs n° 2), Arcueil-Cachan (100 n° 2), Argenteuil (340 Bandsept B), Auberviliers (400 Bandsept B), Arpajon (100 Bandsept B), Bagneux (60 n° 2), Bagnolet (85 Bandsept B), Bourg-la-Reine (80 n° 2), Chatillon (60 n° 2), Chatou (150 Bandsept B), Chaville (45 n° 2), Choisy-le-Roi (200 Bandsept B), Cormeilles (60 Bandsept B), Courbevoie (700 Bandsept B), Enghien (220 becs n° 2), Ermont et Franconville (120 Bandsept B), Gennevilliers (80 Bandsept B), Herblay (50 Bansept B), Houilles (100 Bandsept B), Ile-St-Denis (40 n° 2), Issy-les-Moulineaux (400 n° 2), Joinville-le-Pont (100 n° 2), le Kremlin-Bicêtre (120 n° 2), La Celle-St-Cloud (40 n° 2), Maisons-Laffite (160 n° 2 et n° 3), Malakoff (150 n° 2), Meudon (300 Bandsept B), Montmorency (200 Bandsept B), Montreuil-sous-Bois (600 n°s 2 et 3), Montrouge (300 Bandsept B), Nanterre (200 n° 2), Nogent-sur-Marne (240 n° 2), Le Perreux (120 n° 2), Pontoise (340 n° 1 et n° 2), Puteaux (220 n° 2), Rozoy-en-Brie (45 n° 2), Saint-Maurice (140 Bandsept B), Saint-Gratien (50 Bandsept B), Sannois (100 Bandsept B), Sartrouville (50 Bandsept B), Sceaux (100 n° 2), Sèvres (180 n° 2), Suresnes (250 Bandsept B et C), Tournan (50 Bandsept B), Vanves (150 n° 2), Villejuif (60 n° 2), etc.

Les communes éclairées par la Compagnie Parisienne du Gaz adoptèrent l'allumage de Paris (perche à alcool avec trapillon ordinaire) ; les autres choisirent en général l'allumage par la perche à alcool avec fond breveté à double tube. Dans les installations les plus récentes , les becs Bandsept ont été employés de préférence aux becs Auer ordinaires.

La province ne resta pas en arrière dans cette course vers la lumière. Les installations les plus intéressantes dont j'ai eu à m'occuper sont Aix-les-Bains (400 becs n° 3, allumage à double tube), Alger (2.000 becs n° 1 et 2, allumage Tritz), Annecy (225 n° 3, allumage à double tube), Bagnères-de-Luchon (200 becs n° 2, allumage à double tube), Beaucaire (220 becs n° 2, allumage double tube), Blidah (250 becs n° 2), Blois (750 becs n° 2, allumage électrique Brouardel), Bourg (250 becs n° 2 et n° 3, allumage double tube) Bressuire (120 Bandsept B), Caen (1.100 becs n° 2, double tube), Cambrai, (900 becs n° 3, allumage Ménier), Cette (800 becs n° 2, double tube), Châlon-sur-Saône (550 becs Bandsept B, double tube), Châlons-sur-Marne (700 Bandsept B, double tube), Compiègne (500 Bandsept B, double tube), Constantine (300 n° 2, double tube), Dinard (220 Bandsept B et C, double tube), Epernay (400 n° 2, allumage de la Cie Parisienne), Etretat (50 becs n° 2, allumage à rampe à gaine), Evreux (700 Bandsept B, allumage Tritz), Fontainebleau (450 becs n° 1 et n° 2, double tube), Le Havre (550 n° 2, double tube), Honfleur (225 becs n° 1 et n° 2, allumage Tritz), Hyères (400 becs n° 2, allumage électrique Brouardel), Joigny (260 Bandsept B), Lille et communes environnantes (9.000 becs n° 2, double tube), Lyon et communes environnantes (10.000 becs n° 2, n° 3 et Bandsept D, double tube), Mantes (400 Bandsept B, allumage Tritz), Marseille (3.000 n° 2), Montbrison (160 Bandsept B, double tube), Montdidier (160 Bandsept B, double tube), Montélimar (350 n° 2, double tube), Montluçon (1.000 Bandsept A, B et B C, double tube), Morlaix (350 n° 1 et n° 2, allumage Tritz), Mustapha (700 n° 1 et 2, allumage Tritz), Nangis (100 n° 2, allumage Tritz), Nemours (120 n° 2, double tube), Orléans (700 n° 2, allumage à rampe), Roubaix (250 Bandsept B et C, double tube), Rouen (4.500 Bandsept A, B et C, double tube), Saint-Brieuc (600 n° 1 et n° 2, allumage Tritz), les Sables-d'Olonne (350 Bandsept B), Saint-Chamond (200 n° 2, double tube),

Saint-Dizier (250 Bandsept B, double tube), Sidi-Bel-Abbès (300 n° 2), Tarbes (800 n° 1 et n° 2, allumage électrique Brouardel), Toulon (500 n° 2, allumage par la perche à acétylène), Toul (300 Bandsept B, double tube), Tourcoing (850 becs n° 2), Troyes (900 becs n° 1, n° 2 et n° 3, double tube), Valence (460 Bandsept B, double tube), Valenciennes (350 n° 3, allumage Tritz), Vernon (230 n° 2, double tube), Vichy (100 n° 2, double tube), Villefranche-sur-Mer et Beaulieu (150 n° 1 et n° 2 double tube), Vire (160 Bandsept B), Vitré (250 Bandsept B, double tube), etc.

Parmi ces installations, j'insisterai particulièrement sur celle de Rouen, étudiée avec beaucoup de soin et de science par M. Trintzius, Architecte de cette ville, qui, ayant à remplacer une grande majorité de becs papillons de 75 litres, a réparti, suivant l'importance des rues, des becs Bandsept A de 45 litres, B de 90 litres et C de 135 litres et a obtenu un éclairage très satisfaisant et un entretien parfait et économique. L'exemple de Rouen a été suivi par Montluçon, qui a également adopté des becs Bandsept de divers calibres (A, B et B C) donnant toute satisfaction.

L'installation de Lyon, bien raisonnée comme transformation de lanternes et répartition des becs des différents calibres, en même temps qu'admirablement entretenue, peut être également citée comme un modèle à suivre.

Au point de vue de l'entretien en France, je donnerai quelques chiffres relatifs aux moyennes de durée des manchons et des verres dans un certain nombre de villes.

Moyennes de remplacement des manchons.

LOCALITÉS	ANNÉES	MOYENNE DE MANCHONS REMPLACÉS PAR BEC ET PAR AN		OBSERVATIONS
		Bec n° 2	Bec n° 3	
PARIS { Paris complet . . .	1899	6,7	8,1	
1re section, entretenue en régie. .	1900	5,2	8,11	
1re section, entretenue en régie. .	1901	5,2	7,9	
Asnières.	1900-1904	2,5 à 4		La moyenne oscille entre 2,5 et 4
Boulogne-sur-Seine . .	1899-1904	2,5 à 3,5	4,8 à 5,9	Les moyennes oscillent entre 2,5 et 3,5 et entre 4,8 et 5,9

Moyennes de remplacement des manchons *et des* verres

LOCALITÉS	PÉRIODES	MOYENNE de *manchons* remplacés par bec et par an	MOYENNE de *verres* remplacés par bec et par an	OBSERVATIONS
Beaune.	1897-1899	1,4 à 2,3	1,04 à 1,5	Becs nos 1 et 2
Bédarieux.	1897-1900	0,2 à 0,6	0,3 à 0,5	Majorité becs no 0
Chelles	1898-1900	1 à 2	0,7 à 1	Becs no 2
Elbeuf.	1896-1900	1,8 à 2,5	1 à 1,6	— nos 1 et 2
Grenoble.	1897-1899	2,5	1,2 à 1,5	— no 2
Héricourt.	1897-1899	2,5	0,7	— no 2
Livarot.	1898-1900	2,7	1	— no 2
Meaux	1896-1900	1 à 2	0,5 à 1	— nos 1 et 2
Romainville.	1898-1900	1,6 à 2,7	1,3 à 1,8	— no 2
Vitry-sur-Seine	1898-1900	1,95 à 2,5	1,77 à 2,1	— nos 1 et 2

Actuellement, les manchons *Plaissetty* commencent à se répandre de plus en plus, les essais ayant été partout extrêmement concluants.

Paris les a déjà adoptés pour une partie de son entretien, à la suite d'une expérience faite sur la place de la Concorde, qui s'est poursuivi du 1er mai 1903 au 1er août 1904 ; au cours de cette expérience la moyenne de durée a passé d'environ 60 jours à 118 jours.

Lyon est la ville de France la plus avancée à ce point de vue, car ses 9.000 appareils sont entretenus uniquement en manchons Plaissetty. A Rouen, ces manchons ont été également adoptés et sont mis en service au fur et à mesure des remplacements.

Pour déterminer par des chiffres l'amélioration considérable que les becs Auer, appliqués sur la voie publique, permettent de réaliser, il n'est pas possible de donner un exemple plus frappant que celui qui ressort de la considération du tableau no 1, annexé à la fin de cet ouvrage et relatif au prix de la carcel-heure (entretien compris) à Paris, pour les différents brûleurs à gaz. Le prix de la carcel-heure ressort ainsi à :

1 centime 90 pour le bec papillon ;

1 — 14 pour le récupérateur de 750 litres ;

0 — 30 pour le bec Auer no 2 ;

0 — 24 pour le bec Auer no 3.

Résultats de l'éclairage intensif des Jardins du Champ-de-

Mars et du Trocadéro à l'Exposition de 1900. — Je crois intéressant, avant d'en terminer avec la France, de jeter un coup d'œil rétrospectif sur les résultats de l'éclairage intensif des Jardins du Champ-de-Mars et du Trocadéro à l'Exposition de 1900, dont j'ai déjà eu l'occasion d'exposer le principe au cours de l'étude des perfectionnements des becs Auer primitifs. J'ai eu à suivre, avec l'Administration de l'Exposition et celle de la Compagnie Parisienne du Gaz, la mise en service et le fonctionnement de cette installation, qui n'a pas peu contribué à la renommée et au développement de ce système d'éclairage extérieur.

Les lanternes employées étaient des lanternes rondes, de cinq modèles différents.

	Consommation normale	Consommation ayant pu être atteinte pour l'Exposition
Modèle nᵒ 1 Petite lanterne de refuge . . .	140 litres	300 litres
— nᵒ 2 Type ordinaire	140 —	750 —
— nᵒ 3 Type ordinaire, dôme surélevé .	750 —	750 —
— nᵒ 4 Type du Quatre-Septembre . .	850 —	1250 —
— nᵒ 5 Grand modèle de refuge. . . .	1400 —	1750 —

Pour réussir à augmenter, sans trop de dégagement de chaleur, la consommation normale de ces lanternes et pour obtenir un fonctionnement régulier des becs sans une dépense de transformation hors de proportion avec une installation provisoire d'été, on a apporté aux lanternes les modifications suivantes : suppression du verre de fond, addition d'un réflecteur-dôme au-dessous des entrées d'air, d'un cône brise-vent à la gorge et d'une calotte en cuivre située au-dessus de la couronne murale et s'opposant aux entrées d'eau, montage des multibecs sur un tambour formant réservoir de gaz.

Avant ces modifications, la température près des vitres intérieures variait entre 180° et 230°; pour les lanternes transformées, cette température n'était plus que de 70 à 110°.

On a pu ainsi placer :

Dans les lanternes type nᵒ 1, un brûleur de 300 litres ;

Dans les lanternes types nᵒ 2 et nᵒ 3, trois brûleurs de 250 litres ou deux de 350 litres ;

Dans les lanternes type nᵒ 4, cinq brûleurs de 250 litres ou trois de 350 litres ;

Dans les lanternes type nᵒ 5, cinq brûleurs de 350 litres.

Des foyers de très grande intensité ont été obtenus, notamment aux abords de la Tour Eiffel, au moyen des lanternes dites

Fig. 81. — Lanterne type " Opéra " sur candélabre employée à l'Exposition de 1900.

" Opéra " (fig. 81), pouvant contenir jusqu'à quinze manchons de 350 litres.

La température dans ces lanternes, dont quatre à dix brûleurs de 300 litres chacun sont en service sur la place de l'Opéra, a été de 90° à 110° avec dix brûleurs et de 120° à 160° avec quinze brûleurs.

L'ensemble de l'éclairage des Jardins du Champ-de-Mars et du Trocadéro comprenait :

	LANTERNES	MANCHONS	INTENSITÉ LUMINEUSE horizontale totale	INTENSITÉ LUMINEUSE hémisphérique inférieure totale
Pression de 200 m/m.	375	1.652	41.869 carcels	39.074 carcels
Pression normale : 70 à 80 m/m. . .	1.243	3.067	49.130 —	42.040 —
Totaux. . .	1.618	4.719	90.999 carcels	81.114 carcels

La moyenne de durée des manchons pendant l'Exposition a correspondu à environ huit à neuf par bec et par an ; les becs n'étaient pas munis de verres.

La consommation horaire totale de gaz était de 1.383.900 litres, l'intensité totale de 91.000 carcels, réparties sur une surface de 195.000 mètres carrés.

L'éclairement moyen en bougies-mètres sur le sol variait entre 10 à 12 bougies-mètres sur les allées secondaires et 28 bougies-mètres sur les allées placées sous la Tour Eiffel.

ÉTRANGER

Allemagne. — L'application du bec Auer à l'éclairage public a été beaucoup plus rapide en Allemagne qu'en France, probablement parce que la question a pu ne pas être liée à des renouvellements ou à des prolongations de concessions des Compagnies de Gaz et s'est, par suite, traitée d'après ses propres éléments, c'est-à-dire avec facilité.

Dès 1897, l'éclairage Auer avait été intégralement adopté par un grand nombre de villes allemandes, dont les principales étaient : Bromberg, Darmstadt, Paderborn, Reichenbach (Saxe), Reichenbach (Silésie), Schleswig, Spandau, Tilsitt, Weimar, etc.

L'Association gazière allemande avait fait, à cette époque, une enquête dans 427 villes et avait reçu 262 réponses, d'où il ressortait que les becs Auer étaient déjà employés dans 245 villes; 169 d'entre elles étaient tellement satisfaites des résultats obtenus qu'elles avaient décidé la généralisation du système.

Elles avaient un total de 287.721 appareils publics, dont 61.559 becs Auer; les installations les plus importantes étaient :

Munich. . . .	2.600 Auer sur 4.666 becs
Magdebourg. .	1.432 — — 3.638 —
Cologne. . . .	1.399 — — 7.062 —
Dusseldorf. . .	1.127 — — 3.535 —

La durée moyenne des manchons dans 95 villes était de 545 heures, avec un minimum de 159 heures pour Spandau et un maximum de 1.437 heures pour Cannstatt.

Actuellement, d'après l'édition de 1904 d'un Manuel allemand sur les Compagnies de gaz, l'éclairage public est assuré de la façon suivante pour les 980 usines à gaz :

Entièrement avec des manchons	726 usines
Partiellement avec des manchons.	94 —
Entièrement à l'électricité.	1 —
Eclairage non déclaré.	159 —
	980 usines

A Munich, d'après le rapport annuel de l'Usine à gaz municipale en date du 31 décembre 1902, l'éclairage public comprenait :

859 lampes à arc;
16 lampes à incandescence électrique Nernst;
7.012 brûleurs à incandescence répartis dans 7.000 lanternes;
350 lanternes à pétrole.

Chaque bec à incandescence était monté sur régulateur assurant une consommation de 100 litres à la pression de 30 m/m. La moyenne annuelle d'entretien était de 5,89 manchons et de 2,81 verres par bec et par an.

Douze brûleurs intensifs de 250 litres, en service dix mois sur le pont Luitpold, avaient eu une casse correspondant à 20,4 manchons et 17 verres par bec et par an.

D'après le rapport annuel des Usines à gaz municipales de Berlin, l'éclairage public de cette ville était assuré, au 31 mars 1903, par :

        16.699 lanternes à 1 bec à incandescence ;
        12.412   —   2 —   —
           717   —   3 —   —
            40   —   5 —   —
            31   —   1 bec Millenium (gaz sous pression);
           170   —   2 —   —   —   —
            64   —   2 becs Sélas   —   —
            40   —   1 bec Lucas

TOTAL : 30.173 lanternes.

La durée moyenne pour les becs ordinaires a été de :

	Manchons	Verres	
Exercice 31 mars 1901-1er avril 1902. .	6,6	1,8	) par bec
— — 1902 — 1903. .	7,2	1,8	) et par an

L'éclairage électrique comprenait 576 arcs et 118 lampes à incandescence; les autres éclairages, 486 lampes à pétrole et 9 lampes à incandescence par l'alcool " Monopole ".

Angleterre. — A la fin de 1897, il n'y avait que peu d'installations de becs Auer sur la voie publique en Angleterre. Les principales comprenaient :

        Londres et sa banlieue, environ. . .   10.000 becs
        Liverpool. . . . .   2.000 —
        Ipswich . . . .   1.156 —
        Ramsgate. . . . .   1.000 —
        Winchester . . . .   550 —

La moyenne générale de durée était de 3 à 4 manchons par bec et par an.

Ce ne fût que vers 1902 que l'éclairage public à incandescence par le gaz se répandit rapidement dans ce pays.

D'une communication faite par M. S. Meunier, de Stockport, à l'Assemblée des Gaziers du district de Manchester, il résulte que, sur 136 lanternes ayant fonctionné une année entière à Stockport, les 12 meilleures ont dépensé 3,13 manchons par bec et par an et les 12 plus mauvaises, toutes sur candélabres, 15,5 manchons par bec et par an.

La Commission, chargée par la Municipalité de Glascow de faire une enquête sur l'éclairage public de différentes villes anglaises, a fait un rapport intéressant analysé par le *Moniteur de l'Industrie du Gaz et de l'Electricité* du 15 octobre 1904. — J'en extrais les renseignements suivants :

Leeds. — Eclairage presque général à l'incandescence par le gaz. Au centre de la ville, 2 brûleurs par lanterne et 3 aux croisements des rues ; hors du centre un brûleur par lanterne et 2 aux croisements. — Becs consommant environ 125 litres à l'heure, tous montés sur régulateurs et munis d'antivibrateurs. — Environ 6 manchons par bec et par an. Les allumeurs sont chargés de l'entretien d'environ 105 lanternes.

Bradford. — Eclairage entièrement à l'incandescence par le gaz, sauf 52 arcs.

Dans les principales rues, 2 ou 3 becs par lanterne ; dans les petites rues, un seul. — Becs consommant environ 95 litres, tous sur régulateurs et antivibrateurs. A peine 4 manchons par bec et par an. — Chaque allumeur entretient 82 lanternes à 1 bec ou 62 à 2 becs.

Scheffield. — La majeure partie de la ville est éclairée par becs à incandescence, mais il reste encore de nombreux papillons que l'on remplace peu à peu. Au centre de la ville, l'éclairage est particulièrement brillant : toutes les lanternes sont à plusieurs becs et en contiennent parfois jusqu'à 6.

Des antivibrateurs existent seulement dans le centre de la ville.

Les becs consomment de 6 à 12 manchons par bec et par an.

Liverpool. — Eclairage composé de 185 arcs, 13.302 becs à incandescence, 4.223 papillons remplacés au fur et à mesure des moyens.

Brighton. — Eclairage public presque entièrement électrique ; les principales voies ont des arcs, les autres des lampes à incandescence de toutes formes.

Il existe seulement 700 brûleurs à gaz munis de becs à incandescence de 85 litres environ, montés sur régulateurs et antivibrateurs. — La moyenne d'entretien est de 4 manchons par bec et par an.

Londres. — L'éclairage public de chaque district est surveillé par une autorité spéciale responsable et ces différentes autorités expérimentent, depuis plusieurs années, un grand nombre de systèmes divers d'éclairage, en vue de fixer leur choix sur le plus digne d'être appliqué en grand.

Ni l'éclairage de la ville, ni même celui de chaque district, ne présentent donc d'uniformité. Toutefois la tendance générale est aujourd'hui d'adopter l'incandescence par le gaz.

Le travail de la Commission Municipale de Glasgow montre donc que l'on est arrivé en Angleterre aux mêmes conclusions qu'en France, notamment sur l'utilité des régulateurs et antivibrateurs. D'après les exemples cités ci-dessus, les manchons auraient une durée légèrement inférieure en Angleterre qu'en France.

L'éclairage public à Londres est assuré par environ 88.400 lanternes à gaz et 3.800 arcs. Une installation intéressante de lanternes Scott-Snell y a été mise en service entre Trafalgar-Square et le Parlement: elle comprend 15 lanternes placées sur des candélabres de 6 mètres de haut (7 côté Ouest et 8 côté Est), contenant chacune 2 becs de 500 bougies l'un ; l'écartement entre deux lanternes d'un même trottoir est de 60 mètres et, en diagonale, d'un trottoir à l'autre, de 39ᵐ. La Cⁱᵉ Scott-Snell entretiendrait ces appareils, y compris la fourniture du gaz, à raison de 0 fr. 11 par 1.000 bougies et par heure.

Belgique. — La Belgique n'est jamais en retard pour le progrès et la plupart de ses villes sont éclairées à l'incandescence par le gaz.

Bruxelles, notamment, a une installation complète de becs Auer, très brillante et très bien entretenue, terminée en 1902. A la fin de 1903, 6.674 lanternes étaient en service ; l'allumage adopté est le système Ménier qui y fonctionne parfaitement.

Suisse. — Un des éclairages les plus intéressants est celui de la ville de Zurich.

D'après le rapport de l'usine à gaz municipale sur l'exploitation en 1903, la ville était éclairée par :

```
4.393  lanternes  à  1  bec à  incandescence
1.174     —          2   —       —
  62      —          3   —       —
   2      —          4   —       —
   1      —          9   —       —
  22  lampes Lucas
```

La moyenne d'entretien était de 3,34 manchons et 1,37 verres par bec et par an. 708 appareils automatiques d'allumage et d'extinction (mécanisme d'horlogerie et veilleuse constante) étaient en service.

Scandinavie et Danemark. — Dès 1898, presque toutes les villes éclairées au gaz avaient adopté, totalement ou partiellement, l'éclairage public à incandescence.

Les durées moyennes des manchons étaient de :

```
        465  heures  à  Norrkœping
600 à 700     —      à  Bergen et à Christiania
      700     —      à  Copenhague
      980     —      à  Stockholm
1.100 à 1.200 —      à  Malmoë et Trondhjem.
```

Conditions à étudier et à réaliser pour un bon éclairage public à incandescence par le gaz.

Formule de transformation d'un éclairage public. — Lorsqu'une municipalité est libre de déterminer à sa guise la consommation des becs de la voie publique, le procédé le plus pratique à adopter, pour la transformation, de son éclairage, consiste à bénéficier de l'économie réalisée du fait de la mise en service des nouveaux brûleurs et à se servir de cette économie, d'une part pour payer les frais d'entretien supplémentaires annuels et, d'autre part, pour amortir en un certain nombre d'annuités les dépenses de premier établissement.

Supposons, par exemple, qu'il s'agisse d'une ville éclairée par des becs papillons de 140 litres, brûlant en moyenne 3.000 heures par an du gaz compté à raison de 0 fr. 20 le mètre cube, et qu'elle décide de remplacer ces brûleurs par des becs Bandsept B consommant 90 litres à l'heure.

L'économie réalisée par bec, comme suite à la réduction de la consommation de gaz, est de 50 litres à l'heure, ou par an et en francs.

$$0^{m3}\,050 \times 3000 \times 0^{\,f}, 20 = 150^{m3} \times 0,20 = 30 \text{ francs}$$

La dépense pouvant être évaluée à 20 fr. pour la transformation et à 10 fr. pour l'entretien annuel d'une lanterne, il est possible d'amortir, dès la première année, les frais d'installation et de bénéficier, à partir de la 2me année, d'une économie annuelle de 20 fr. par bec.

Avec du gaz à 0 fr. 10, l'économie serait de 15 francs et permettrait de payer l'entretien et de consacrer, chaque année, une somme de 5 francs à l'amortissement des travaux de transformation.

Mais, en général, d'après le libellé des cahiers des charges, la municipalité n'est pas libre, soit de transformer les lanternes qui appartiennent à la Compagnie du gaz, soit de modifier la consommation fixée pour les becs d'éclairage public. L'opération nécessite donc une entente avec la Compagnie du gaz, entente en vue de laquelle il est juste de considérer :

1º Que, la Compagnie du gaz n'étant pas obligée d'accorder une diminution de consommation, il y a lieu de lui donner une compensation, sous une forme quelconque;

2º Que l'économie qu'elle réalise est sensiblement inférieure à celle de la ville, puisqu'elle doit être calculée au prix de revient de fabrication du gaz et que les frais de main-d'œuvre, frais généraux, etc. ne sont en rien diminués du fait de la réduction de débit d'un bec de 140 à 100 litres par exemple.

3º Que, si l'on demande à la Cie du gaz de se charger de l'entretien supplémentaire des nouveaux becs, il y a pour elle un manque à gagner puisqu'on substitue à une fourniture de gaz, qu'elle fabrique elle-même, une livraison de pièces diverses de rechange pour lesquelles elle n'est qu'un intermédiaire.

La question doit donc être traitée avec tout l'esprit de conciliation désirable et est souvent liée par suite à un renouvellement ou a une prolongation de concession.

Si cette formule est impossible, la ville paye elle-même la transformation des lanternes et abandonne à la Cⁱᵉ du gaz, pour couvrir les frais d'entretien, tout ou partie de l'économie de gaz ou même y ajoute un supplément, la solution de la question dépendant des conditions du traité local. Plusieurs villes ont également réalisé l'amélioration de leur éclairage sans réduire la consommation fixée par les anciens becs ; elles payent, par suite, en surplus, l'entretien, l'augmentation de lumière constituant un avantage bien supérieur à l'inconvénient de l'augmentation de dépense consécutive.

Détermination du gaz à employer. — Comme je l'ai exposé précédemment, le pouvoir éclairant du gaz, dans un éclairage à incandescence, n'a plus la même importance que lorsqu'on utilisait seulement des brûleurs à combustion directe (becs papillons, becs ronds, etc). Une certaine tendance s'est donc manifestée en vue d'abandonner la réglementation du pouvoir éclairant, qui, pour le gaz de houille, est fixé généralement au titre de 105 litres de gaz par carcel brûlé dans un bec Argand, et de remplacer cette détermination par celle du pouvoir calorifique.

J'ai résumé, dans le paragraphe relatif aux théories sur l'incandescence, les idées du professeur Vivian B. Lewes, de Londres : il a conclu de ses expériences qu'aucune relation définie ne saurait exister entre le pouvoir calorifique et le pouvoir éclairant et qu'il était impossible de déterminer, l'un par l'autre, ces deux éléments.

Lors de la réunion de la Commission Internationale de Photométrie à Zurich, en 1903, il a exprimé en outre l'avis que, si l'on procédait à des expériences en nombre suffisant, on verrait que le pouvoir calorifique d'un gaz n'a aucune relation avec la lumière obtenue quand ce gaz est brûlé sous un manchon. Il a rendu compte à ce sujet d'expériences faites par lui, d'après lesquelles le gaz de houille de Londres, d'un pouvoir calorifique de 630 B T U par pied cube (environ 158 calories par 28 litres), donnait 80 bougies brûlé au taux de 4 pieds cubes (115 litres environ) dans un bec Auer, tandis que du simple gaz à l'eau, brûlé dans un bec type Argand muni d'un manchon, au taux de 8 pieds cubes à l'heure (230 litres), donnait une lumière de 150 bougies. Le pouvoir calorifique du gaz à l'eau ne dépasse pas 320 B T U (80 calories) et cependant il a pu donner, sous un manchon, un pouvoir éclairant presque égal à celui du gaz de houille ; il convient de remarquer, il est vrai, que la quantité de gaz à l'eau brûlé était double.

Devant la même Commission, M. Ste Claire Deville a, pour les gaz de houille, conclu, d'une manière formelle, que le pouvoir éclairant par incandescence de différents gaz, essayés dans des conditions comparables, est pratiquement proportionnel à la chaleur de combustion de ces gaz, c'est-à-dire qu'un même manchon, étant alimenté successivement par des gaz différents, brûlés chacun avec la quantité d'air la plus convenable, donne la même intensité pour une même quantité de chaleur dépensée, quel que soit le gaz. Ceci n'est vrai que si la quantité de chaleur absolue dépensée sous le manchon ne dépasse pas la valeur correspondant à l'effet utile.

D'une longue série d'expériences auxquelles il a procédé sur près de 700 spécimens de gaz de houille, enrichis ou non par le benzol, M. Ste Claire Deville a conclu que la chaleur de combustion la plus faible, qui puisse coïncider avec un pouvoir éclairant de 105 litres par carcel, atteint au minimum 4800 à 4900 calories. Or, un gaz de cette richesse est, à son avis, le meilleur que l'on puisse fournir pour l'alimentation des brûleurs à incandescence les plus usuels fonctionnant sans alimentation d'air artificielle, de telle sorte que le minimum de pouvoir éclairant, imposé dans l'intérêt des consommateurs employant des brûleurs à flamme libre, assure, *a fortiori* et largement, le pouvoir calorifique nécessaire à ceux qui s'éclairent par les becs à incandescence.

M. Ste Claire Deville ajoute que la loi qu'il a énoncée, sur la proportionnalité du pouvoir éclairant par incandescence et de la chaleur de combustion d'un gaz de houille, est probablement applicable également, à très peu de chose près, aux gaz bleus (gaz de houille extra-pauvre, gaz à l'eau, etc.), à condition d'employer des brûleurs à alimentation d'air artificielle propres à la combustion de ces gaz et permettant d'essayer ceux-ci dans des conditions comparables à celles réalisées par la combustion des gaz de houille dans un Bunsen. De l'étude à laquelle il s'est livré, il déduit qu'il n'y aurait rien d'absurde à ce que, pour une même dépense de chaleur, un brûleur approprié à gaz bleu donnât plus de lumière qu'un brûleur à gaz de houille, mais que cette particularité serait attribuable au brûleur et non à la qualité propre du gaz ; elle démontrerait seulement que le brûleur à gaz bleu utilise mieux le gaz bleu que le brûleur à gaz de houille n'utilise ce dernier.

Je termine ce résumé des communications si intéressantes de M. Ste Claire Deville à la Commission Internationale de Zurich en reproduisant une de ses conclusions les plus importantes en faveur de la thèse que je soutiendrai plus loin. « Si le pouvoir éclairant par « incandescence des différents gaz est proportionnel à la chaleur « de combustion, le coefficient de proportionnalité, transformant les « unités caloriques en unités lumineuses, varie dans des limites « énormes, suivant la dépense de gaz, la nature du brûleur, la « dimension du manchon, sa composition, etc. Un coefficient quel- « conque, préconisé aux dépens des autres, ne se rapporterait « jamais qu'à un cas particulier purement arbitraire. »

Les analyses précédentes des conclusions de deux savants, qui ont étudié spécialement la question, montrent que la considération du pouvoir calorifique seul n'est pas admissible et que l'on ne peut encore formuler des principes théoriques suffisamment solides pour modifier la réglementation établie sur la détermination du pouvoir éclairant. D'ailleurs, les consommateurs peuvent toujours employer d'anciens brûleurs à flamme libre et le gaz qu'on leur fournit doit donc être suffisamment éclairant.

Dans la pratique, les Municipalités et l'Administration supérieure, qui avaient jusqu'ici complètement proscrit le gaz à l'eau, en raison de sa teneur en oxyde de carbone, se montrent aujourd'hui moins sévères et les nouveaux traités des villes de Nice et du Puy ont été approuvés, bien qu'ils autorisent le mélange, dans une certaine proportion, du gaz à l'eau au gaz de houille, sous réserve que le pouvoir éclairant minimum ne soit pas réduit. Ce gaz est d'ailleurs utilisé déjà dans une large mesure à l'étranger, notamment aux Etat-Unis, en Allemagne, à Rome, en Hollande, etc.

Un autre traité nouveau, celui de la Cie du Gaz devant éclairer à partir du 1er janvier 1906 de nombreuses communes de la banlieue de Paris, contient une stipulation d'après laquelle le pouvoir calorifique du gaz ne pourra descendre en aucun cas au-dessous des limites obtenues par les procédés actuels de fabrication, c'est-à-dire 4.700 calories par mètre cube de gaz ramené à 0° et sous la pression de 760 $^{m/m}$.

En ce qui concerne l'épuration du gaz, j'ai signalé, en parlant de l'entretien, les dangers que présentaient le soufre et les goudrons pour la conservation des manchons et le bon fonctionnement des brûleurs : je n'y reviendrai donc pas.

Choix des brûleurs et manchons. — La transformation choisie pour les lanternes étant complète et raisonnée, les conditions d'entretien étant bien fixées d'avance, ainsi que je l'ai exposé au commencement de ce chapitre, il convient de se préoccuper du brûleur et du manchon à employer.

Des théories de M. Sainte-Claire Deville résulte clairement l'influence prépondérante de ces deux éléments sur le pouvoir éclairant; leur détermination, lorsque l'on doit étudier un éclairage public à l'incandescence, est donc un facteur capital.

Pour les brûleurs, leur consommation une fois fixée, il y a tout intérêt à choisir un modèle perfectionné susceptible d'un rendement élevé pour cette consommation ; toutefois, ce fort rendement ne doit pas être obtenu aux dépens de la praticité du système, de la durée des manchons, etc. Il convient enfin de s'arrêter à des appareils solides, de construction robuste, capables d'un long usage sur la voie publique. A ce point de vue, comme à celui de l'appareillage des lanternes, le bon marché revient très cher, car de tels brûleurs, nécessitant des réparations constantes, suppriment toute possibilité d'obtenir un pouvoir éclairant et un entretien réguliers.

Les expériences de laboratoire et les essais de courte durée sur la voie publique ne suffisent pas pour choisir avec certitude le brûleur éclairant, robuste et pratique nécessaire ; aussi, pour les Municipalités, chargées d'assurer un service public important et ne pouvant par suite se prêter à des expériences dangereuses, le meilleur guide me paraît être le nombre, l'importance et la durée des références présentées.

En ce qui concerne les manchons, le phénomène de la diminution du pouvoir éclairant de certains d'entre eux est aujourd'hui bien connu. MM. White et Mueller en ont recherché les causes et ont signalé tout d'abord, comme pouvant influer dans un sens ou dans un autre, les variations du pouvoir calorifique du gaz et du degré d'humidité de l'air; ils ont remarqué en outre que, pendant les 48 premières heures d'allumage, le pouvoir éclairant de la plupart des manchons usagés se modifiait, en plus ou en moins, par suite de la déformation qu'ils subissaient pour épouser la forme de la flamme, et ont déduit de cette constatation qu'il fallait attendre l'expiration de ce laps de temps pour procéder à des essais probants.

Mais, de leurs expériences sur les différentes. zônes des manchons usagés et sur l'analyse des dépôts recueillis sur les verres, ils ont conclu que la principale raison de la perte du pouvoir éclairant était due à une modification de la composition chimique du manchon, par suite de la vaporisation progressive de l'oxyde de cérium sous l'action d'une chaleur intense.

Cette perte du pouvoir éclairant est d'autant moins sensible que les manchons sont de meilleure fabrication. Le tableau suivant, qui résume les expériences faites en novembre 1903 au Laboratoire de la Vérification du Gaz de la Ville de Paris, prouve qu'un manchon Auer n° 2, monté sur un bec essayé constamment aux environs de sa pression de réglage (50.^{m}/^{m}), avait conservé son pouvoir éclairant après 1436 heures d'allumage.

Résultats des essais photométriques effectués avec un bec Auer n° 2, au Laboratoire de la Vérification du Gaz de la Ville de Paris.

DÉSIGNATION des becs	DURÉE de l'allumage	PRESSION en millimètres	CONSOMMATION horaire de gaz	INTENSITÉ lumineuse en carcels	CONSOMMATION horaire de gaz pour 1 carcel
N° 2	Bec neuf	50	114, 9	6, 25	18, 5
—	après 26 heures	45	110, 7	6, 06	18, 2
—	73 —	50	116, 3	6, 44	18, 1
—	147 —	50	118	6, 60	17, 9
—	251 —	50	117, 2	7, 12	16, 5
—	— —	60	128, 2	7, 52	17, 1
—	353 —	50	116	6, 57	17, 6
—	483 —	50	115	6, 76	17
—	644 —	50	117, 8	6, 49	18, 2
—	812 —	50	118	6, 74	17, 5
—	1.052 —	50	117, 4	6, 62	17, 7
—	1.436 —	50	118, 4	6, 75	17, 5
—	— —	60	129, 4	6, 83	18, 9

Ce bec est encore en service (en bon état).

J'ai eu à suivre des expériences faites dans le but de comparer le régime du pouvoir éclairant de manchons de diverses fabrications, tous destinés à fonctionner sur des becs n° 2 de 100 litres, la pression étant maintenue à 40 m/m. Des mesures journalières

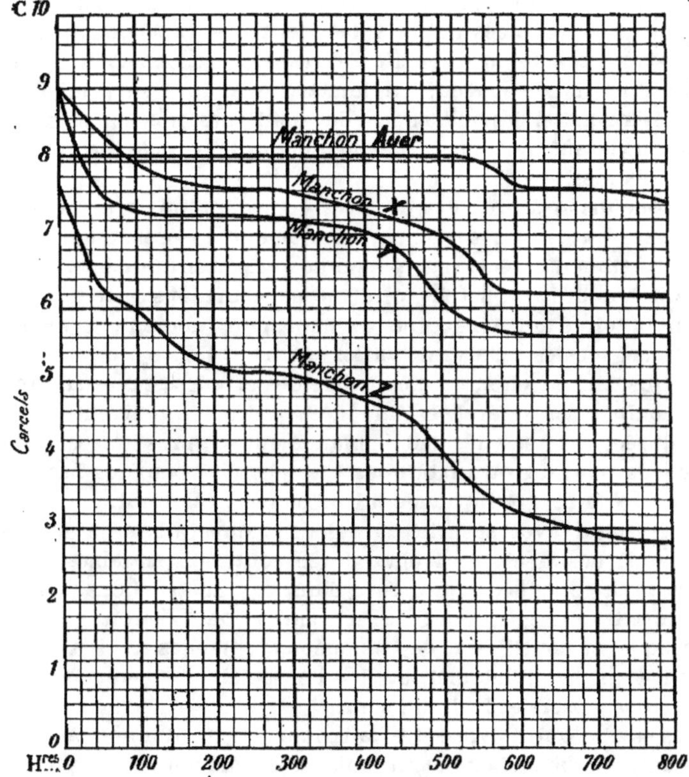

Fig. 82. — Courbes comparatives des intensités lumineuses d'un manchon Auer et de trois autres manchons de fabrication différente.

ont été faites et ont donné naissance, pour les quatre manchons essayés, aux courbes représentées sur la figure 82, d'où il ressort que le manchon Auer, ayant un point de départ légèrement inférieur à celui de deux des autres manchons, retrouve très rapidement une supériorité qui s'accroît ensuite de plus en plus, au fur et à mesure que le nombre d'heures d'allumage augmente.

On a d'ailleurs remarqué que, très fréquemment, les manchons destinés à des essais sont livrés, par certains fabricants, de façon à pouvoir fournir un pouvoir éclairant tout spécial, soit par l'addition de substances qui se volatilisent très rapidement, soit grâce à une ténuité qui facilite la transformation d'une plus grande quantité de chaleur en lumière, mais qui supprimerait toute résistance si les manchons devaient être mis en service régulier. On a même donné à ces manchons le nom de manchons photométriques.

La conclusion à tirer des diverses considérations précédentes est que les essais, qui servent généralement de préambule à la transformation d'un éclairage public et qui portent forcément sur un petit nombre d'appareils pendant un court laps de temps, ne doivent avoir d'autre but que de fixer pratiquement certaines conditions locales, pouvant varier d'une ville à une autre. On risquerait, en effet, de commettre des erreurs graves si, sans tenir compte des références indiquées par les concurrents et de leur durée, on se décidait uniquement d'après l'aspect de manchons pouvant être fabriqués spécialement pour les besoins de la cause ou perdre rapidement leur pouvoir éclairant.

Pour juger avec sécurité la valeur comparative de divers manchons, des essais de longue durée sont indispensables; c'est d'ailleurs la conclusion qui figure dans les " Instructions pour la photométrie du gaz, pour la détermination de son pouvoir calorifique et pour l'essai des manchons ", établies en 1904 par la Commission de Photométrie de l'Association allemande des Ingénieurs gaziers et hydrauliciens.

Ces essais, qui doivent être faits journellement à une pression constante, les manchons étant toujours munis d'un verre propre, étaient difficiles à exécuter jusqu'à présent en France, pour les éclairages autres que l'électricité. Mais il existe aujourd'hui, au Conservatoire des Arts-et-Métiers à Paris, un laboratoire d'essais photométriques, comprenant plusieurs sections, qui se charge, moyennant un prix modique, des différentes expériences utiles. Chaque essai donne lieu à un procès-verbal, signé par le Chef de section et visé par le Directeur, mentionnant les résultats en bougies décimales et en carcels, les consommations spécifiques ou rendements en litres par carcel-heure, etc.; le laboratoire se charge notamment des essais de longue durée.

La question du maintien du pouvoir éclairant étant tranchée, il y a lieu de tenir compte d'un autre élément important: la résistance du manchon. Certaines municipalités se croient suffisamment couvertes par la fixation d'un prix forfaitaire d'entretien et jugent qu'elles peuvent ainsi se désintéresser de la moyenne de durée des manchons, puisque, s'ils cassent beaucoup, elles n'ont pas à les payer.

Un tel raisonnement est inexact et dangereux, car à chaque bris de manchon correspond pour l'éclairage une période critique, les hommes chargés du service d'entretien ne se trouvant pas en permanence au pied de chaque appareil et les réparations ne pouvant, en général, être effectuées que le lendemain.

Par suite, si les manchons employés sont mauvais et se brisent souvent, il y a un beaucoup plus grand nombre de périodes critiques, chaque soir, sur tous les points de la ville, et l'éclairage devient rapidement défectueux.

Il faut observer, en outre, que, pour un tel entretien, la dépense de la main-d'œuvre est plus importante que celle des fournitures et que, si les manchons se cassent fréquemment, les déplacements d'ouvriers deviennent onéreux et l'entrepreneur a une tendance forcée à les réduire, en remplaçant irrégulièrement les manchons et en les faisant servir trop longtemps.

Il est donc évident que la fixation d'un pouvoir éclairant initial et d'un forfait d'entretien ne suffit pas pour assurer à une municipalité l'amélioration durable qu'elle a en vue en transformant son éclairage public, et que, si elle ne prend pas ses précautions, le progrès recherché risque de devenir rapidement illusoire.

Pour avoir toute garantie du bon fonctionnement d'un éclairage public à incandescence, il est tout naturel de fixer d'avance le type de bec et de manchon à employer, tout en réservant la porte ouverte aux progrès ultérieurs possibles, au même titre que, pour un éclairage public par brûleurs à flamme libre, on déterminait d'avance le pouvoir éclairant du gaz à fournir.

Le manchon qui présente actuellement la plus grande sécurité est, sans contredit, le manchon Plaissetty, qui, suivant les expériences du Laboratoire Municipal du Gaz de Paris, conserve, sans modification sensible, son pouvoir éclairant après 1600 heures d'allumage.

Détermination des courbes d'éclairement sur le sol.

M. Maréchal, dans son ouvrage "l'Éclairage à Paris", a indiqué une méthode très pratique pour déterminer, sur un sol surmonté d'un ensemble de foyers lumineux, les courbes d'éclairement, connaissant la courbe photométrique de ces foyers.

Les courbes d'égal éclairement sont les courbes qui réunissent les points du sol recevant un même éclairement; elles sont donc analogues aux courbes de niveaux réunissant les points de même altitude en topographie.

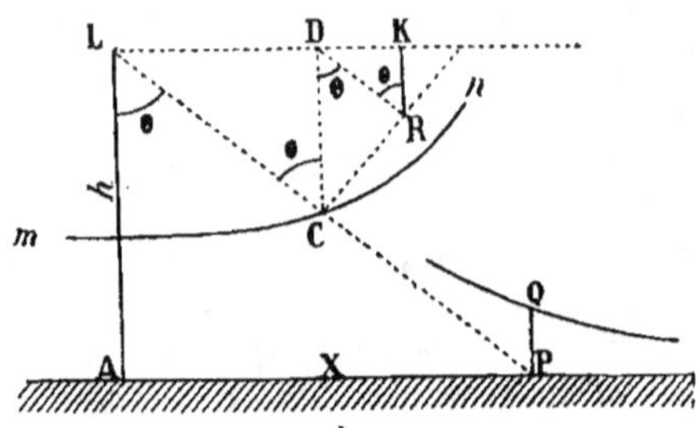

Fig. 83. — Détermination graphique des éclairements sur le sol
(Méthode de M. Maréchal).

Les éclairements s'évaluent en bougies décimales à un mètre ou lux, c'est-à-dire que l'éclairement unité est celui que produirait une bougie décimale sur un élément de surface parallèle à l'axe du foyer lumineux et situé à un mètre de distance; les éclairements sont gradués, par suite, en bougies décimales à un mètre ou en fractions de cette unité et, par abréviation, en bougies et fractions de bougies.

Étant donné ces bases, voici quelle est la méthode de M. Maréchal :

Soit $m\,n$ (fig. 83) la courbe photométrique d'un foyer lumineux L placé à une hauteur h, au-dessus du sol. Un point P quelconque du sol est éclairé par un rayon d'intensité L C. En appelant θ l'angle de ce rayon avec la verticale L A du point lumineux, l'éclairement e en P est égal, I étant l'intensité représentée par L C, à :

$$e = \frac{I \cos \theta}{h^2 + X^2} = \frac{LC \cos \theta}{\overline{LP}^2}$$

Or, comme $LP = \dfrac{h}{\cos \theta}$

on obtient $e = \dfrac{LC \cos^3 \theta}{h^2}$

Pour représenter graphiquement cet éclairement e, il suffit de mener en C une verticale CD, en D une parallèle DR à LC qui rencontre en R la perpendiculaire CR menée en C à LC. Si de R, ainsi obtenu, on mène une verticale RK jusqu'à l'horizontale partant de L, on a :

$$KR = DR \cos \theta = CD \cos^2 \theta = LC \cos^3 \theta$$

Donc, $e = \dfrac{KR}{h^2}$

Pour obtenir l'éclairement e sur le point P du sol, il suffit donc de mesurer sur la figure la longueur K R et de la diviser par h^2 ; si par suite on a soin de choisir pour unité d'intensité lumineuse une longueur égale à h^2, l'éclairement e en P est exactement égal à la droite K R.

En portant les longueurs ainsi trouvées sur les verticales, telles que P Q, élevées en chaque point du sol et en réunissant par une courbe les points Q correspondants, on tracera la courbe de l'éclairement sur le sol produit par un foyer de hauteur h.

S'il s'agit d'une rue éclairée par un ensemble de foyers et que l'on désire connaître l'éclairement en un point déterminé de cette rue, on mesure les distances de ce point aux pieds des verticales des divers foyers susceptibles de l'éclairer ; on en déduit les éclairements dûs à chaque foyer et la somme de ces éclairements partiels donne l'éclairement total au point choisi.

Il est alors facile de tracer les courbes d'égal éclairement sur le sol et c'est en procédant de cette façon que M. Maréchal a déterminé les courbes d'égal éclairement de l'Avenue de la Grande-Armée, éclairée d'abord par des becs papillons de 140 litres, ensuite, au cours des essais officiels de Paris dont j'ai rendu compte antérieurement, par substitution de becs Auer n° 2, consommant 115 litres, à ces becs papillons.

Je reproduis, à la fin de cet ouvrage (planche annexe n° 4) les courbes trouvées par M. Maréchal avec becs papillons (fig. 1) et avec becs Auer (fig. 2); leur simple examen suffit à démontrer le chemin parcouru et notamment la disparition complète de la zône noire.

Mais il faut remarquer que M. Maréchal a déduit son plan d'éclairage avec becs Auer de la courbe photométrique d'un bec n° 2 donnant en lumière horizontale 40, 8 bougies au lieu de 70 bougies, valeur minima de l'intensité suivant ce rayon pour un bec n° 2 de 115 litres. Il explique cette diminution par ce fait que la courbe photométrique servant de base est celle d'un bec en service depuis 30 à 35 jours, c'est-à-dire d'un bec ayant atteint environ la moitié de sa durée normale sur la voie publique à Paris, l'intensité trouvée étant obtenue en tenant compte de l'absorption d'un verre à baguette usagé et des vitres de la lanterne.

Je dois faire quelques réserves à ce sujet. En effet, j'ai démontré précédemment qu'avec de bons manchons, tels que les manchons Auer dont il s'agit ici, la perte de pouvoir éclairant par usure était insignifiante et ne se manifestait certainement pas après 30 à 35 jours de service, représentant, à raison d'une moyenne de 10 heures par jour, 300 à 350 heures d'allumage. La manière dont est assuré l'entretien régulier, ayant pour but de maintenir un état constant de propreté, a infiniment plus d'influence que l'usure des manchons sur l'intensité lumineuse et par suite sur la courbe photométrique.

Or, à l'époque à laquelle M. Maréchal a fait ses expériences, c'est-à-dire pendant la période des essais officiels, personne n'était chargé de l'entretien régulier et journalier des appareils; personne n'avait donc pu organiser le service de main-d'œuvre nécessaire au maintien permanent de l'installation en état de propreté, ce qui explique la diminution rapide du pouvoir éclairant. L'entente à ce sujet entre la Ville de Paris et un entrepreneur spécial d'abord, entre la Ville et la Compagnie Parisienne du Gaz ensuite, n'est intervenue qu'après ces essais et comme conséquence de leurs résultats.

Enfin, les verres à baguette sont aujourd'hui remplacés par des verres Iéna, qui, ne s'opalisant pas et ne subissant aucune modification du fait de la chaleur, n'absorbent qu'une quantité infime de lumière.

Il n'est donc pas exagéré d'admettre que, dans les conditions convenables d'appareillage et d'entretien, un manchon Auer n° 2 de 115 litres, donnant au laboratoire en lumière horizontale un pouvoir éclairant d'au moins 70 bougies, fournirait, bien entretenu, en service régulier dans sa lanterne, 60 bougies.

C'est en partant de cette intensité que j'ai déterminé le plan d'éclairage de la même Avenue de la Grande-Armée, représenté sur la figure 3 de la planche annexe n° 4; la comparaison des courbes de 1 bougie, 0 b. 5 et 0 b. 2, sur les figures 2 et 3 de cette planche, fait ressortir le terrain gagné en se plaçant dans les conditions actuelles de la pratique.

Si enfin, au lieu de maintenir toujours le gaz sur le terrain économique, on consentait à l'utiliser, par incandescence, comme l'agent le plus susceptible de procurer un surcroît considérable d'éclairage avec l'augmentation de dépense la plus petite possible, et si, par exemple, on avait remplacé les becs papillons de 140 litres de l'Avenue de la Grande-Armée par des becs Auer de même consommation, on aurait obtenu le plan d'éclairage de la figure 4 (planche annexe n° 4) et on aurait complètement supprimé l'éclairement inférieur à 0 b. 2, tout en faisant apparaître utilement les courbes de 2 bougies et même de 3 bougies.

La méthode employée par M. Maréchal pour la détermination des courbes d'égal éclairement sur le sol présente un très grand intérêt, car elle permet de résoudre tous les problèmes possibles, en partant de données bien définies et en modifiant, jusqu'à l'obtention de l'éclairement voulu, les éléments susceptibles d'exercer une influence, tels que le calibre du bec, l'écartement des appareils supports (candélabres ou consoles), la hauteur du point lumineux au-dessus du sol, etc.

Comparaison du prix de revient de la carcel-heure produite par les divers systèmes usuels d'éclairage appliqués sur la voie publique.

J'ai, dans un chapitre précédent, dressé le tableau comparatif des prix de revient de la carcel-heure produite par les divers systèmes usuels d'éclairage, en me maintenant sur le terrain de l'éclairage particulier.

Pour établir un tableau analogue pour l'éclairage public, j'adop terai pour le gaz le prix de 0 fr. 15 le mètre cube et pour l'électricité le prix de 0 fr. 04 l'hectowatt.

Pour l'acétylène, d'après le *Journal de l'Eclairage au Gaz* du 20 octobre 1904, la moyenne du prix du mètre cube en Allemagne, la statistique portant sur 46 localités, est de 2 fr. 32. En France, le prix moyen est sensiblement plus élevé et atteint, pour l'éclairage public, 2 fr. 89 le mètre cube. Je prendrai une moyenne entre ces deux prix, soit 2 fr. 60.

Partant de ces données, on obtient le tableau suivant :

NATURE DES APPAREILS		PRIX DE REVIENT DE L'UNITÉ	RENDEMENT par carcel	PRIX de la carcel-heure (entretien non compris) (en centimes)
Gaz. . . .	Bec papillon	0^{f}15 le m^3.	127 lit.	1,90
	Récupérateur 750 lit. .	— —	60 —	0,90
	Bec Auer ordinaire . .	— —	16 —	0,24
	— à brûleur Bandsept	— —	12 —	0,18
	Appareils intensifs à incandescence, (Scott-Snell, lampe intensive Auer, etc)	— —	10 —	0,15
Acétylène.	Brûleur à flamme libre.	2^{f}60 —	7 —	1,82
	Brûleur avec manchon.	— —	3 —	0,78
Electricité	Lampe à incandescence électrique	0^{f}04 l'hectowatt	35 watts	1,40
	Lampe à arc ordinaire de 8 ampères. . . .	— —	8,8 —	0,35
	Lampe à arc de la Société Auer à charbons minéralisés dizones . .	— —	2,5 —	0,10

Accessoires de l'éclairage public.

L'application de l'incandescence à l'éclairage public a donné naissance à certains dispositifs accessoires, destinés à fonctionner sur la voie publique et irréalisables utilement avec les anciens brûleurs à gaz.

Je citerai tout d'abord le *projecteur à inscription lumineuse, système Despons,* que je ne mentionne ici que pour mémoire et que je décrirai en détail dans le chapitre relatif aux chemins de fer. Le procédé en question permet, par une appropriation spéciale du réflecteur et du chapiteau de la lanterne, de faire apparaître, soit en clair sur fond obscur, soit en foncé sur fond clair, une inscription au-dessus du foyer lumineux; il est par suite tout indiqué pour désigner, sur la voie publique, les noms des rues à leurs croisements, aussi bien que certaines indications spéciales, telles que: Arrêts de tramways, Postes et Télégraphes, Commissariats de Police, Avertisseurs d'incendie, Direction de la gare, etc.

Il est appliqué, pour ces divers objets, dans plusieurs villes, entre autres à Valenciennes, Cambrai, Mantes, Montrouge, Avranches, Villers-Cotterêts, etc.

Je décrirai en outre *l'appareil pour l'éclairage intermittent au gaz des enseignes lumineuses,* qui, s'il ne sert pas à l'éclairage public proprement dit, en constitue un accessoire de plus en plus important dans les grandes villes.

Jusqu'à une époque très récente, l'électricité seule se prêtait aux allumages et aux extinctions alternatives nécessaires pour faire apparaître, à intervalles réguliers, une enseigne lumineuse ou une indication quelconque destinée à frapper le public.

On avait bien obtenu, en principe, un résultat analogue avec le gaz, au moyen d'une roue circulaire dentée, animée, grâce à un appareil d'horlogerie quelconque, d'un mouvement de rotation autour de son axe. Les saillies des dents agissant successivement sur la commande d'un robinet, on peut provoquer l'ouverture et la fermeture de ce dernier et, par suite, établir et interrompre tour à tour l'arrivée du gaz dans les divers becs d'une lanterne indicatrice; il suffit alors que ces becs soient tous munis d'une veilleuse permanente, alimentée par une canalisation spéciale, pour que leur allumage et leur extinction correspondent aux mouvements de la roue.

Dans la pratique, cette manœuvre du robinet est assez délicate: il faut des organes de précision pour éviter les grippements; le frottement de la clé dans le boisseau donne lieu à une résistance qui nécessite un mouvement d'horlogerie puissant; enfin l'entretien du robinet doit être parfait pour en assurer l'étanchéité, sans un frottement trop fort, et pour éviter ainsi des allumages intempestifs.

Pour remédier à ces inconvénients, la disposition suivante (fig. 84) a été adoptée et son brevet est exploité par la Société Française d'Incandescence par le gaz (système Auer).

Entre deux écrous XX, YY, vissés l'un sur l'autre de manière à constituer une boîte, est pressée par ses bords une membrane étanche et élastique sq, au centre de laquelle est fixée une tige zf qui traverse tout l'appareil suivant son axe. Cette tige est terminée par une soupape obturatrice f conique qui vient s'appliquer contre

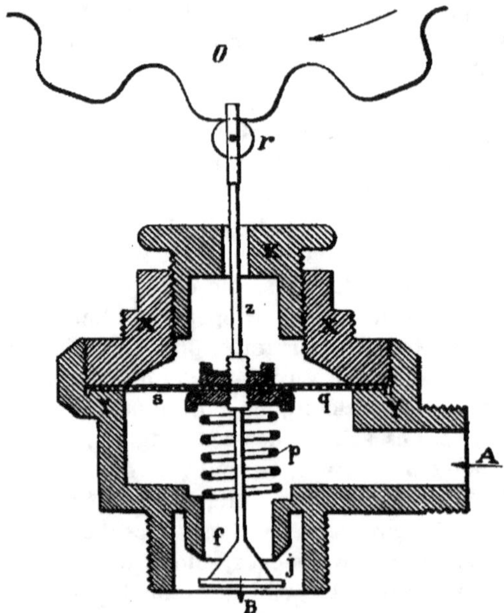

Fig. 84. — Dispositif pour l'éclairage intermittent
des enseignes lumineuses.

le biseau circulaire j quand elle soulevée. Par sa partie supérieure elle traverse un bouchon métallique K fermant la partie XX de la boîte et est guidée par ce dernier et au besoin par un étrier fixé à l'enveloppe. Elle porte en outre, à son extrémité supérieure, une roulette r sur laquelle viennent agir successivement les dents d'une roue tournante O, mûe par un mouvement d'horlogerie.

Le gaz pénètre dans la boîte, au-dessous de la membrane sq, par l'ouverture latérale A et sort, à la partie inférieure, par l'orifice B commandé par la soupape obturatrice f.

Lorsqu'une partie creuse de la roue O se trouve au-dessus de la tige, celle-ci se relève sous l'influence de l'élasticité de la membrane et du ressort antagoniste p, en même temps que de la pression du gaz, et la soupape f, s'appuyant sur le biseau j, assure une fermeture hermétique.

Si maintenant le bord d'une dent de la roue O vient presser sur la roulette r en l'abaissant, la tige comprime le ressort p, agit sur la soupape et donne libre passage au gaz qui vient alimenter les becs et s'allume au contact de leurs veilleuses. Lorsque la roulette échappe à la dent, la tige se relève et ainsi de suite, l'allumage et l'extinction étant produits automatiquement. En faisant varier le nombre et la dimension des dents, on est maître de la durée et de la fréquence des périodes d'allumage et d'extinction.

CHAPITRE II

Éclairage des Chemins de Fer.

Pour l'éclairage des chemins de fer, le bec Auer se prête à deux applications bien distinctes:

A) L'éclairage des gares et dépendances (gares, dépôts, ateliers, bureaux d'administration).

B) L'éclairage des wagons.

A. — ÉCLAIRAGE DES GARES ET DÉPENDANCES.

Avant l'application de l'incandescence par le gaz, l'éclairage au gaz était beaucoup moins répandu qu'aujourd'hui, en raison de sa faible intensité, et nombre de villes, de sous-préfectures même, avaient encore leurs gares éclairées au pétrole. Dans les gares éclairées au gaz, les becs papillons et les becs ronds étaient souvent forcés comme consommation, mais ne pouvaient procurer néanmoins qu'une intensité à peine suffisante pour les besoins du service.

Plusieurs Compagnies avaient cherché à diminuer l'importante dépense annuelle de consommation par l'adjonction de régulateurs aux becs ou aux compteurs ; mais l'emploi de ces appareils, diminuant encore l'intensité des becs, entraînait des réclamations fréquentes de la part des employés qui se plaignaient de ne plus voir assez clair.

Il en résulte par suite que, pour les chemins de fer comme pour les villes, en raison de l'accroissement de plus en plus considérable des voyageurs et du trafic, l'apparition de l'incandescence par le gaz et son appropriation aux conditions de fonctionnement les plus difficiles ont réalisé une amélioration énorme, impatiemment attendue, qui explique le grand et rapide développement de ce système d'éclairage sur les divers réseaux français.

Dans les Gares et les Dépôts, l'éclairage dure une grande partie de la nuit et très souvent toute la nuit; il y a donc un grand nombre d'heures d'allumage et, les anciens becs étant généralement à fort débit, on peut attendre de l'emploi du bec Auer l'ensemble des avantages dont il est susceptible, c'est-à-dire une importante augmentation d'éclairement, jointe à une économie sensible, de nature à permettre d'amortir rapidement les frais de premier établissement, car, dans une installation bien faite, l'entretien supplémentaire entraine une dépense insignifiante par rapport à l'économie de gaz.

Les Ateliers sont généralement fermés à six heures du soir et ne sont, par suite, pas éclairés l'été : le nombre d'heures d'allumage y est donc assez limité. D'autre part, étant donné les courants d'air, les poussières, les trépidations, à l'action desquels sont exposés les becs, la dépense d'entretien y est un peu plus élevée.

L'incandescence par le gaz doit donc, en ce cas, être considérée comme le mode d'éclairage capable de fournir, avec le moins de frais possible, l'amélioration désirée. Dans la pratique toutefois, en raison de la forte consommation attribuée aux anciens brûleurs pour produire un éclairage suffisant, l'économie réalisée est très sensible et beaucoup plus que suffisante pour payer l'entretien ; ainsi, aux Ateliers de la Compagnie P.-L.-M. à Arles, éclairés par 443 becs Auer nos 1, 2 et 3, l'économie du premier mois (décembre 1901), par rapport au mois correspondant de l'année précédente, a été d'environ 3.800 m³ sur une consommation totale de 24.000 m³, soit de plus de 15 %.

Dans les bureaux des Administrations Centrales, la question se présente comme dans les Ateliers, avec cette différence que les manchons y sont beaucoup moins exposés ; l'économie y est donc encore plus importante.

Conditions d'une bonne installation.

Pour bénéficier, dans les locaux dépendant des compagnies de chemins de fer, des avantages capitaux du bec Auer, c'est-à-dire pour avoir un éclairement beaucoup meilleur en même temps qu'une notable économie, il faut que l'installation première soit exécutée avec tous les soins et toutes les précautions désirables.

Là encore, il a fallu lutter au début contre la tendance générale, qui consistait à visser simplement le bec à incandescence en remplacement de l'ancien brûleur, et démontrer que, comme pour l'éclairage public, les installations sommaires et à bon marché devenaient rapidement très coûteuses et annihilaient toutes les propriétés favorables du nouveau système. Mais les Compagnies de chemins de fer, ayant toutes des Services d'Eclairage compétents, se sont rapidement rendu compte de ces inconvénients graves et ont adopté, comme ligne de conduite, la modification, aussi complète qu'il était nécessaire, du matériel existant, peu approprié au nouveau mode d'éclairage.

Pour exécuter une installation donnant toute satisfaction, il faut se préoccuper de l'éclairement à obtenir, de l'économie à réaliser, enfin des conditions d'entretien susceptibles de maintenir en bon état l'éclairage primitif.

Pression. — Le point capital à examiner tout d'abord est l'étude de la pression. J'ai exposé en détail, dans la partie relative à l'éclairage public, l'effet désastreux que peuvent produire d'importantes variations de pression sur le fonctionnement des becs et sur la durée des manchons ; les conclusions tirées à ce sujet s'appliquent absolument de même aux locaux dépendant des chemins de fer, dans lesquels l'éclairage est de longue durée.

La seule différence consiste en ce qu'il est ici possible d'adapter un régulateur unique au compteur, au lieu de munir chaque bec d'un petit régulateur, ce qui complique l'entretien et abandonne le réglage à la merci des employés.

Ces régulateurs, dits régulateurs d'émission, ont pour effet de maintenir la pression aux becs constante, quelles que soient les variations produites, soit à l'arrivée au compteur, soit dans les canalisations par suite de modifications dans le régime intérieur (plus grand nombre de brûleurs allumés ou éteints).

Ils sont de deux types : régulateurs à garde d'eau et régulateurs à garde de mercure. Le principe de fonctionnement est le même, mais les régulateurs à mercure sont beaucoup plus sensibles, restent à l'abri du froid et ont de ce fait été adoptés par toutes les Compagnies de chemins de fer qui n'employaient pas de régulateurs avant l'éclairage à l'incandescence, et même par les autres Compagnies, lorsqu'une pression excessivement régulière était nécessaire (cas des installations fonctionnant à très basse pression).

L'un des types les plus répandus est le régulateur à mercure, système Couttolenc (fig. 85) de la Société Française d'Incandescence par le Gaz (système Auer), dont le fonctionnement est le suivant.

Fig. 85. — Régulateur à mercure de la Société française d'Incandescence par le gaz (vue extérieure).

Le gaz, à la sortie du compteur (fig. 86), est dirigé vers le régulateur, dans lequel il arrive par l'ouverture A, pour pénétrer ensuite, par l'orifice circulaire ménagé par le clapet B, dans la chambre C et, de là, se rendre dans la conduite de distribution par le sortie D. Une cloche F, communiquant avec la chambre C par l'orifice E, plonge dans un bain de mercure, servant de garde contre l'échappement du gaz, et peut s'abaisser ou s'élever librement en entraînant le clapet B par l'intermédiaire de la tige T.

On charge la cloche, au moyen de rondelles de plomb, jusqu'à ce qu'on obtienne dans la canalisation la pression voulue ; si l'on ouvre le compteur, cette cloche, soulevée sous l'action de la pression du gaz, s'élève à une certaine hauteur correspondant à la pression de réglage de l'installation ; l'ouverture circulaire du clapet ne laisse débiter, dans la canalisation de distribution, qu'une certaine quantité de gaz à cette pression de réglage, c'est-à-dire à celle pour laquelle la cloche est en équilibre.

Si la pression vient à augmenter dans la canalisation, et par suite sous la cloche, cette dernière se soulève immédiatement en

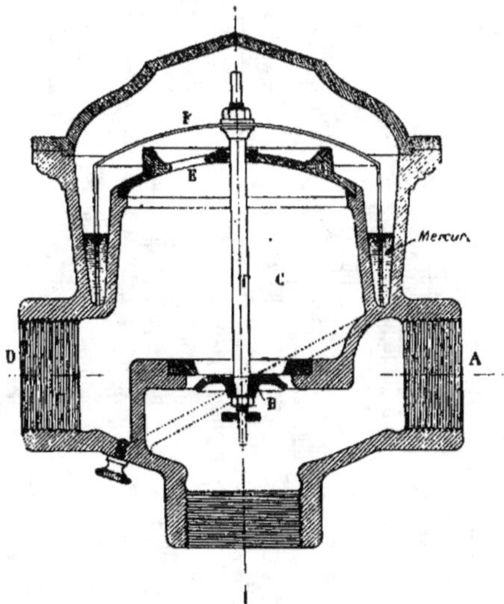

Fig. 86. — Régulateur à mercure de la Société française d'Incandescence par le gaz (coupe).

entraînant le clapet B, qui ferme en partie le passage du gaz ; celui-ci passe ainsi en moindre quantité et la pression primitive est bientôt rétablie.

Si au contraire la pression diminue, le phénomène inverse se produit, la cloche descend, entraînant le clapet B, et, l'ouverture étant plus grande, il passe plus de gaz : la pression se rétablit donc encore. La course de la cloche est limitée vers le bas par le fond de son logement et, vers le haut, par la butée du clapet contre son siège.

On obtient ainsi, lorsqu'il y a débit, une pression constante, sous réserve, bien entendu, de régler l'appareil pour la pression minima constatée dans la canalisation.

Gare de Rambouillet (Régulateur de 60 becs)

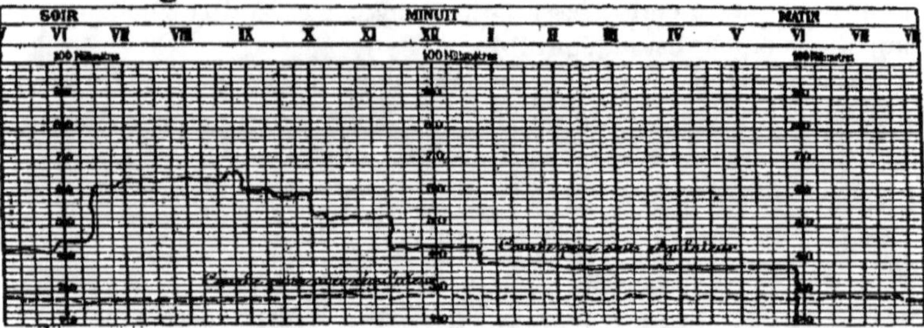

Chemins de fer de l'Ouest, Bureau de Ville-rue de l'Échiquier (Régulateur de 60 becs)

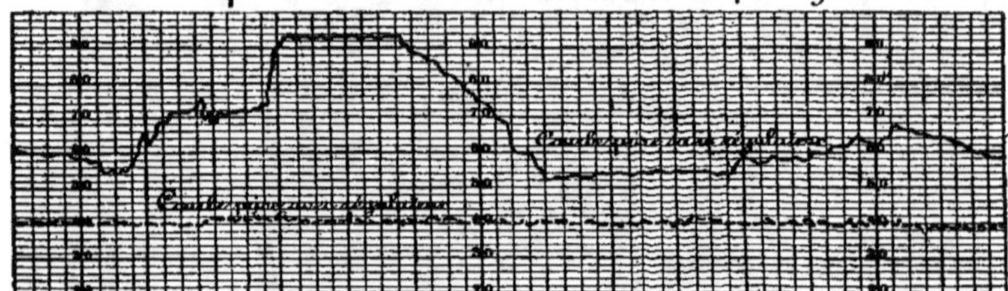

Gare de Chambéry (Régulateur de 20 becs)

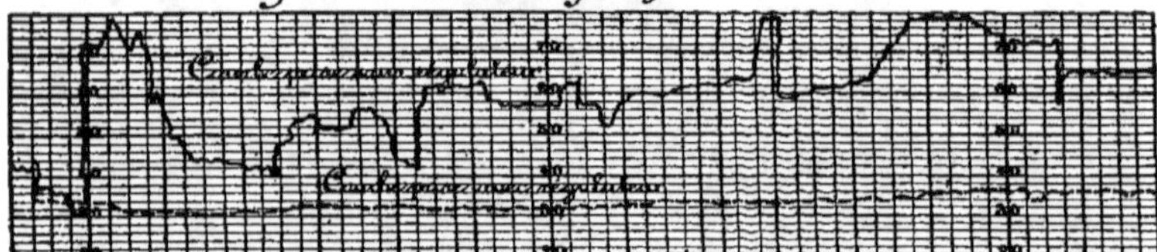

Gare de Pontarlier (Régulateur de 300 becs)

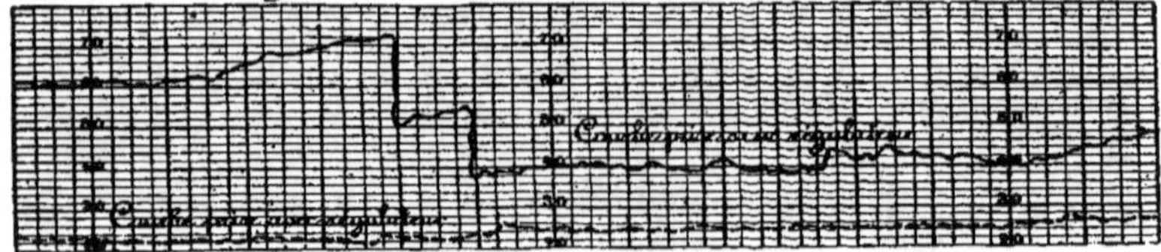

Fig. 87. — Courbes comparatives de pressions, prises sans régulateur
et avec régulateur à mercure
de la Société française d'Incandescence par le gaz.

Lorsqu'il n'y a aucun débit de gaz, c'est-à-dire lorsque tous les brûleurs sont fermés, le régulateur ne doit évidemment pas régler et la cloche subit toutes les variations de pression.

Pour mesurer la pression sur la canalisation, l'appareil le plus généralement employé est un indicateur de pression, comprenant une cloche, mobile dans le sens vertical, plongeant dans l'eau et un cylindre à axe vertical animé, par l'intermédiaire d'un mécanisme d'horlogerie, d'un mouvement de rotation autour de son axe. La cloche porte une tige munie d'un stylet à encre et le cylindre porte une feuille quadrillée indiquant les heures et les pressions. L'appareil est relié à une prise de gaz par un tube de caoutchouc et, lorsqu'on ouvre le passage du gaz, la cloche se met en mouvement entraînant le stylet qui reproduit les variations de pression sur la feuille quadrillée, animée du même mouvement que l'horloge.

On obtient, par ce procédé, des courbes de pression et celles que je reproduis ci-contre (fig. 87) indiquent en même temps l'importance des variations et l'utilité du régulateur, qui, en les supprimant, assure la régularité de l'éclairage, la conservation des manchons et des verres et une sensible économie de gaz.

De ce qui précède résulte l'utilité d'une étude préalable de pression, comportant la prise de courbes à la sortie du compteur, aux extrémités de canalisation et en certains points intermédiaires, en vue de se rendre compte des pertes de charge normales, des absorptions anormales à corriger avant l'installation, enfin de la pression minima dans les conduites de distribution, pression qui sera adoptée pour le réglage du régulateur.

L'installation complète comprend alors le compteur et son bypass et le régulateur et son bypass, ce dernier ayant pour but de réserver la possibilité d'enlever le régulateur, sans entraver la fourniture de gaz.

La figure 88 suivante indique une disposition générale du régulateur avec son bypass ; si, pour une cause quelconque, on est obligé de se passer du régulateur, on ferme les robinets A et B et on ouvre le robinet C, de façon que le gaz passe directement du compteur dans la canalisation. Les bypass comprennent trois robinets et les tuyaux et accessoires de raccordement ; ces tuyaux se font en plomb jusqu'à et y compris la valeur de 150 becs ; ils sont en fonte pour 200 becs et au-dessus.

L'installation sera complétée par trois manomètres, l'un avant le compteur, un second entre le compteur et le régulateur, le dernier à la sortie du régulateur.

L'appareil du type que je viens de décrire a un fonctionnement excessivement sûr et ne se dérègle jamais, si on n'y touche pas ; on n'a donc, pour ainsi dire, jamais à s'en occuper, sauf, rarement lorsqu'il a besoin d'un nettoyage, par suite d'engorgements par la naphtaline, les impuretés, etc. Il convient, par suite, de sceller et

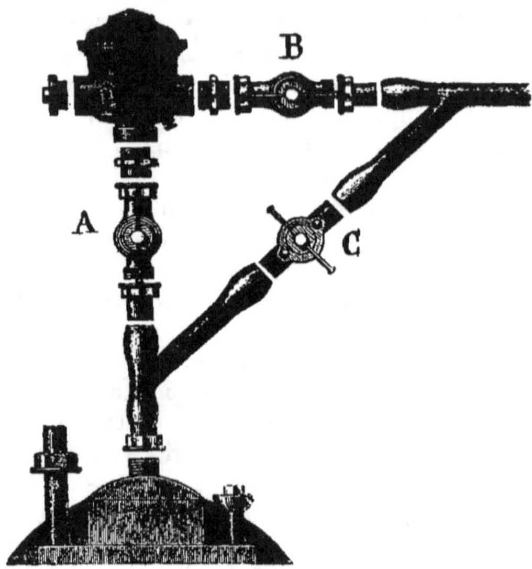

Fig. 88. — Régulateur à mercure, avec by-pass.

de plomber les couvercles des appareils en service et d'interdire aux agents des gares d'y toucher de leur propre autorité, afin que le réglage de l'éclairage ne puisse pas être modifié sans raison. Si la gare s'aperçoit que l'appareil ne fonctionne pas normalement, il suffit de faire passer le gaz par le bypass et de prévenir les agents des services techniques intéressés qui prennent les mesures nécessaires.

Ce régulateur a été très apprécié par les diverses Compagnies de Chemins de fer françaises : le P.-L.-M, l'Ouest et le Midi l'ont adopté pour toutes leurs gares éclairées à l'incandescence ; le Nord et l'Orléans, dont les gares étaient déjà munies de régulateurs à eau, l'ont cependant choisi pour leurs installations à basse pression nécessitant un appareil d'une sensibilité extrême (Compagnie du Nord : Rouen-Martainville ; Compagnie d'Orléans : Montluçon et Bourges).

Eclairage extérieur. — Pour l'éclairage extérieur, les Chemins de fer se servent de lanternes comme les villes et, par suite, la question se présente, sauf pour certains détails, de façon identique à celle de l'éclairage public.

Le choix des cheminées en verre à employer, les dispositions à prendre en vue d'utiliser le plus possible la lumière émise et de mettre le bec à l'abri des intempéries et des trépidations, dépendent des mêmes éléments dans les gares que sur la voie publique et je n'ai pas à y revenir : je signalerai seulement l'usage avantageux qui a été fait, dans certaines gares de l'Est et du P.-L.-M., de la suspension Clay, pour résister aux trépidations violentes produites, sur les trottoirs, notamment par le choc des tricycles à bagages ou à bouillottes contre les candélabres.

En ce qui concerne le système d'allumage, la solution peut être un peu différente dans les gares que dans les villes, car, dans les premières, l'allumage se fait tout entier avant la nuit venue et par conséquent, les hommes chargés du service peuvent toujours trouver commodément l'organe d'allumage adapté à la lanterne.

En éclairage public, au contraire, l'heure fixée est l'heure de la nuit et il y a généralement une tolérance de vingt minutes avant et de vingt minutes après, de sorte qu'une moitié des lanternes est allumée à l'obscurité.

En outre les gares ont un service permanent de lampisterie sur place, la durée de l'allumage n'y est pas limitée, et, si l'allumoir adopté s'éteint, les hommes ont le temps de le réenflammer au moyen d'une lanterne à main qu'ils emportent avec eux.

C'est pourquoi plusieurs Compagnies de Chemins de fer se sont arrêtées à des systèmes très simplifiés, qui, satisfaisants pour elles, ne seraient toutefois pas susceptibles d'applications sur la voie publique. L'allumage à injecteur de cuiller, seul pratique au début, fut d'abord seul employé sur tous les réseaux ; ultérieurement, en raison de l'apparition de nombreux systèmes nouveaux, les Compagnies, désireuses de réduire les charges de nettoyage incombant à leurs lampistes, ont porté leur choix sur les modes d'allumage les plus divers.

La *Compagnie P.-L.-M.* a admis comme type un allumage à rampe simplifié, portant le nom de rampe P.-L.-M., et consistant en une simple dérivation percée de trous partant du robinet et s'engageant dans la galerie du bec. Les premiers trous, se trouvant à l'extérieur, entre le robinet et le verre de fond, il suffit de placer le robinet à la position d'allumage et de présenter la flamme libre de l'allumoir à alcool (dessins 5 et 6 de la figure 89) vis-à-vis de ces trous pour que la flamme gagne le bec ; on amène ensuite la clé à la position d'éclairage (bec allumé en plein, rampe éteinte).

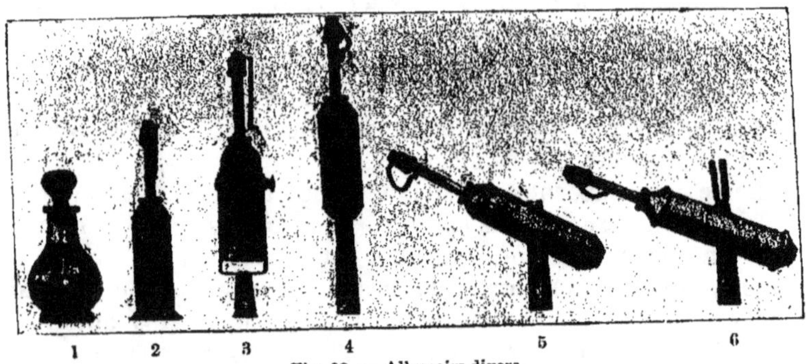

1   2   3   4   5   6

Fig. 89. — Allumoirs divers.

La *Compagnie de l'Ouest* et les *Chemins de fer de l'Etat* ont choisi un allumage à trappe consistant, pour les lanternes carrées, à ménager dans l'un des carreaux métalliques du chapiteau une trappe à charnière munie d'un œillet.

L'allumeur, engageant un crochet dans cet œillet, ouvre la trappe et introduit l'allumoir coudé (fig. 89) dans la lanterne jusqu'à ce que la flamme d'alcool allume le gaz au-dessus du verre. Lorsqu'il retire l'allumoir, la trappe se ferme d'elle-même par son propre poids. Pour les lanternes rondes, on fixe sur le chapiteau un tube cylindrique fermé par un clapet à charnière et le fonctionnement est identique.

La *Compagnie du Nord* a adopté l'allumage par la perche à

alcool avec fond breveté à double tube, la *Compagnie de l'Est,* l'allumage électrique Brouardel et la *Compagnie d'Orléans,* l'allumage par la perche à alcool avec trapillon ordinaire de la Compagnie Parisienne du gaz.

La *Compagnie du Midi* a des installations à injecteur de cuiller, à système électrique Brouardel, à perche à alcool par double tube, enfin à rampe système Bergonié et Naychen. Ce dernier allumage (fig. 90) consiste en un robinet R muni d'une petite rampe E type P.-L.-M. Une seconde prise de gaz D, partant d'un point A, situé

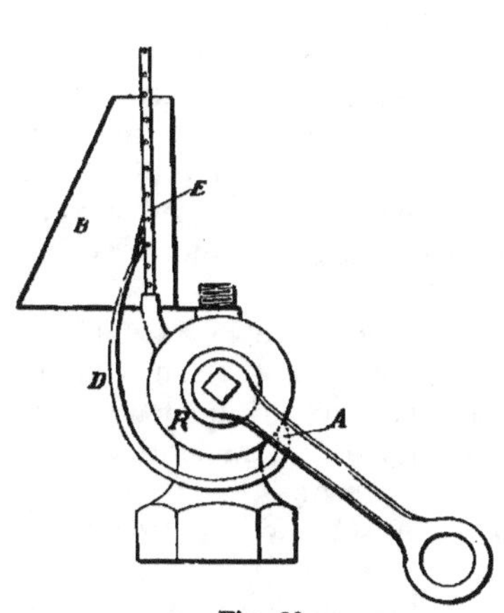

Fig. 90.
Allumage Bergonié et Naychen.

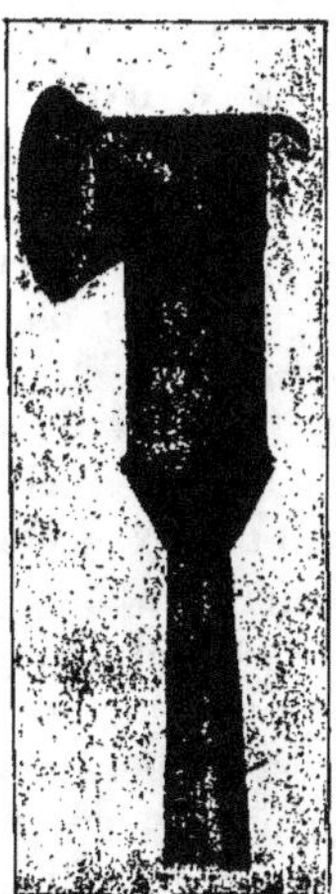

Fig. 91.
Allumoir pour injecteur de cuiller.

du côté opposé à la rampe et en dessous du robinet, est constituée par un tube en cuivre cintré venant aboutir près de la petite rampe E, A la position d'allumage (clé à droite), le gaz passe à la fois dans le bec, dans la rampe E et dans le tube D dont la fonction est d'enflammer la rampe E d'abord, de la maintenir allumée ensuite. Le bec étant allumé par la rampe E, on ramène la clé à la position d'éclairage (bec ouvert en plein, tube D et rampe E éteints). Une sorte d'entonnoir B protège contre le vent l'extrémité du tube D et la partie inférieure de la rampe E.

Enfin, les *Chemins de fer de Ceinture* ont conservé l'allumage à injecteur de cuiller, qui, très bien entretenu et nettoyé régulièrement par un agent spécialisé, fonctionne très bien sur ce réseau.

Sur plusieurs réseaux autres que la Ceinture, des allumages à injecteur de cuiller sont encore en service ; l'allumoir généralement employé en ce cas est représenté sur la figure 91.

Eclairage intérieur. — Pour l'éclairage des locaux intérieurs des gares, la question est beaucoup plus complexe qu'elle ne le paraît a priori ; aujourd'hui bien fixée, elle a exigé au début une étude expérimentale raisonnée, qui a servi à déterminer les meilleures conditions de répartition, d'utilisation et de conservation de la nouvelle lumière.

Pour la répartition, il est difficile de formuler des règles précises, les conditions d'installation devant se plier aux divers cas particuliers que l'on est amené à rencontrer. Un fait certain est qu'il n'est guère possible de chercher à établir, d'après la simple considération des plans des locaux à éclairer, un projet bien conçu et qu'une étude préalable sur place s'impose, si l'on veut réaliser, dans chaque local, les meilleurs moyens d'obtenir l'éclairage économique recherché.

Tels bureaux accolés, où travaillent deux employés se faisant face, pourraient être parfaitement éclairés par un seul bec, de calibre suffisant, placé sur un appareil approprié, si aucun casier trop encombrant ne sépare les deux tables. Si, au contraire, ces dernières supportaient des casiers trop hauts ou trop larges, l'ombre portée par ceux-ci se répandrait sur la plus grande partie des tables et annihilerait l'éclairage.

D'autres appareils risqueraient d'être placés, soit à droite des employés à éclairer, soit trop directement au-dessus de leurs têtes, de sorte qu'en écrivant ils se porteraient ombre.

Tel éclairage général, qui pourrait sembler sur le plan trop puissant, comparé à la surface à éclairer, laissera peut-être dans l'ombre, par suite d'un recoin, de l'interposition d'un pilier ou d'un meuble fixe quelconque, un point important, par exemple un téléphone, un guichet télégraphique public, une bascule, un casier à étiquettes ou à billets, un guichet sur lequel a lieu une manipulation d'argent, etc.

D'autre part, certains becs ne recevraient aucune protection, ni contre les courants d'air, ni contre les trépidations, phénomènes dont il est impossible de se rendre compte sur un plan, etc.

Il en est d'ailleurs de même pour l'éclairage extérieur, car, sauf risque d'erreur, l'on ne peut fixer que de visu et d'après les explications du personnel intéressé les points importants (traversées-jonctions, aiguilles spéciales, lieux de manœuvre ou de manutention intensive, etc.) qu'il convient d'éclairer particulièrement par des becs de plus forts débits, des groupements de becs dans une même lanterne ou des lampes intensives.

Ces divers détails, examinés et notés sur place, constituent le projet préalable, qui a pour but, en résumé, de déterminer, local par local et lanterne par lanterne, les divers calibres de becs à prévoir pour assurer une augmentation de lumière suffisante, en même temps qu'une économie générale, de juger les suppressions possibles et les additions nécessaires, de fixer pour chaque bec l'appareil-support, l'emplacement et la verrerie les plus convenables, d'en déduire les modifications de canalisation indispensables, de prévoir les accessoires de protection contre les chocs, les trépidations et les courants d'air, etc.

Cela posé, quelques règles générales peuvent être formulées en vue d'une bonne installation : en s'y conformant, on est arrivé à créer un appareillage d'ensemble très complet et très satisfaisant, spécialement étudié en vue de l'éclairage des gares.

Tout d'abord, il faut supprimer radicalement tous les appareils mobiles, qui constituaient la partie principale des anciennes installations de gaz: les genouillères, les lyres avec tiges à pompe, les tés à branches mobiles ou à branches trop longues pour être solides, etc., doivent être sacrifiés, car, en raison des exigences de leur service, les employés des gares n'ont pas toujours le temps de prendre les précautions utiles, et un mouvement trop brusque des appareils mobiles entraîne un choc et le bris consécutif du manchon et du verre.

Les seuls cas où les genouillères peuvent, à la rigueur, être conservées, sont ceux des genouillères à une seule branche, que l'on rend fixes par un point de soudure, ou des genouillères placées dans des bureaux de dessin, dans lesquels la mobilité de la lumière a son utilité et où l'on a beaucoup plus de chances que les appareils soient bien traités.

Lorsque les genouillères sont fixées sur des murs ou cloisons solides et que la surface à éclairer est assez restreinte, il suffit de les remplacer par des bras fixes; mais il y a lieu de proscrire

Fig. 92. — Bras simple avec bec à incandescence.

l'emploi des bras formés par un simple tube et de choisir des types

Fig. 93. — Bras orné avec bec à incandescence.

robustes et résistants. Les figures 92 et 93 représentent des modèles de bras, l'un ordinaire, l'autre ornementé, ayant donné de bons résultats. Avec ces types solides, on peut utiliser des bras ayant jusqu'à 0m50 de longueur.

Fig. 94. — Lyre ordinaire à rinceaux avec cercle ajouré.

Si les cloisons supportant les genouillères sont exposées aux trépidations ou s'il s'agit d'éclairer une surface étendue, il convient de les remplacer par des appareils suspendus (lyres s'il y a un seul employé, lampes d'atelier s'il y en a plusieurs ou si l'éclairage doit être largement réparti).

La meilleure lampe d'atelier est une lyre munie d'un grand réflecteur, presque plan, en tôle émaillée, dont le diamètre peut être de 0m40, de 0m50 ou de 0m60, suivant les cas. Cet appareil répartit parfaitement la lumière et doit être adopté de préférence à l'ancien type de lampe d'atelier, avec réflecteur concave en tôle peinte; il s'applique notamment très bien à l'éclairage des salles de bagages et de messageries, des guichets de distribution de

Fig. 95. — Lampe d'atelier.

billets et des casiers correspondants, etc. Les figures 94 et 95 représentent une lyre ordinaire à rinceaux, avec cercle porte-réflecteur de 0m30 ajouré, et une lampe d'atelier avec abat-jour de 0m50 ou 0m60 en tôle émaillée.

Lorsque des bras fixés au mur sont exposés à des trépidations du fait de composteurs, de portes ou guichets fermés brusquement, etc., leur remplacement par des appareils suspendus s'impose également.

S'il s'agit d'un grand espace à doter d'un éclairage général intensif (salle de Pas-Perdus, ensemble de salles d'attente communiquant entre elles, ateliers, etc.), un excellent appareil est la

Fig. 96. — Lampe-Phare industrielle.

lampe-phare (fig. 96 et 97), composée d'un corps cylindrique à l'intérieur duquel s'engagent les verres des becs, d'une calotte supérieure, d'un grand réflecteur presque plan en tôle émaillée de 0^{m}50 ou 0^{m}60, et d'une tige avec croisillon supportant les becs

L'appareil peut se construire du type simple ou industriel (fig. 96) et du type ornementé (fig. 97); il supporte de deux à six becs. L'allumage se fait en présentant l'allumoir à alcool à hauteur de l'ouverture ménagée entre le corps et la calotte.

Fig. 97. — Lampe-Phare ornée.

La lampe intensive Auer convient également bien aux éclairages de ce genre.

Si le local à éclairer était soumis à de violents courants d'air, il vaudrait mieux adopter des lanternes à un ou plusieurs becs, rondes ou carrées suivant l'aspect décoratif à réaliser; l'éclairage général pourrait être complété par des lanternes-appliques à un seul bec, avec fond blanc émaillé, fixées aux murs ; c'est le cas, notamment, des salles dans lesquelles les appareils sont directement situés entre les portes s'ouvrant sur la cour des voyageurs et sur les quais.

Pour les halles à marchandises, l'éclairage est généralement assuré par des lanternes, en raison des courants d'air et pour diminuer les dangers d'incendie. Avec les becs papillons, ces lanternes étaient le plus souvent fixées, sur consoles, à des murs ou piliers; pour les becs à incandescence, il est préférable de les suspendre en les disposant en quinconces, sur deux rangées, de manière à mieux répartir la lumière, sans qu'une partie importante en soit perdue sur les murs, et à éviter les trépidations occasionnées par le choc de colis contre les murs ou piliers.

Fig. 93.
Réflecteur pour cadran d'horloge.

Partout où se transportent des colis, les appareils suspendus, s'ils sont indispensables, doivent être placés assez haut pour éviter les chocs ; les lanternes-appliques à fond blanc émaillé, conviennent particulièrement à ce cas.

Quant aux réflecteurs à placer sur les bras ou sur les lyres à cercle, la courbe photométrique des becs à incandescence exige une forme différente de la forme conique, choisie autrefois pour concentrer la faible lumière des anciens brûleurs. Les anciens réflecteurs doivent être réformés et remplacés par d'autres, évasés (du type représenté sur les figures 92, 93 et 94), qui se font en porcelaine ou en tôle émaillée, suivant qu'ils sont plus ou moins exposés, que le bureau est ou non luxueux, qu'il y a des casiers à éclairer au-dessus de la source de lumière, etc.

Dans les bureaux, il est bon de munir les becs d'un garde-vue blanc ou rose, supporté par un porte-globe posé sur la galerie du bec, afin d'éviter l'effet un peu aveuglant produit par l'éclat intrinsèque lorsque les regards fixent le manchon.

En dehors des réflecteurs et garde-vue, des globes divers peuvent être nécessaires; il existe d'ailleurs toute une verrerie appropriée aux becs à incandescence.

Pour éclairer les cadrans d'horloge, les becs papillons sont en général placés sur des bras fixés au mur ou sur un cercle situé derrière le cadran; la meilleure disposition à adopter est de remplacer les becs papillons par des becs Auer de petit calibre, munis d'un réflecteur plan en tôle émaillée, comme l'indique la figure 98.

Quant aux horloges ou régulateurs des quais, on conserve l'appareil Masson qui les éclaire généralement et on y remplace le bec rond par un bec à incandescence.

Il me reste à étudier les antitrépidateurs et les dispositifs contre les courants d'air, en usage dans les locaux intérieurs.

Les antitrépidateurs sont la plupart du temps inutiles pour les becs des bureaux, que l'on doit mettre, par une étude bien comprise, lors du projet d'installation, à l'abri des causes diverses de vibrations.

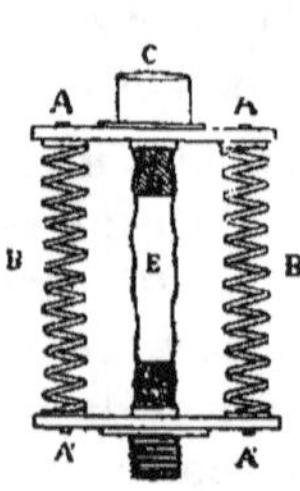

Fig. 99. — Suspension d'alimentation à ressort.

Cependant il peut arriver que certains appareils suspendus soient fixés à des plafonds supportant des chocs provenant de l'étage supérieur ou des trépidations résultant de transmissions (ateliers). Dans ce cas, un remède efficace sera apporté par l'emploi de la suspension d'alimentation à ressorts (fig. 99) qui constitue un excellent isolant. Cet appareil, qui se place directement entre la plaque de tige et la tige, se compose de deux plaques allongées en cuivre A A, A'A' reliées entre elles par deux ressorts à boudin B et portant chacune un raccord sur la face extérieure (pour raccordement avec la plaque de tige et la tige), et sur la face intérieure, un téton D D' auquel s'adapte un tube en caoutchouc E servant à l'alimentation du gaz. La force des ressorts à boudin est proportionnée au poids de l'appareil à supporter, de façon à éviter toute traction sur le tube en caoutchouc.

Les principaux avantages de cette suspension sont une très grande sensibilité, la neutralisation de l'effet des trépidations avant même qu'elles aient impressionné l'appareil supporté, enfin la possibilité de servir de support à de lourds appareils contenant plusieurs becs. La seule précaution qu'elle comporte est le remplacement du petit tube en caoutchouc, avant qu'une fuite ne se produise du fait de son usure.

La suspension d'alimentation est souvent remplacée, pour le même objet, par une suspension Clay disposée de même façon et dont le tube possède une résistance appropriée au poids de l'appa-

Fig. 100. — Chandelier anti-trépidateur pour bec à suspension à ressorts.

reil à supporter; ce système a été très efficacement employé, dans de nombreux cas, par la Compagnie des Chemins de fer de l'Est; pour laquelle la Société Auer a créé le type de suspension Clay pour lyre.

Lorsque les becs doivent être mobiles, quoique exposés à des trépidations (cas des éclairages d'étaux, de machines-outils, etc.) on peut employer le chandelier antitrépidateur pour bec à suspension à ressorts (fig. 100).

Il consiste en un pied mobile, alimenté par un tuyau de caoutchouc et muni du bec et d'un support de réflecteur. La suspension à ressorts à quatre lames fonctionne de la façon ordinaire et, pour limiter l'amplitude de ses oscillations, on relie le haut de la cheminée à un point fixe par une liaison élastique: le procédé le plus simple consiste à adopter un ressort en spirale qui embrasse la cheminée et prend son point fixe sur le réflecteur ou le porte-réflecteur.

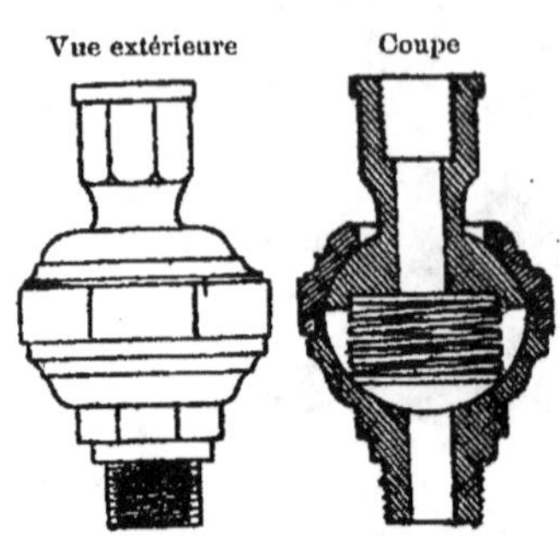

Fig. 101. — Boule à rodage.

Un autre cas à considérer concerne les lanternes suspendues susceptibles de chocs pouvant se transmettre aux manchons sous l'action du vent ou lors du nettoyage; on remédie à ces inconvénients en haubanant les lanternes au moyen de fils de fer et en les montant sur boules à rodage (fig. 101) pouvant se placer entre la plaque de tige et la tige ou entre la tige et la lanterne. La boule à rodage est composée de deux surfaces sphériques dont le frottement assure l'étanchéité et qui permettent à l'appareil suspendu d'être animé d'un mouvement doux de rotation et d'oscillation.

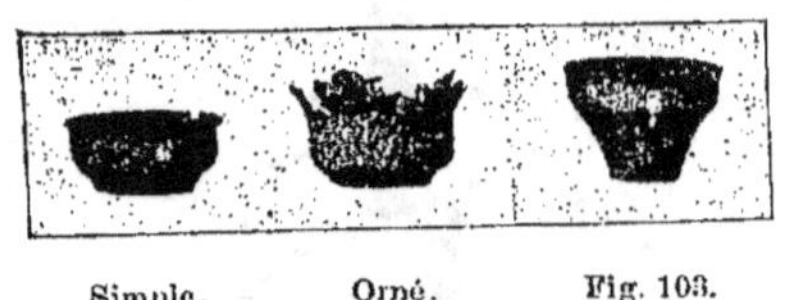

Fig. 102. — Cache-galerie.

Je passe maintenant aux courants d'air et aux poussières. Il peut arriver que leur influence ne soit pas assez grande pour nécessiter l'emploi de lanternes, mais qu'il convienne cependant de ne pas leur laisser libre accès, soit par le dessus du verre, soit par le dessous du bec. Si les courants d'air sont légers, un simple fumivore de modèle courant, posé sur le verre, peut suffire pour la partie supérieure; on abrite en outre la galerie par un cache-galerie (fig. 102) simple ou ornementé. Si les courants d'air sont plus forts, on remplace le cache-galerie par un cache-bec simple ou orné (fig. 103) et le fumivore par une chicane. Cette chicane se pose sur le verre et est dite " supportée " pour les becs placés sur des bras (fig. 105); elle se fixe à l'appareil support et embrasse la partie supérieure du verre dans les cas des appareils suspendus (lyres, lampes d'atelier); en ce cas elle est nommée chicane suspendue (fig. 104). Pour les becs munis de chicanes, l'allumage se fait en présentant l'allumoir à alcool à hauteur de l'ouverture ménagée entre le corps et le chapeau de la chicane.

Fig. 104. — Chicane suspendue.   Fig. 105. — Chicane supportée.

L'allumage des becs d'intérieur ne doit se faire, ni avec des allumettes, ni avec du papier; lors de l'installation, la gare doit être munie d'un nombre suffisant d'allumoirs pour les besoins des bureaux, les types généralement employés étant l'allumoir en verre et l'allumoir en cuivre à main pour les becs à portée de la main, les allumoirs à manche droits ou coudés pour les becs placés plus haut (voir fig. 89).

Le projet étant bien étudié, en tenant compte des diverses considérations précédentes, il reste à exécuter les travaux, qui, pour donner tous les résultats attendus, devront être confiés à un personnel expérimenté.

Économie.

L'économie nette s'obtient en défalquant de l'économie brute de gaz les frais supplémentaires d'entretien nécessités par les becs à incandescence.

Economie brute. — Pour assurer l'économie brute de gaz la plus élevée possible, j'ai déjà fait ressortir la grande influence du régulateur d'émission; je n'insisterai donc pas. Il en est de même pour l'étude détaillée sur place destinée à fixer, d'une façon raisonnée, le calibre des becs à employer, étant donné la disposition des lieux et les additions et suppressions à réaliser.

Pour bénéficier de toute l'économie possible et obtenir par suite un amortissement rapide des frais de premier établissement, il est absolument nécessaire de procéder par installations complètes; dans un projet bien étudié, il ne doit pour ainsi dire pas rester d'anciens brûleurs et les cas sont très rares où leur remplacement avantageux ne puisse être effectué.

Au début, une tendance générale s'est manifestée pour ne remplacer tout d'abord que les becs de certains points spéciaux demandant un éclairage supérieur; j'ai dû combattre cette manière de procéder qui ne peut donner naissance à aucune économie sensible. En effet, pour fixer les idées, on peut dire que la situation est alors analogue à celle d'un particulier qui aurait, dans son appartement, quatre anciens brûleurs de 200 litres par exemple et en remplacerait un seul par un bec à incandescence de 100 litres ; la consommation horaire serait, dans ces conditions, de 700 litres au lieu de 800 et l'on comprend aisément que, s'il se produit quelques jours sombres de plus ou si certaines circonstances entraînent un allumage plus prolongé, l'économie d'un huitième peut facilement disparaître. Il en serait tout autrement si 4 becs de 100 litres avaient remplacé, dès le début, les 4 brûleurs de 200 litres, réduisant ainsi la consommation horaire de 800 à 400 litres.

D'autre part, la dépense d'installation d'un régulateur d'émission est trop élevée, comparée aux frais d'établissement de quelques becs à incandescence; on y renonce donc et l'on n'obtient par suite qu'un fonctionnement défectueux. Enfin le personnel a une tendance à forcer la consommation des anciens brûleurs, restés en service, pour diminuer la différence d'intensité entre les deux modes d'éclairage. Les diverses Compagnies qui ont fait l'essai des installations partielles ont rapidement constaté la réalité des inconvénients précités et l'on ne procède maintenant partout que par transformations complètes d'éclairage.

Un autre facteur important d'économie est la mise en veilleuse des becs inutiles, qui se faisait, pour les anciens brûleurs, par réglage du robinet ; il convient de se conformer également à cette mise en veilleuse pour les becs à incandescence. Elle ne peut être obtenue, pour ces derniers, par réglage du robinet, ce qui modifierait la composition du mélange d'air et de gaz et nuirait à la conservation des manchons, mais on l'assure facilement au moyen des becs à dispositif de veilleuse que j'ai décrits au commencement de ce travail.

Pour les bureaux dans lesquels le service se prolonge la nuit ou une partie de la soirée, ils sont indispensables et évitent des allumages et des extinctions fréquentes auxquelles le personnel ne se plierait pas ; il est au contraire très facile, lors des interruptions de service, de ne laisser qu'une petite flamme, de consommation insignifiante, mais donnant une lumière suffisante pour se diriger, en agissant sur la manette, la molette ou les chainettes du bec veilleuse.

Pour l'éclairage extérieur, on emploie les becs à veilleuse à bascule et contrepoids, qui n'ont pas ici le même inconvénient qu'en éclairage public. La veilleuse reste en effet éteinte toute la journée et ne sert qu'après l'allumage général de la gare, lors des interruptions momentanées de service. Il n'y a donc pas à craindre la consommation inutile de gaz, non plus que les engorgements ou extinctions résultant d'un allumage constant de jour ; si d'ailleurs un défaut de fonctionnement de la veilleuse venait à se produire, le personnel de lampisterie, qui est en permanence sur place, y remédierait rapidement.

Si l'on veut mettre simultanément en veilleuse un groupe de becs, formant par exemple l'éclairage d'un quai, on peut employer le procédé par sauterelle, consistant à avoir, pour les becs en question, une canalisation spéciale munie d'un robinet d'arrêt et une petite canalisation, de faible diamètre, évitant ce robinet et sautant en quelque sorte par dessus lui, d'où le nom de sauterelle qui lui est attribué. Si l'on ferme le robinet d'arrêt, le gaz ne passe plus que par la sauterelle, dont le faible débit entraîne la mise en veilleuse des becs.

Ce système a l'inconvénient de n'être pas facilement réglable et de laisser trop de gaz aux premiers becs, qui consomment trop, et pas assez aux derniers, qui risquent de s'éteindre.

Une meilleure disposition est assurée par le robinet-veilleuse à distance, réglable, représenté sur la figure 106 et qui s'interpose simplement sur la canalisation.

Dans ce robinet, la sauterelle est remplacée par le canal latéral coudé I J K, dont le débit est réglable au moyen de la vis pointeau P, et le corps du robinet représente le robinet de barrage ordinaire de canalisation.

Le boisseau du robinet porte un index et sur le corps du robinet sont inscrites les lettres F, O et V. Lorsque l'index est sur la lettre F, le robinet et la sauterelle sont fermés ; s'il est sur la

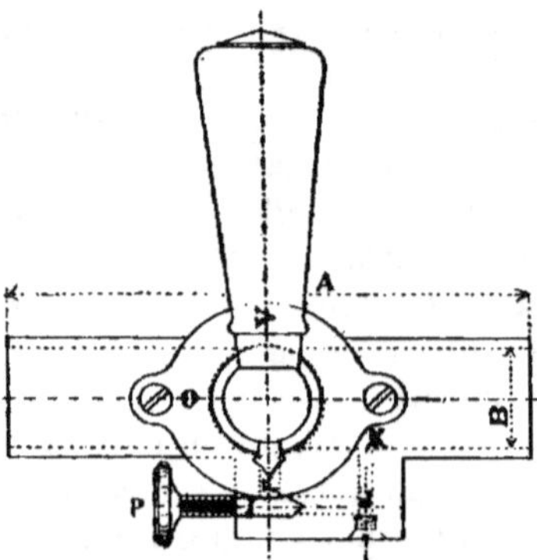

Fig. 106. — Robinet-Veilleuse à distance.

lettre O, la canalisation est ouverte en plein et la sauterelle fermée ; enfin, s'il est sur la lettre V, la sauterelle seule gaze et les becs sont en veilleuse.

La plupart des Compagnies ont préféré le système à veilleuse individuelle, qui assure aux brûleurs une consommation moindre et, en conservant aux appareils leur indépendance, permet de laisser allumés en plein certains becs, choisis suivant les besoins du service.

Enfin un dernier élément d'économie, moins important que les précédents, mais ayant cependant son influence pour des lanternes allumées toute la nuit, consiste à munir les lanternes à plusieurs becs d'un robinet permettant de n'en laisser qu'un seul allumé, lorsqu'un éclairage intensif n'est plus nécessaire.

Entretien.

Le premier facteur de l'économie nette, c'est-à-dire la réduction maxima de la dépense de gaz, étant ainsi obtenu, il faut que le deuxième facteur, constitué par les frais d'entretien, soit aussi réduit que possible.

Là encore, le régulateur d'émission a une grande influence, car il s'oppose à ce que les manchons et les verres soient soumis, du fait des variations de pression, à des combustions s'effectuant dans de mauvaises conditions et il assure par conséquent leur bonne conservation.

Une condition capitale, pour que l'entretien puisse être économique, consiste dans la familiarisation du personnel avec le système nouveau qui lui est confié : j'ai rencontré partout, sur tous les réseaux, la plus grande bonne volonté de la part de ce personnel, mais il ne peut évidemment bien exécuter que ce qui lui a été bien appris, non pas théoriquement, mais expérimentalement sur les appareils mêmes, et, cette pratique, il ne peut l'obtenir qu'au cours des installations complètes, exigeant toujours un temps assez long, en suivant les ouvriers chargés des travaux et en recevant d'eux tous les renseignements et explications nécessaires. Ceci prouve encore que les installations partielles, rapidement terminées et limitées à des cas particuliers, ne peuvent fournir au personnel des gares l'expérience indispensable dès le début et ne servent qu'à lui faire ressortir l'entretien supplémentaire exigé par les nouveaux becs et le surcroît de travail qu'ils lui imposent; il en résulte souvent un mécontentement auquel, malgré eux, les agents sont tentés de céder et qui donne naissance à un entretien défectueux.

Je ne crois pas devoir insister à nouveau sur l'importance qu'il y a, d'autre part, à n'employer, pour l'entretien d'installations de ce genre comme pour l'éclairage public, que des manchons et des verres de première qualité. C'est le seul moyen d'obtenir une amélioration durable et d'éviter un éclairage très irrégulier, ou plutôt à bref délai régulièrement mauvais, et une main-d'œuvre anormale, qui, devant être assurée par des agents déjà très occupés, leur donne la même impression de découragement que dans le cas précédent et les met hors d'état d'exécuter convenablement leur service.

Les prescriptions précédentes étant acquises, l'entretien des installations nouvelles sera des plus faciles, pourvu que des instructions précises soient données dès le début, afin qu'il soit régulièrement effectué, c'est-à-dire que les réparations soient exécutées au jour le jour et que les lampistes ne se laissent pas acculer à la nécessité de remettre en état une installation qui a périclité faute de soins.

L'entretien comprend, comme pour l'éclairage public, le remplacement des manchons et des verres, le nettoyage des brûleurs, le nettoyage des galeries et leur remplacement en temps utile, enfin le nettoyage et l'entretien des systèmes d'allumage, antitrépidateurs et autres pièces d'appareillage des lanternes. Pour l'éclairage intérieur, il faut également, en dehors des becs, se préoccuper de tenir propres et en bon état les réflecteurs, garde-vue, chicanes, cache-becs, etc., et éviter de les laisser envahir par la poussière.

En vue d'assurer l'entretien de tout l'appareillage en temps utile, il est indispensable de constituer à la lampisterie, au moment de l'installation, un dépôt des diverses pièces de rechange à alimenter dès que le besoin s'en fait sentir. Ce dépôt doit comprendre notamment des manchons, verres, galeries et brûleurs des diverses natures, des ressorts antitrépidateurs à boudin, des suspensions à quatre ressorts complètes, des lames et des vis de lames pour ces suspensions, des tubes de becs à veilleuse, des têtes stéatite et des chainettes pour veilleuses, des rondelles en cuir pour brûleurs, des réflecteurs de lanternes, des pattes et vis et des rondelles d'amiante de réflecteurs, des verres de fond de lanternes des divers calibres, des rechanges pour systèmes d'allumage, des réflecteurs, garde-vue et globes divers pour becs d'intérieur, des allumoirs d'intérieur et une ou deux lampes d'allumage extérieur de rechange.

La lampisterie doit en outre être munie des pinces, tournevis, brosses de nettoyage, épinglettes et enclumes, destinés à l'entretien des becs, au montage des manchons et à la rectification du réglage des becs en cas de besoin.

Le remplacement des manchons doit se faire, comme pour l'éclairage public, surtout pour les becs d'extérieur, par substitution du système propre (galerie, manchon, et verre) au système usagé et par versement au dépôt, après nettoyage, des galeries et des verres ainsi retirés.

Enfin, tous les becs de la gare doivent être numérotés, les lanternes régulièrement nettoyées à intervalles fixes suivant un roulement établi d'avance, les becs d'intérieur étant eux-mêmes nettoyés chaque fois que cela est nécessaire. En vue de pouvoir suivre les appareils dont la casse est anormale et les signaler au Service compétent qui prend les mesures nécessaires, le Chef de gare doit faire tenir constamment à jour un état des remplacements, bec par bec, d'après le numérotage général mentionné plus haut.

La Compagnie P.-L.-M. a adopté une méthode très sûre, consistant à faire envoyer par chaque gare au Service Central de l'Éclairage une feuille mensuelle indiquant, pour le mois écoulé, la consommation de gaz comparée à celle du mois correspondant de l'année précédente, le nombre de manchons et verres consommés dans le mois par appareil, enfin la constitution du stock en dépôt au commencement du mois et les dépenses de fournitures diverses durant ce mois. Le Service Central peut de cette façon suivre constamment les deux facteurs de l'économie (consommation de gaz et entretien) et reconstituer chaque mois le stock primitif de rechanges en envoyant à la gare des fournitures diverses en nombre égal à la dépense du mois écoulé.

Inscriptions lumineuses.

Projecteur à inscription lumineuse système Despons. — Avant d'en terminer avec les installations d'éclairage aux becs Auer dans les gares, je tiens à signaler le projecteur à inscription lumineuse, dont j'ai déjà dit un mot au sujet de l'éclairage public. Ce système, breveté, dû à M. Despons, Inspecteur à la Compagnie du Chemin de fer du Nord, est exploité par la Société Française d'Incandescence par le Gaz (système Auer). Il a pour but de permettre aux voyageurs de se rendre compte facilement, de nuit, du nom de la station dans laquelle ils se trouvent et répond, par suite, à une nécessité telle que l'emploi de dispositifs ayant cette destination a été prescrit pour toutes les gares par le Ministère des Travaux Publics de France.

Les Compagnies de Chemins de fer s'étaient déjà, depuis longtemps, préoccupées de cette question, les appels des employés n'étant pas toujours très compréhensibles et les inscriptions disposées contre les murs restant peu apparentes la nuit. Deux moyens avaient été appliqués pour résoudre le problème.

1° Emploi de foyers lumineux supplémentaires affectés spécialement à rendre les inscriptions lumineuses ;

2° Utilisation des foyers ordinaires d'éclairage des quais.

Le premier moyen, très dispendieux, a été écarté, car il aurait nécessité l'addition de nombreuses lanternes indicatrices spéciales, portant le nom de la gare. La dépense entraînée eût donc été importante, tant du fait de l'acquisition de ces nouvelles lanternes que de la consommation des brûleurs supplémentaires employés à les rendre lumineuses.

Le second procédé consiste à reproduire le nom de la station sur les vitres, préalablement rendues partiellement translucides, des lanternes qui éclairent normalement les quais. Beaucoup plus économique que le précédent, il a reçu de nombreuses applications; mais il présente les inconvénients suivants :

1° L'inscription est peu lisible, parce que les lettres, interceptant des rayons émis directement du foyer lumineux à l'œil du lecteur, subissent un effet d'irradiation, en même temps que l'œil, géné par la lumière directe, ne les perçoit pas nettement ;

2° Une partie de la lumière émise est absorbée par l'inscription elle-même et par la partie translucide de la vitre, d'où une notable diminution de l'éclairement sur le sol ;

3° Chaque fois que la vitre est brisée, l'inscription doit être rétablie, ce qui élève sensiblement les frais d'entretien, surtout si l'on fait usage de lettres gravées.

Les lettres inscrites directement sur les vitres ont été ultérieurement remplacées par des inscriptions, en papier spécial, collées, qui, en raison de leur faible prix, ne font disparaître que le troisième des inconvénients précités et qui, au surplus, sont d'un effet très peu décoratif.

Le projecteur breveté Despons (fig. 107), consiste en principe :

1° A faire apparaître, soit en clair sur fond obscur, soit en foncé sur fond clair, une inscription *au-dessus du foyer;*

2° A employer, pour illuminer cette inscription, des rayons émis par le foyer en dehors de la zône d'éclairage direct de l'espace environnant.

A cet effet (fig. 108) le chapiteau de la lanterne carrée est muni, sur une face, d'une boîte A B C, portant, sur le côté B C, une plaque à inscription. Le réflecteur de la lanterne présente la forme R S T, choisie de telle sorte que la partie S T réfléchisse sur la plaque à inscription la lumière qu'elle reçoit.

Cette dispostion correspond au projecteur à simple inscription, mais on peut également appliquer une deuxième boîte avec inscription sur une autre des faces du chapiteau, de façon que la lanterne présente, soit sur deux faces opposées (fig. 109), soit sur deux faces adjacentes (fig. 110), deux fois la même inscription ou deux inscriptions différentes, suivant le but qu'on se propose. — Le projecteur est alors appelé à double inscription.

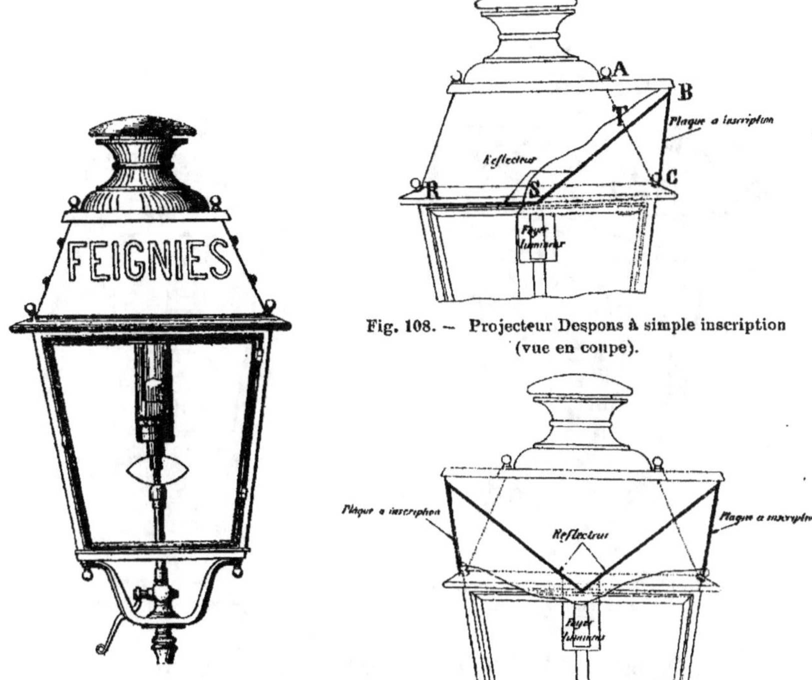

Fig. 107. — Lanterne avec projecteur Despons (vue de face).

Fig. 108. — Projecteur Despons à simple inscription (vue en coupe).

Fig. 109. — Projecteur Despons à deux inscriptions sur faces opposées (vue en coupe).

Le dispositif est analogue pour les lanternes rondes (fig. 110 et 111).

On conçoit qu'avec un tel système tous les inconvénients des inscriptions sur vitres sont supprimés.

Le projecteur Despons utilise en effet des rayons que la source lumineuse émet au-dessus du plan horizontal et ne laisse perdre, grâce à son réflecteur spécial, qu'une quantité infime de lumière; de plus, les inscriptions, se détachant d'autant plus nettement sur l'obscurité qu'elles sont placées au-dessus du foyer, sont parfaitement lumineuses et perceptibles. Enfin, les frais d'entretien sont insignifiants, la plaque étant, par sa position même, beaucoup mieux protégée que les carreaux de lanternes.

<table>
<tr><td>Fig. 110. — Lanterne ronde munie du projecteur Despons sur deux faces adjacentes.</td><td>Fig. 111. — Lanterne ronde munie du projecteur Despons.</td></tr>
</table>

Ce dispositif, qui se plie à toutes les applications, et notamment au remplacement des lanternes indicatrices (Cabinets, Sortie, Buffet, etc.) qui n'ont aucune utilité pour l'éclairage général, a été adopté en grand par la Compagnie des Chemins de fer du Nord, non seulement pour ses gares au gaz, mais encore pour ses gares au pétrole; une des installations les plus typiques est celle de la gare de Longueau.

De nombreuses applications ont été faites également sur d'autres réseaux, sur le P.-L.-M. (Fontainebleau, Laroche, Toulon, La Voulte, Beaulieu, etc.), sur la Ceinture (rue Claude-Decaen,

La Rapée-Bercy, Avenue de Saint-Ouen, etc.), et, en éclairage public, pour le nom des rues et l'indication des points spéciaux (Valenciennes, Cambrai, Montrouge, Mantes, etc.).

Le genre de plaque qui a donné les meilleurs résultats est une plaque noire avec lettres blanches, se détachant très nettement, de jour comme de nuit.

Résumé.

Les considérations qui précèdent permettent de bien fixer les conditions grâce auxquelles on pourra obtenir un bon éclairage à incandescence par le gaz dans les locaux des Compagnies des Chemins de fer. Ces conditions peuvent se résumer comme suit :

Etude préalable sur place de la pression et des détails de l'installation (choix et emplacement des becs et des appareils, précautions diverses contre les causes possibles de défectuosité de l'éclairage) ;

Installation (comprenant un régulateur d'émission) complète et bien faite par un personnel expérimenté ;

Instructions et explications nécessaires données, dès le début, au personnel intéressé de la gare, concernant la mise en veilleuse et l'entretien ;

Entretien assuré avec des manchons et des verres de première qualité ;

Constitution d'un dépôt de pièces de rechange régulièrement alimenté.

On peut ainsi bénéficier de tous les avantages du système, c'est-à-dire d'un éclairement bien supérieur avec une dépense sensiblement inférieure, l'économie nette réalisée permettant d'amortir rapidement les frais de premier établissement.

En dehors même de l'économie, l'augmentation si importante d'éclairage seule mérite d'être retenue, car elle donne satisfaction aux voyageurs, tout en facilitant et en rendant plus rapide le service du personnel, aussi bien dans les gares proprement dites que dans les bureaux, ateliers, dépôts, halles de marchandises et de manutention, triages, etc.

Les diverses Compagnies l'ont si bien compris que la plupart d'entre elles, après avoir transformé leur éclairage au gaz, sont largement entrées dans la voie de remplacement du pétrole par le gaz avec incandescence, en raison du prix si réduit de l'unité de lumière et malgré l'augmentation de la dépense totale d'éclairage.

Ce progrès n'aurait certes jamais pu être réalisé avec les anciens brûleurs à gaz, qui auraient exigé un important surcroît de dépense de consommation pour une augmentation d'éclairage insignifiante, ni avec les divers agents d'éclairage autres que le gaz, d'un prix de revient beaucoup trop élevé.

Lorsque j'ai commencé à m'occuper de la question, en 1894, le bec Auer n'avait, pour ainsi dire, pas encore pénétré dans les Cies de chemins de fer et les rares installations partielles réalisées n'avaient de loin pas donné les bénéfices qu'on en attendait. C'est en m'appuyant, pour chaque réseau, sur les principes que je viens d'exposer que j'ai pu prouver rapidement les grands avantages du bec Auer et obtenir partout les résultats qui ressortent de l'historique général suivant.

Historique de l'éclairage par becs Auer des gares des divers réseaux français.

Cie P.-L.-M. — La Compagnie des Chemins de fer P.-L.-M., dont le Directeur, M. Noblemaire, et le haut personnel ont toujours eu à cœur la recherche de tous les perfectionnements de nature à rendre les voyages plus faciles et plus agréables, s'est montrée, par sa décision rapide, par le nombre et l'importance de ses premières installations, un véritable précurseur pour l'application de l'éclairage au bec Auer dans les locaux dépendant des Compagnies de chemins de fer.

Elle a en effet commencé à s'occuper de la question, aussitôt que ce bec eût fait pratiquement ses preuves en éclairage privé et, dès les années 1893-1894, elle fit exécuter de petites installations dans la gare de Brunoy et dans les Halles à Marchandises de Montargis et de Saint-Étienne. Mais ces installations partielles comprenant à Brunoy l'amélioration de l'éclairage de certains points spéciaux, et limitées à Montargis et Saint-Étienne à quelques lanternes sur consoles fixées aux piliers en bois supportant les fermes, ne pouvaient donner de bons résultats pour les raisons que j'ai exposées précédemment.

Loin de se décourager, le Service de l'Éclairage de la Compagnie se livra à une étude détaillée de la question et en vint rapidement à accepter la transformation de son éclairage par installations complètes des nouveaux appareils. Dès la fin de 1894, la Compagnie s'entendait avec la Société française d'Incandescence par le gaz (système Auer) pour procéder de cette façon dans 26 gares importantes de son réseau, les économies nettes réalisées dans chaque gare devant être partagées entre les deux intéressées pendant une période de cinq années et la Société du bec Auer devant ainsi amortir ses frais d'installation. La Compagnie ne courait donc aucun risque et pouvait, dès le début, bénéficier d'une quantité de lumière beaucoup plus considérable, en profitant de la moitié des économies nettes (tous frais d'entretien supplémentaire, fournitures et main d'œuvre, défalqués), s'il s'en produisait. Elle permettait en même temps au bec Auer, bien installé, de faire ses preuves complètes dans des conditions qu'on jugeait alors si délicates que nombreuses étaient, dans le monde des chemins de fer, les personnes qui jugeaient avec un certain scepticisme cette expérience en grand et la considéraient comme une réclame, peut-être partiellement payée, recherchée par la Société Auer.

Les 26 gares faisant partie de ce traité furent Aix-en-Provence, Aix-les-Bains, Alais, Arles, Avignon, Besançon-Viotte, Bourg, Cannes, Chambéry, Châlon-sur-Saône, Clermont-Ferrand, Dijon, Grenoble, Mâcon, Menton, Monaco, Monte-Carlo, Montpellier, Nice, Nîmes-Voyageurs, Pontarlier, Roanne, Tonnerre, Toulon, Valence et Villefranche-sur-Saône.

Leurs installations furent exécutées de 1895 à 1897 et les résultats récompensèrent largement les deux parties contractantes de leur confiance : les économies brutes de gaz varièrent en effet, suivant les gares, de 25 % à 45 % ; la moyenne d'entretien fut de 3 manchons et 2 verres par bec et par an ; enfin les économies nettes moyennes atteignirent 30 à 35 %.

Ce succès, qui dépassa les espérances de la Compagnie P.-L.-M., l'encouragea à conclure avec la Société Auer un second contrat comprenant 18 nouvelles gares et basé cette fois sur le partage, dans une certaine proportion, des économies nettes jusqu'à paiement intégral des mémoires.

Les gares d'Ambérieu, Antibes, Aubagne, Beaune, Bercy, Laroche, Lons-le-Saulnier, Lyon-Brotteaux, Marseille-Arenc,

Marseille-Joliette, Marseille-Prado, Marseille-P.V., Montélimar, Orange, Pont-de-l'Ane, Saint-Raphaël, Terrenoire et La Voulte furent ainsi éclairées en 1900 et 1901, et, à la fin de 1902, les mémoires étaient intégralement amortis.

Les diverses installations qui précèdent furent exécutées sous la direction du regretté M. Chaperon, Ingénieur Chef du Service, avec le concours de MM. les Inspecteurs Dumartin et Hattenville.

La Compagnie compléta ensuite très rapidement la transformation de son éclairage. Sous l'impulsion de M. Rodary, Ingénieur Chef du Service, de M. Bouvier, Chef-Adjoint, et des Inspecteurs déjà cités, les becs Auer remplacèrent bientôt les anciens brûleurs dans toutes les gares éclairées au gaz, notamment à Auxerre, Cette-P.V., Chagny, Corbeil, Le Creusot, Dôle-Voyageurs et Triage, Fontainebleau, Fréjus, Gap, Genève-Eaux-Vives, Issoire, Joigny, Lunel, toutes les gares de Lyon, Modane, Montereau, Montpellier-Arènes (triage), Moulins, Nevers, Nîmes-P.V., toute la banlieue de Paris, Rive-de-Gier, Roanne-Triage, Saint-Étienne, Sens, Tarascon, Tournus, Vichy, Villefranche-sur-Mer, Villeneuve-Saint-Georges (Voyageurs et Triage), etc.

En même temps, le P.-L.-M. remplaçait le pétrole par le gaz, avec becs Auer, dans de nombreuses stations, parmi lesquelles Apt, Carpentras, Cavaillon, Fourchambault, Grasse, Hyères, Montgeron, Pougues-les-Eaux, Privas, Saint-Fons, Salins, Thonon, La Tour-du-Pin, etc.

En 1903, les becs Auer ordinaires furent remplacés, dans la plupart des gares de ce réseau, par les becs Auer à brûleurs Bandsept, qui permirent de réaliser une nouvelle économie d'environ 25 % et qui sont adoptés aujourd'hui dans la grande majorité des cas.

En ce qui concerne les Dépôts de la Traction, à la suite de la réussite des installations des Dépôts de Nevers et d'Avignon, une mesure d'ensemble fut également décidée par M. Baudry, Ingénieur en chef du Matériel et de la Traction ; la transformation de l'éclairage est aujourd'hui presque terminée, au moyen de becs Bandsept, dans l'ensemble des dépôts et remises de machines, grâce à l'activité avec laquelle M. Maréchal, Ingénieur en chef de la Traction, a fait procéder aux études.

Les ateliers eux-mêmes, après le succès d'une installation importante à Villeneuve-Saint-Georges et d'une installation complète à Arles, ont suivi l'exemple et de nombreux becs Auer éclairent les ateliers d'Oullins, de la Mouche, de Perrache, de Clermont, de Courbessac, de Marseille, etc. L'Ingénieur en chef du Matériel, M. Carcanagues, étudie actuellement l'extension de ce mode d'éclairage à tous les ateliers.

Enfin, tous les bureaux d'Administration des divers Services, les bureaux de ville, les immeubles ne comportant pas l'électricité, ont été munis de becs Auer.

Compagnie du Nord. — La Compagnie du Chemin de fer du Nord, toujours à l'avant-garde dans la voie du progrès, n'avait pas attendu l'apparition de l'incandescence par le gaz pour améliorer l'éclairage de son réseau et, alors que le bec Auer en était encore à donner la mesure de sa valeur, M. Eugène Sartiaux, Ingénieur Chef des Services électriques, avait déjà doté nombre des principales gares d'un éclairage électrique digne du trafic et du mouvement considérables de ce réseau.

Mais, dès que le nouvel éclairage se fut fait connaître, la Compagnie du Nord, sous l'impulsion de son éminent Ingénieur en chef de l'Exploitation, M. Albert Sartiaux, secondé par M. Javary, Ingénieur des Ponts et Chaussées, attaché au Service Central, se livra à des expériences concluantes et, après leur réussite, adopta les nouveaux becs, si bien que le réseau du Nord est aujourd'hui un des mieux éclairés qu'il soit possible, de rencontrer, grâce à l'alliance intime des deux éclairages modernes, l'électricité et l'incandescence par le gaz.

Les premiers essais furent exécutés, par installations complètes, en 1895, à Beauvais, au Tréport et à Compiègne, et durèrent dix-huit mois ; les économies nettes atteignirent environ 20 % à Beauvais et à Compiègne, et 30 % au Tréport.

La question étant ainsi favorablement tranchée, l'éclairage du réseau fut transformé par étapes successives, comprenant :

En 1897-1898, Clermont, Persan-Beaumont, Crépy-en-Valois, Saint-Just-en-Chaussée et Soissons ;

En 1899, Lille-la-Madeleine, Nœux, Bully-Grenay, St-Quentin, Noyon, Roye, Hazebrouck, Rouen-Martainville, Darnetal ;

15

En 1900, pour l'Exposition : Longueau, Feignies, Aulnoye, Hautmont, Bergues, Armentières, Billy-Montigny, Fourmies, Avesnes, Anor, Longpré, Corbie, Montdidier, Ham, Mouy, Orchies;

En 1900-1901-1902, Lille-Saint-Sauveur, Maubeuge, Les Usines, Hirson, Albert, Creil, Lens, Roubaix, Douai, Valenciennes, Sous-le-Bois, Guise, Caudry, Seclin;

En 1903-1904, Chauny, Béthune, Amiens-Saint-Roch, Somain, Le Bourget, Lille-Porte-d'Arras, Lille-Porte-des-Postes, Loos, Haubourdin, La Bassée, Bouchain, Lillers, Bavai, Méru, Wimille-Wimereux, Annœulin, Allennes-les-Marais, Cambrai-Annexe, Saint-Amand.

Les dernières installations sont faites en becs Bandsept, notamment à Méru, Somain, Cambrai, Bavai, Le Bourget et Lillers.

Les remplacements d'éclairage au pétrole ont été nombreux et comprennent les gares d'Aire-sur-la-Lys, Aumale, Bailleul, La Capelle, Comines, Eu, Frévent, Grandvilliers, l'Isle-Adam, Montataire, Nesle, Le Nouvion-en-Thiérache, Le Quesnoy-sur-Deule, Roisel, Rosières, Senlis, Solesmes, Villers-Bretonneux, etc.

Les principales gares du réseau Nord-Belge sont également éclairées aux becs Auer, et, sous l'intelligente direction de M. Philippe, Inspecteur général des lignes Nord-Belge, secondé par M. Laurent, Ingénieur du Service Central, elles n'ont rien à envier aux gares du Nord-Français.

Il en est de même des Ateliers et Dépôts, parmi lesquels je citerai des installations importantes aux Ateliers de La Chapelle, du Bourget, d'Hellemmes, de Lens, de Tergnier, aux Dépôts de Beauvais, Compiègne, Le Tréport, Soissons, Somain, Valenciennes, Hazebrouck, Béthune, Douai, Orchies, Longueau, Rouen, Aulnoye, Hirson, Maubeuge, etc.

Des éclairages complets d'ateliers, avec suppression des becs mobiles eux-mêmes, ont été réalisés avec succès à Douai, Hazebrouck, Hirson, Aulnoye, Lens, au moyen de lampes-phares industrielles à deux becs situées entre deux étaux, les éclairages généraux d'ateliers, ainsi que ceux des forges, étant assurés par des lampes-phares à trois, quatre et même six becs, enfin le tout étant complété par des lampes d'atelier à un bec, réparties partout où elles étaient nécessaires.

La Compagnie du Nord, habituée par l'électricité à une lumière vraiment intensive, a voulu se rendre compte de ce que le bec Auer pouvait fournir dans cet ordre d'idées et a choisi, pour faire des expériences en ce sens, les gares importantes de Saint-Quentin et de Longueau, qu'il était nécessaire de doter, avant l'Exposition de 1900, d'un éclairage particulièrement brillant. A Saint-Quentin, les lanternes carrées à un bec papillon furent remplacées, sur les quais, par des lanternes rondes, grand modèle, à trois becs n° 3 ; à Longueau, les quais furent éclairés par des lanternes carrées à deux becs n° 3 et à deux becs n° 2 ; dans les deux gares, un dispositif de robinet fut adopté pour ne laisser qu'un bec allumé par lanterne, lorsque les besoins du service le permettaient.

Malgré la formule très large choisie, des économies sensibles furent réalisées, et, pour dépeindre le magnifique éclairage si uniforme obtenu, je ne crois pouvoir mieux faire que de mettre sous les yeux de mes lecteurs (planches-annexes n°s 5 et 6) les plans d'éclairages des Halls de Voyageurs de ces deux gares, avant et après l'éclairage Auer. L'éclairage d'au moins une bougie embrasse la plus grande partie des quais et des voies, et nulle part on n'obtient moins de 0 bougie 5.

L'économie nette moyenne, sur le réseau du Nord, est d'au moins 20 %. La Compagnie a commencé récemment l'essai des manchons Plaissetty, après un premier essai très satisfaisant à la gare de Compiègne.

La transformation de l'éclairage du réseau a eu lieu sous la direction de M. Gaudez, Ingénieur Chef des Services de l'Éclairage et du Chauffage, avec le concours de MM. Despons et Pelletreau, Inspecteurs attachés au Service Central, de M. Pihan, Chef du Laboratoire, et des Inspecteurs régionaux.

Compagnie de l'Ouest. — La Compagnie de l'Ouest a modifié intégralement son éclairage au gaz entre 1896 et 1901, à la suite des résultats des expériences qu'elle a tentées à partir de 1894 dans la petite gare de Passy et de 1895 dans la grande gare de Rouen (rue Verte).

A Passy, du 1er juillet 1894 au 1er janvier 1896, l'économie nette fut d'environ 1.600 francs, alors que le mémoire de premier établissement ne montait pas à 1.200 francs.

A Rouen, du 1er octobre 1895 au 1er octobre 1896, on réalisa une économie nette d'environ 4.000 francs, permettant d'amortir, en deux ans, le mémoire d'installation de 8.000 francs. La moyenne de manchons ne dépassa pas 2,5 par bec et par an.

La transformation complète de l'éclairage au gaz du réseau fut alors décidée par M. Marin, Directeur de la Compagnie, et rapidement menée à bien par M. Courageot, puis par M. Chapsal, Ingénieur Chef des Services Techniques de l'Exploitation, secondés par M. Mondin, Inspecteur de ces Services.

On installa, en 1896: Auteuil, Mantes, Rennes, Chartres, Rambouillet, toutes les gares de Versailles, Viroflay et Saint-Cyr.

En 1897 : Dieppe, Alençon, Laval, Laigle, Dreux, Caen, Evreux, Pont-Audemer, Trouville, Elbeuf, Argentan, Honfleur, Saint-Germain, Saint-Cloud, Bécon-les-Bruyères.

En 1898 : Cherbourg, Sablé, Segré, Angers, Chateaubriant, Flers, Mayenne, Fougères, Brest, Sillé-le-Guillaume, Nogent-le-Rotrou, Saint-Malo, Saint-Brieuc, Vitré, Serquigny, Bayeux, les bureaux de ville de Paris.

La Compagnie établit alors la balance des résultats obtenus dans les gares déjà éclairées et se rendit compte qu'en moyenne elle pouvait compter amortir les frais de première installation, sur les économies nettes, en 30 à 40 mois environ, suivant l'importance des gares. Ayant pu, d'autre part, apprécier l'amélioration d'éclairement, elle termina sa transformation qui fut à peu près achevée pour l'Exposition de 1900.

C'est ainsi qu'elle fit éclairer successivement :

En 1899 : la ligne de Saint-Germain, Bernay, La Ferté-Bernard, Conches, Lisieux, Fécamp, Le Havre.

En 1900 et 1901 : Vaugirard-Marchandises, Vaucresson, Bougival, la ligne des Moulineaux, Maisons-Laffitte, Meulan, Thun, Mantes-Station, Poissy, Morlaix, Guingamp, Dinan, Dinard, Granville, Yvetot, Verneuil, La Louppe et Louviers.

Les stations dans lesquelles le pétrole fut remplacé par l'incandescence par le gaz furent assez nombreuses, notamment dans la banlieue de Paris (La Garenne-Bezons, Bois-Colombes, Colombes, Les Vallées, Bellevue, etc.).

Compagnie de l'Est. — Ici, les premiers essais purent être tentés dans une gare située à Paris même, la gare de la Bastille, dont la transformation complète eut lieu en 1894-1895 et fut suivie, en 1896, par celle des stations de Saint-Mandé et de Vincennes.

En 1899, avant l'Exposition Universelle, l'éclairage de la gare de la Bastille fut sensiblement augmenté et amélioré; la nouvelle gare de Reuilly, puis la gare de Bel-Air, furent à leur tour dotées du nouvel éclairage.

Dès 1895-1896, la plupart des bureaux de l'Administration Centrale et de la gare de Paris, non encore éclairés à l'électricité, furent munis du bec Auer qui gagna également de proche en proche toutes les gares de province.

Les principales installations, avec leurs dates approximatives, sont :

1896-1898 : Longwy, Charleville, La Villette, Noisy-le-Sec, Reims, Pont-à-Mousson, Mirecourt, Gérardmer, Châlons-sur-Marne.

1899 : Pantin, Mohon, Meaux, Epinal, Belfort, Toul, Petit-Croix (gaz riche).

1900 : Vitry-le-François, Troyes, Lagny, Givet, Epernay, Chaumont.

1901 à 1903 : Saint-Dizier, Neufchâteau, Lunéville, Joinville, Vesoul, Saint-Mihiel, Ateliers de Romilly.

1904-1905 : Installations de becs Bandsept à Château-Thierry, Reims, Gray, La Fère-en-Tardenois, Frouard.

1905 : Installation de lampes intensives Auer à Mohon, à Longwy, à Epernay, etc.

Je ne veux pas en terminer avec la Compagnie de l'Est sans citer les éclairages très intéressants faits aux Ateliers de Mohon, de La Villette, de Romilly, etc., et le parti que cette Compagnie a su tirer des suspensions Clay contre les trépidations. Les installations furent réalisées sous la haute direction de M. Siégler, Ingénieur en chef de la Voie, par le Service du Gaz et de l'Électricité, très au courant de toutes les questions intéressant l'incandescence par le gaz.

M. Delpeuch, Ingénieur Chef de ce Service, et M. Patte, Inspecteur adjoint, ont réalisé des installations très économiques par l'emploi judicieux des becs des divers calibres et ont en outre créé des types d'appareils parfaitement étudiés, appropriés dans leurs moindres détails et répondant à tous les cas particuliers que l'on peut rencontrer; je citerai notamment la lanterne carrée type Est, dont la construction est des plus intéressantes.

Compagnie du Midi. — Les premières installations sur ce réseau, effectuées vers 1896 dans les gares de Bayonne et d'Agen, ne donnèrent pas les bons résultats attendus, parce que, en raison de l'éloignement du Service de l'Eclairage, dont le siège était à Bordeaux, les travaux primitifs furent exécutés sans les précautions nécessaires, aussi bien pour l'éclairage intérieur que pour l'éclairage extérieur : les becs Auer furent, pour ainsi dire, simplement substitués aux anciens brûleurs, sans étude de pression, sans modification de l'appareillage intérieur, sans transformation des lanternes, les verres ordinaires étant conservés et le personnel n'ayant pu recevoir les explications pratiques nécessaires pour lui bien faire comprendre les conditions nouvelles d'entretien. Lorsque le Service de la Voie fut ultérieurement chargé des installations d'éclairage, M. Hausser, Ingénieur en chef de ce Service, fut frappé des résultats désastreux obtenus et confia à M. Loiseleur, alors Ingénieur Principal de l'Arrondissement de Bordeaux, le soin de procéder à une étude détaillée, ayant pour but de trouver les remèdes à cette situation défectueuse. M. Loiseleur se rendit compte de visu des conditons d'installation des gares du P.-L.-M., et je fus chargé ensuite, par son intermédiaire, de proposer à la Compagnie du Midi les mesures de nature à lui permettre de bénéficier complètement des avantages dérivant de l'application convenable de l'incandescence par le gaz.

La remise en état de l'installation de Bayonne (gare et dépôt), faite suivant les principes voulus, ayant donné tous les résultats attendus, M. le Directeur de la Compagnie du Midi décida la transformation générale de l'éclairage au gaz des gares du réseau. Par suite, en 1899, le Bec Auer fut installé dans les gares de Marmande, Perpignan, Cette, Castres (gare et dépôt), Castelnaudary, Bédarieux, Béziers (gare et dépôt), Arcachon, Pau et au dépôt de Toulouse, et on procéda à la modification de l'éclairage de la gare d'Agen (gare et dépôt) dans des conditions identiques à celles adoptées pour Bayonne.

Les installations, dirigées avec toute la compétence nécessaire par les Ingénieurs Chefs des trois Arrondissements de la Voie, MM. Loiseleur, Fournes, puis Théry, et Balandier, furent tellement appréciées que, après quelques essais d'éclairage à l'acétylène, le bec Auer fut reconnu supérieur et adopté, en remplacement du pétrole, à Dax, Aire-sur-l'Adour, Lamalou-les-Bains et Saint-Flour.

Les Becs Bandsept furent ensuite choisis pour toutes les installations nouvelles. Les anciens brûleurs à gaz furent ainsi remplacés à Mont-de-Marsan, Tarbes (gare et dépôt) et Montauban, en même temps que le pétrole disparut devant les becs Bandsept à Nérac, Auch, Pamiers, Marvejols, Rivesaltes, Orthez, Saint-Jean-de-Luz, Saint-Affrique et Foix.

Dans ces diverses gares, très bien entretenues par les soins du Service de l'Exploitation, la consommation ne dépasse pas une moyenne d'environ 3 manchons et 2 verres par bec et par an, comme au P.-L.-M. L'économie nette atteignit ainsi 25 à 30 %.

Les planches annexes nᵒˢ 7 et 8, représentant les plans d'éclairage anciens et nouveaux dans les gares de Perpignan et Béziers, permettent de se rendre compte du progrès réalisé, au point de vue de l'éclairement sur le sol, grâce à un éclairage au bec Auer d'intensité moyenne.

Chemins de fer de l'État. — En 1896, les Chemins de fer de l'État firent à la gare de La Roche-sur-Yon une première expérience qui fut extrêmement concluante et donna lieu à une économie nette de 35 à 40 %. Le bec Auer fut alors adopté en 1898 à Nantes-État et Bordeaux-État, ainsi qu'aux Sables-d'Olonne où il remplaça le pétrole.

Les nouvelles installations furent retardées, parce que l'Administration des Chemins de l'État révisait ses traités avec diverses Compagnies de gaz et attendait la solution de ses négociations pour transformer son éclairage ; mais elle ne perdait pas de vue cette amélioration, qui fut réalisée successivement, sur l'initiative de son Directeur, M. Beaugey, avec le concours de M. Fouan, Ingénieur en chef de l'Exploitation, de M. Coupan, Inspecteur Principal, chargé des Études techniques, et des Ingénieurs du Service de la Voie, à Royan, Cholet, Bressuire, Cognac, Fontenay-le-Comte, Angoulême-Etat, St-Jean-d'Angely, Loudun et Parthenay.

Les Dépôts de Chartres et de Poitiers, les Ateliers de Tours et d'Orléans, la gare de Thouars (gaz riche), sont également, en totalité ou en partie, éclairés au Bec Auer.

Compagnie d'Orléans. — Un premier essai fut fait en 1896 à Orléans, mais, réduit à un nombre limité de becs, sans régulateur d'émission au début, il ne put fournir la preuve attendue. Ce ne fut qu'en 1900, après la révision de l'installation et la pose d'un régulateur, qu'on obtint les résultats normaux.

Sans attendre cette échéance éloignée, M. Hérard, Sous-Chef de l'Exploitation, décida, en 1897-1898, les modifications complètes nécessaires à Poitiers, Angoulême et Bordeaux-Maritime et, en présence du succès du nouvel éclairage, fit exécuter les mêmes travaux, la plupart avant 1900, dans les grandes gares du réseau éclairées au gaz, notamment à Montluçon, Blois, Bordeaux-Bastide, Vierzon, Bourges, Châteauroux, St-Nazaire, etc.

Plusieurs dépôts furent également éclairés, entre autres ceux d'Angoulême, de Bourges, de Bordeaux-Bastide, de Montauban, de Montluçon, de Poitiers, de Vierzon, etc.

Parmi les installations les plus intéressantes effectuées sur le réseau d'Orléans, figurent celles des gares de Montluçon et de Bourges, fonctionnant, avec le régulateur à mercure décrit précédemment, à très basse pression (10 à 12 $^{m/m}$).

Chemins de fer de Ceinture de Paris. — Dès décembre 1894, l'éclairage de la gare de Ménilmontant fut modifié et les becs Auer procurèrent en treize mois, du 1er Décembre 1894 au 1er Janvier 1896, une économie nette de près de 1.100 francs, avec du gaz à 0fr.15, pour amortir un mémoire d'environ 1.800 francs.

Le nouveau mode d'éclairage fut aussitôt étendu, en 1895, aux stations de l'Avenue de Vincennes et d'Orléans-Ceinture et à la nouvelle gare de la rue d'Avron.

En 1899 et 1900 toutes les gares du réseau, à l'exclusion du petit nombre de celles éclairées à l'électricité ou au pétrole, furent munies de becs Auer, qui furent remplacés en 1903-1904 par des becs Bandsept.

Ces nouveaux appareils furent également adoptés pour les voies de triage de la Gare de l'Avenue de Clichy (becs Bandsept D de 300 litres) et, tout récemment, pour l'éclairage de la gare de triage de la Rapée-Bercy. Cette dernière installation, très intéressante, qui vient d'être exécutée, sous la direction de M. Levaire, Chef du Service du Matériel fixe, est la première qui comporte, pour l'éclairage des voies des chemins de fer français, un nombre important de lampes intensives Auer de 650 litres, disposées dans des lanternes spéciales représentées sur la figure suivante (fig. 112).

L'historique qui précède fait ressortir que, sur tous les réseaux de chemins de fer français, les transformations d'éclairage furent réalisées en grande partie pour l'année 1900. Il suffirait donc, à lui seul, à prouver l'utilité des Expositions Universelles et à dé-

Fig. 112. — Lanterne ronde, grand modèle, avec lampe intensive Auer.

montrer que ces tournois pacifiques, où sont conviés tous les spécimens du génie et du travail humains, servent, non-seulement à l'éclosion de nouvelles découvertes de nature à augmenter le bien-être général, mais encore au développement rapide des inventions antérieures, dont l'essor serait beaucoup plus lent sans elles.

B. — Éclairage des Wagons.

Avant la découverte de l'incandescence, la plupart des wagons de chemins de fer étaient éclairés à l'huile, et quelques-uns seulement au gaz d'huile ou gaz riche. Dans les voitures éclairées au pétrole, il est presque impossible de se livrer, sans grande fatigue des yeux, à la lecture ou au moindre travail ; aussi les longs voyages deviennent-ils très fastidieux. Lorsque l'éclairage est assuré par le gaz riche, la lecture, très difficile encore avec les brûleurs ordinaires, un peu plus praticable avec les lanternes à récupération, reste cependant une opération malaisée, ne pouvant être, sans inconvénient, prolongée longuement.

Tandis que toutes les branches de l'industrie des chemins de fer recevaient de nombreux et sensibles perfectionnements, l'éclairage des wagons, seul, demeurait stationnaire et insuffisant : les voyageurs, habitués de jour en jour à un plus grand confort dans leurs déplacements, réclamaient, et la situation ne pouvait durer. Les Compagnies se tournèrent donc vers l'électricité, que son prix de revient élevé réservait aux voitures de luxe, ou vers un mélange de gaz riche et d'acétylène, qui, plus avantageux que le gaz riche, ne pouvait cependant procurer complètement l'amélioration recherchée et avait l'inconvénient d'exiger l'établissement d'usines spéciales assez coûteuses.

C'est alors que le bec Auer est venu, là comme dans toutes les autres branches du génie civil, apporter la solution éclairante et économique désirée.

Installation du gaz sur les voitures. — L'installation du gaz riche sur une voiture de chemin de fer comprend un certain nombre de réservoirs, placés sur la toiture ou sous la caisse et destinés à recevoir l'approvisionnement de gaz nécessaire pour l'alimentation des becs pendant un temps déterminé.

Le gaz est emmagasiné, aux stations de chargement, dans ces réservoirs dans lesquels la pression maxima, après chargement, est généralement fixée à 7 kilos. Les réservoirs communiquent avec un régulateur détendeur, dont ils peuvent être isolés par des robinets à main et dont ils sont séparés par un manomètre. Du détendeur, qui a pour but de ramener la pression de débit du gaz à environ 30 m/m, part un tube d'alimentation portant un robinet principal de distribution et duquel se détachent les conduites secondaires alimentant chaque lanterne.

Les lanternes ne s'ouvrent qu'à l'extérieur par le toit du wagon, et sont munies, soit d'un brûleur ordinaire type Manchester, soit d'un bec à récupération; elles sont hermétiquement fermées, à l'intérieur de la voiture, au moyen de coupes hémisphériques en verre.

Plusieurs Compagnies ont complété cette installation par un dispositif de mise en veilleuse, qui, sur le P.-L.-M. par exemple, comprend une veilleuse générale par wagon et une veilleuse individuelle par compartiment mise à la disposition des voyageurs et manœuvrée par les stores de la lanterne.

La première idée qui s'est fait jour, lors de l'apparition du bec Auer, est que cet appareil, s'il pouvait s'appliquer aux wagons de chemins de fer, permettrait probablement la substitution au gaz riche, coûtant environ 0 fr. 75 à 1 fr. le mètre cube, du gaz de houille, d'un prix de revient beaucoup moins élevé et susceptible d'être alimenté dans toutes les stations d'importance moyenne, sans qu'on soit obligé de le fabriquer soi-même. On peut admettre 0 fr. 30 comme prix de revient moyen du mètre cube de gaz de houille comprimé, en comptant à 0 fr. 18 le prix moyen du gaz non comprimé et en le majorant de 10 % pour la perte résultant de la compression et de 0 fr. 10, pour les frais de compression.

La Compagnie de l'Est, lors des essais qu'elle a commencés en 1901, a expérimenté le gaz de houille qui, comprimé vers 10 kilos perd tout son pouvoir éclairant, mais seulement une faible partie de son pouvoir calorique (10 % environ). Une voiture a fonctionné pendant six mois, sans incident notable, avec du gaz de houille comprimé à 10 kilos et, pour produire la même lumière que 15 litres du gaz riche de l'Est, il fallait consommer 35 litres de gaz de houille. Au cours de ces essais, d'après la très intéressante Note sur l'éclairage des voitures de chemins de fer au moyen de l'incandescence par le gaz, faite par MM. H. Giraud, Chef du Laboratoire, et G. Mauclère, Inspecteur du Matériel Roulant de la Compagnie de l'Est, une cause spéciale d'altération des manchons a été observée, consistant en la formation d'un dépôt rouge d'oxyde de fer sur les parties les plus froides du manchon. — MM. Giraud et Mauclère exposent comme suit, dans la Note précitée, leurs constatations : « Ce dépôt est dû à la présence de l'oxyde de carbone dans le gaz et « au séjour de celui-ci dans des récipients en fer. On sait en effet « que, dans certaines conditions, le fer peut former avec l'oxyde de « carbone une combinaison très volatile, appelée fer-carbonyle, et « dont la combustion donne de l'oxyde de fer. Dans nos essais, ce « dépôt était minime et il n'a pas eu d'effet fâcheux sur le pouvoir « lumineux des manchons, même après 60 jours, mais il pourrait « en être autrement, si l'on emmagasinait le gaz sous pression plus « forte, condition qui serait peut-être nécessaire en pratique pour « assurer un approvisionnement suffisant des voitures, sans trop « augmenter les dimensions des réservoirs. »

En fait, le gaz riche a été jusqu'ici conservé par les Compagnies qui avaient déjà des installations importantes pour sa production, telles que l'Est et le P.-L.-M. Le gaz de houille, comprimé à 15 kilos, a été adopté par les Compagnies qui pratiquaient, totalement ou en majeure partie, l'éclairage à l'huile.

Premiers essais.— *Compagnie P.-L.-M. et Compagnie des Wagons-Lits.* — Les essais successifs qui furent exécutés, et qui ont amené le système à son degré de praticité actuel, portèrent principalement sur les becs à incandescence alimentés au gaz riche qui, avec les anciens brûleurs à flamme libre, était débité généralement sous une pression d'environ 30 m/m d'eau.

Ce gaz est plus lourd que l'air et, à faible pression, il traverserait les brûleurs à incandescence avec une vitesse insuffisante pour assurer un bon entraînement d'air. Comme, d'autre part, il lui faut, pour être convenablement brûlé dans un bunsen, une quantité d'air sensiblement supérieure aux 5,5 volumes nécessaires au gaz de houille, on conçoit que, en vue d'obtenir pour le mélange d'air et de gaz riche la composition centésimale et la vitesse correspondant à une bonne combustion, on soit astreint à augmenter la pression adoptée dans le cas des brûleurs ordinaires. La pression de 35 m/m d'eau est un minimum pour que l'on puisse réaliser un fonctionnement admissible, bien qu'insuffisant, et, dans les premiers essais d'application à l'éclairage des wagons, on porta cette pression à 60 ou 70 m/m, parce qu'on n'envisageait pas encore la possibilité d'adopter la surpression actuelle.

Dès 1894, la Société française d'Incandescence par le gaz (système Auer) avait pris à tâche de rechercher les moyens d'appliquer le bec Auer à l'éclairage des wagons, et avait trouvé tout le concours désirable auprès de la Compagnie P.-L.-M. A ce moment,

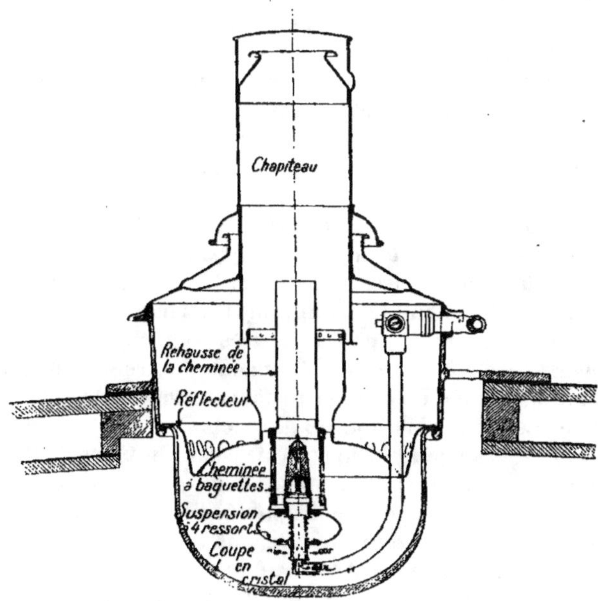

Fig. 113. — Première lanterne de wagon avec bec Auer.

la préoccupation capitale consistait dans l'augmentation de l'éclairage et on ne pensait pas à réaliser cette amélioration en réduisant la consommation de gaz de façon à amortir tout au moins les frais d'entretien. Les essais de laboratoire furent faits en 1894-1895 et on s'arrêta au type de lanterne reproduit sur la figure 113 ci-dessus.

Le bec consommait environ 35 litres de gaz riche à l'heure sous une pression d'environ 70 m/m ; il était construit d'après les principes auxquels on était arrivé pour l'éclairage public, c'est-à-dire avec suspension à quatre ressorts et verre à baguettes surmonté d'une rehausse en cuivre.

Les premiers essais en cours de route se firent de juillet à septembre 1895, sur une seule lanterne, entre Paris et Laroche, et leurs résultats décidèrent la Compagnie P.-L.-M à les poursuivre sur 4 lanternes, après que certaines modifications auraient été apportées à l'appareillage.

Une nouvelle expérience fut alors tentée en février 1896 entre Paris et Dijon, mais deux manchons sur quatre se brisèrent en cours de route, laissant les compartiments sans éclairage, et la Compagnie P.-L.-M. qui avait commencé à étudier l'acétyiène, dont l'utilisation lui semblait devoir procurer la solution cherchée, et qui craignait avec le bec Auer une grande insécurité d'éclairage, abandonna les essais.

Cependant la grande supériorité d'intensité lumineuse du nouvel éclairage était à ce point frappante que, malgré le petit nombre de lanternes mises en service, les essais faits avaient eu un grand retentissement. La Compagnie Internationale des Wagons-lits, vivement intéressée par ce progrès possible, fit installer, dès 1895, deux becs Auer en remplacement de trois becs papillons dans une lanterne d'un wagon restaurant faisant le trajet Paris-Trouville. La consommation de gaz riche fut ainsi réduite de 65 litres à 44 litres à l'heure et le pouvoir éclairant passa de 15 à 45 ou 50 bougies. Enfin, au point de vue de la durée, les manchons résistèrent 55 jours, après avoir accompli un parcours d'environ 25.000 kilomètres. La Compagnie des Wagons-Lits, en présence de tels résultats, fit installer le bec Auer dans un second wagon-restaurant, circulant entre Paris-Nancy et Paris-Charleville : 3 lanternes furent aménagées pour recevoir chacune 3 becs Auer en remplacement de 5 papillons et 4 lanternes furent munies d'un seul bec. Pour les 13 becs ainsi mis en service, on remplaça, du 15 septembre au 31 décembre 1895, 17 manchons seulement, ce qui représente pour chaque manchon une durée moyenne de 80 jours. Une troisième voiture identique, faisant le trajet de Paris à Nice, fut enfin pourvue, en novembre 1895, de 3 lanternes contenant chacune 3 becs Auer. La résistance des manchons, quoique sensiblement inférieure à la précédente en raison du long parcours effectué journellement, fut encore satisfaisante.

On voit que les résultats acquis dans les wagons-restaurants furent, dès le début, beaucoup meilleurs que dans les voitures ordinaires de la Compagnie P.-L.-M. ; il faut en chercher les motifs dans un amortissement plus complet des trépidations par la voiture elle-même et dans une plus grande commodité de service et d'entretien, les lanternes s'ouvrant à l'intérieur.

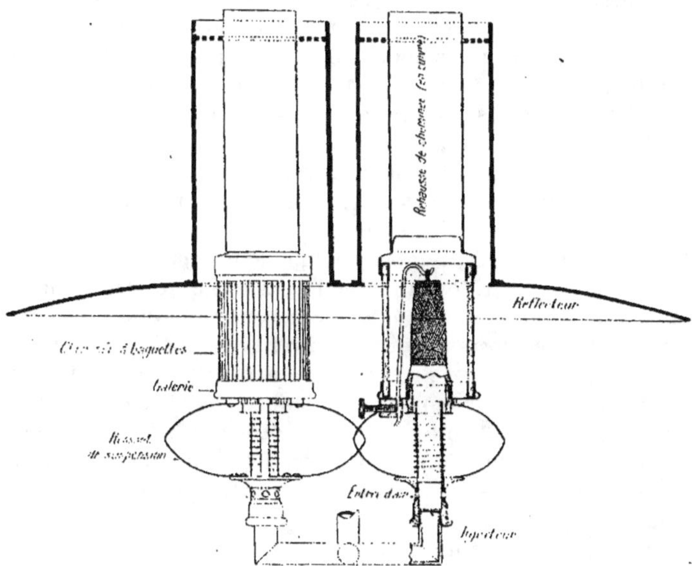

Fig. 114. — Lanterne à 2 becs Auer pour wagon-restaurant.

Le nouveau système d'éclairage ne prit toutefois pas, dès cette époque, une plus grande extension, en raison de l'arrêt des expériences sur le P.-L.-M., et aussi, comme je l'expliquerai plus loin, de l'appareillage insuffisamment approprié qui entraînait un trop grand surcroît de besogne pour des agents déjà très occupés par leur service normal. Mais la semence était jetée et l'éclosion devait tôt ou tard se produire sur l'une et l'autre des deux Compagnies.

Le dispositif adopté à ce moment dans les wagons-restaurants est représenté, sur la figure 114 ci-dessus, pour une lanterne à 2 becs.

Premiers essais sur l'Ouest. — La Compagnie de l'Ouest commença, à la fin de 1895, l'étude de la question sur son réseau ; trois ou quatre lanternes furent modifiées pour recevoir des becs Auer, fonctionnant au gaz de houille avec des consommations de 25 et de 35 litres sous 70 $^m/_m$ de pression ; la disposition de la lanterne était la même que sur le P.-L.-M. Le réglage de 25 litres fut finalement choisi et les voitures circulèrent régulièrement entre Paris et Auteuil. La durée moyenne des manchons, calculée pour la période s'étendant du 19 juin au 3 décembre 1896, atteignit 96 jours.

En 1897, l'Ouest substitua, pour la continuation des essais, le gaz riche au gaz de houille et fit transformer 15 autres lanternes servant à l'éclairage de 3 nouvelles voitures à plate-forme et à couloir pour voyageurs (type wagons-bars), qui venaient d'être mises en service sur la ligne d'Auteuil.

Les becs employés, remplaçant un double papillon d'un débit de 50 litres, devaient fournir avec le gaz riche de l'Ouest un pouvoir éclairant de 13 à 15 bougies ; leur consommation fut fixée à 18 ou 20 litres. Les verres baguettes furent remplacés par des verres clairs, d'un modèle construit spécialement pour ces essais, verres qui, en raison de leur moindre résistance, donnèrent naissance à d'assez grandes difficultés et durent être entourés d'un treillage en fil de fer. Enfin l'on expérimenta simultanément des manchons à tige latérale à couronne et des manchons à tige centrale.

De mars à septembre 1897, la durée moyenne des manchons à tige latérale fut de 104 jours et celle des manchons à tige centrale de 52 jours ; la moyenne générale, pour les deux types de supports, atteignit 70 jours.

Les résultats furent, comme on le voit, excellents ; mais la Compagnie de l'Ouest, qui se livrait en même temps à des essais d'éclairage à l'acétylène, ne fut pas, dès ce moment, en mesure de prendre une décision définitive et les essais en restèrent là.

Deuxième Série d'essais sur le P.-L.-M. — Mais les durées obtenues pour les manchons avaient frappé la Compagnie P.-L.-M. qui reprit alors en 1898 les essais qu'elle avait abandonnés en 1896. Les lanternes de 5 voitures, au nombre d'une vingtaine, furent appareillées avec becs Auer, fonctionnant au gaz riche, d'une consommation d'environ 25 litres sous une pression de 70 $^m/_m$. Les verres blancs, inaugurés sur l'Ouest, furent adoptés en remplacement des verres à baguettes qui s'opalisaient trop rapidement et une suspension Clay, à laquelle était attachée la genouillère en forme de col de cygne supportant le bec, fut substituée comme antitrépidateur à la suspension à quatre ressorts du bec.

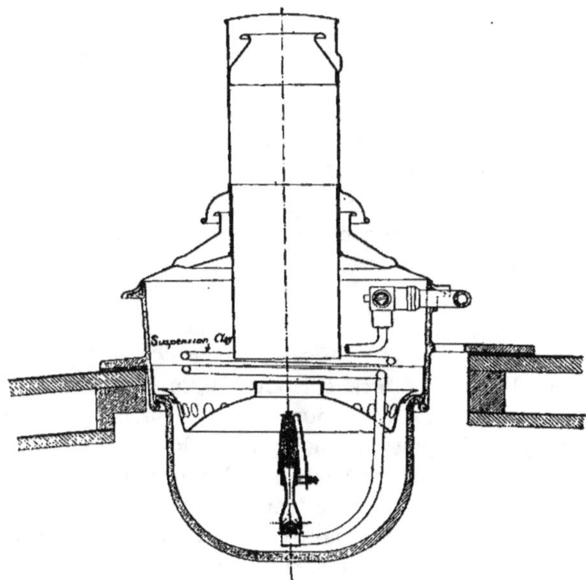

Fig. 115. — Lanterne de wagon, avec suspension Clay.

La figure 115 ci-dessus représente la nouvelle disposition adoptée, mais avec bec sans verre.

Après quelques essais limités au trajet Paris-Dijon et retour, les cinq voitures furent mises en service régulier, à raison de quatre voitures sur les grandes lignes Paris-Marseille et Paris-Genève et une voiture sur la ligne de banlieue Paris-Montereau.

En vue du service d'entretien, quelques gares furent désignées pour recevoir les dépôts de fournitures de rechange et les ins-

tructions suivantes furent données aux lampistes pour le nettoyage des coupes et le remplacement des manchons.

Pour le nettoyage, ouvrir le dessus de la lanterne, enlever le
réflecteur en le saisissant par la cheminée qui le surmonte, faire
basculer doucement tout le système du bec avec la genouillère col
de cygne, nettoyer la coupe, remettre la genouillère et le bec en
place, poser le réflecteur de façon que la suspension Clay soit bien
engagée dans son encoche, fermer la lanterne.

Pour remplacer un manchon, les opérations étaient les mêmes,
sauf qu'après avoir fait basculer la genouillère, on enlevait la
rehausse en cuivre surmontant le verre, on la replaçait sur le
verre propre et on substituait le système (galerie, manchon et verre)
en bon état au système usagé.

A la fin de novembre 1898, la moyenne de durée des manchons
n'atteignait qu'une douzaine de jours et les expériences furent de
nouveau abandonnées.

Conclusions à tirer de cette première période d'essais. —
Ici prend fin la première période d'essai d'éclairage des wagons
par le bec Auer. Elle eut pour résultats principaux de montrer
que cet appareil pouvait facilement donner la solution de la
question au point de vue éclairement et que les manchons étaient
susceptibles de résister aux trépidations des trains, ainsi qu'aux
chocs produits par les manœuvres d'attelage des voitures, par les
passages aux aiguilles et sur les plaques tournantes, etc.

Mais elle ne put avoir de suite définitive immédiate pour
plusieurs raisons, que je crois devoir résumer ci-après, pour
montrer comment la Compagnie des Chemins de fer de l'Est, qui a
trouvé la vraie solution du problème, a réussi à surmonter les
difficultés rencontrées :

1° Les Compagnies de Chemins de fer ne croyaient pas encore,
à cette époque, à la possibilité d'une réussite complète de ce
système, appliqué à l'éclairage des wagons, et pensaient, au
contraire, que la solution vraie était dans l'utilisation de
l'acétylène; c'est ce qui a empêché d'avoir recours aux moyens
propres à assurer aux becs Auer le meilleur fonctionnement
possible, et notamment de se décider à l'augmentation considérable de pression reconnue aujourd'hui nécessaire.

On était convaincu, d'autre part, que de fréquentes ruptures de manchons devaient se produire en cours de route, et, comme on voulait éviter que les lampistes dérangeassent les voyageurs en exécutant leur service dans les voitures elles-mêmes, on n'adopta pas les coupes s'ouvrant à l'intérieur et l'on conserva l'ouverture des lanternes par le haut, excessivement nuisible en raison de leur fermeture violente et des manipulations compliquées qu'elle exigeait.

2° En présence des difficultés d'entretien résultant des opérations que j'ai indiquées pour le nettoyage des coupes et le remplacement des manchons, on craignit des obstacles insurmontables pour l'exécution du service, qui aurait dû pouvoir être assuré très rapidement en cours de route, étant donné que la plupart des arrêts des rapides, très peu fréquents d'ailleurs, ne dépassent pas cinq minutes.

De ces deux raisons dérivait un manque de confiance qui devait forcément aboutir à un échec momentané.

3° A ces causes venait s'en ajouter d'ailleurs une troisième, qui explique en partie les deux premières : c'est l'appropriation insuffisante de l'appareillage employé.

Tout d'abord, l'expérience des précautions nécessaires pour transformer convenablement les lanternes n'était pas encore acquise ; ces dernières ne furent, par suite, pas assez étanches, et la poussière, les charbons, etc., purent s'introduire entre le réflecteur et le corps de la lanterne et occasionner des encrassements fréquents.

En outre, on s'était fait une idée fausse des conditions dans lesquelles les trépidations des voitures se transmettaient aux manchons, et, assimilant le cas des wagons à celui de l'éclairage public, on adopta les mêmes dispositions : d'abord, la suspension à quatre ressorts, ensuite, ne la jugeant pas assez efficace, la suspension Clay, plus élastique encore. Or, ces appareils, très indiqués pour amortir les petites trépidations, presque continues, de la voie publique, avaient le grave défaut d'amplifier, d'autant plus qu'ils étaient plus élastiques, les oscillations très différentes et autrement considérables résultant de la marche des trains et de produire des mouvements violents, et même des chocs, auxquels ni manchons, ni verres ne pouvaient résister. La mobilité du système était telle que les galeries porte-manchons devenaient bientôt tout à fait instables, malgré leur mode de fixation aux brûleurs par un dispositif à baïonnette.

Enfin, l'enlèvement du réflecteur, souvent malaisé, le système de bascule imprimé au manchon par la genouillère, la séparation des galeries et des brûleurs, que les dilatations inégales réunissaient parfois à frottement dur, constituaient autant de causes de chocs, ou tout au moins d'efforts trop brusques, absolument incompatibles avec la réalisation d'un entretien économique.

On commença à se préoccuper des remèdes à apporter à ces imperfections d'appareillage vers la fin des essais du P.-L.-M.; en particulier, le danger des suspensions élastiques et l'amélioration que produirait certainement leur remplacement par un système rigide avaient été nettement perçus par M. Trudon, Sous-Ingénieur de la 1re Circonscription du Matériel. La prolongation des essais aurait donc, sans doute, permis d'arriver à un appareillage supérieur et à un entretien beaucoup plus pratique; mais, je le répète, le vent était alors à l'acétylène et il fallut attendre que l'expérimentation de ce nouveau mode d'éclairage en eût fait reconnaître les inconvénients.

En fait, le P.-L.-M. qui avait commencé dès 1895 les essais de ce gaz, s'arrêta en 1900 à une solution mixte, qui constituait un sensible progrès sur la situation antérieure. Cette Compagnie adopta, en effet, un mélange de gaz riche et d'acétylène dans la proportion de 3 à 1. D'après un article de MM. Chaperon et Moreau, paru dans la *Revue générale de Chimie pure et appliquée* du 8 septembre 1901, le gaz riche donnait 8 à 9 bougies pour 25 litres à 35 m/m avant compression et seulement 6 bougies, dans les mêmes conditions, après compression.

Le mélange avait l'avantage de fournir 15 bougies pour 25 litres sous 40 m/m, après compression préalable à 10 kilos.

L'avantage économique n'était pas moins grand, car, avec du gaz riche pur à 0 fr. 65 le mètre cube, on obtenait la bougie-heure à 0 fr. 0027, alors qu'on réduisait ce prix à 0 fr. 0017 en mélangeant ce gaz, dans les proportions indiquées, avec de l'acétylène revenant à 1 fr. 60 le mètre cube.

Avant d'en terminer avec la première période d'essais du bec Auer dans les wagons, je tiens à signaler un point dont j'aurai une conclusion à tirer dans la suite de ce travail, c'est la notable supériorité de la durée moyenne de manchons obtenue à l'Ouest sur les petits parcours de la ligne d'Auteuil, effectués sans vitesse et sans grandes trépidations, comparée à celle que l'on peut réaliser sur le P.-L.-M., dans des trains à grande vitesse et à longs trajets.

Essais de la Compagnie de l'Est. — La question resta en l'état jusqu'en 1901, époque à laquelle la Compagnie des Chemins de fer de l'Est décida d'en commencer l'examen. MM. Giraud, Chef du Laboratoire, et Mauclère, Inspecteur du Matériel Roulant, furent chargés de l'étudier et, grâce à l'esprit de science et de méthode avec laquelle ils ont dirigé leurs recherches, ils ont réussi à mener complètement à bien leur tâche et à solutionner, au moyen de l'incandescence par le gaz, le problème de l'éclairage des wagons. Ils ont d'ailleurs rédigé en janvier 1903 une note très claire et détaillée, sur laquelle je m'appuierai pour rendre compte des expériences auxquelles ils ont procédé et des excellents résultats qu'ils ont obtenus.

J'ai été appelé à suivre cette nouvelle étude dès le commencement et, en mettant MM. Giraud et Mauclère au courant des essais faits antérieurement sur d'autres réseaux, je leur ai expliqué qu'à mon avis l'augmentation durable d'éclairement et la faculté de résistance des manchons pouvaient être considérées comme acquises, mais que la principale cause d'échec était attribuable à l'emploi de suspensions élastiques, qui amplifiaient les oscillations au lieu de les amortir ; j'en concluais donc que, étant donné la nature des trépidations que j'avais pu apprécier dans les wagons au cours des essais précédents, la meilleure solution me paraissait consister en l'adoption d'un système rigide, susceptible de suivre doucement, avec la lanterne elle-même, les mouvements du wagon.

Après des essais sur diverses substances, capables de devenir incandescentes et moins fragiles que les manchons, la Compagnie de l'Est se rendit compte de la nécessité d'en revenir à ces derniers. Les avantages qu'elle se proposait d'obtenir consistaient :

1° A augmenter dans une large mesure la lumière dont pouvaient disposer les voyageurs ;

2° A diminuer la consommation de gaz et par suite la dépense d'exploitation ;

3° A augmenter le rayon d'utilisation des voitures qui pourraient ainsi revenir moins fréquemment aux stations de chargement.

Désirant se rendre compte par elle-même des résultats des premières dispositions adoptées, la Compagnie de l'Est demanda tout d'abord à la Société Auer les deux types anciens d'appareillage, avec becs à suspension à ressorts et avec genouillère à suspension Clay.

Mais elle décida dès le début plusieurs modifications heureuses qui présentèrent aussitôt la question sous un jour plus favorable.

1° Elle augmenta considérablement la pression du gaz riche aux becs, ce qui, en assurant un meilleur entraînement d'air et un meilleur rendement, permit de réduire le débit des brûleurs et d'obtenir une consommation économique.

2° Le tirage naturel créé par la pression plus élevée permit, d'autre part, de supprimer la cheminée en verre, inutile contre les courants d'air si l'on a soin d'employer des lanternes bien closes, et nuisible au point de vue des trépidations, en raison de sa masse importante solidaire du manchon.

3° Elle modifia enfin les dimensions du brûleur et du manchon, trop grandes pour le volume à brûler.

Elle s'arrêta ainsi à un brûleur, qui avait été construit par la Société française d'Incandescence (système Auer) en vue de la combustion de l'acétylène, et le monta sur genouillère à suspension Clay. La consommation de ce bec était de 15 litres et son pouvoir éclairant de 15 bougies.

Trois lanternes furent aménagées dans une voiture de 1re classe et circulèrent, dès la fin d'octobre 1901, entre Paris et Verneuil. Les coupes ne s'ouvraient pas encore à l'intérieur du wagon et il fallait donc toujours exécuter le service par le toit de la voiture. Si l'éclairement donna satisfaction, il n'en fut pas de même de la durée des manchons et la Compagnie de l'Est en vint bientôt à la suppression de toute suspension élastique et à l'adoption d'un système absolument rigide. La durée moyenne devint beaucoup meilleure et atteignit 30 jours, la voiture ayant circulé, attelée à des trains directs, de novembre 1901 à janvier 1902, entre Pantin et Troyes.

Ce résultat était de nature à faire entrevoir que l'on touchait au but. Pour l'améliorer, on employa des coupes s'ouvrant à l'intérieur ; on rechercha également le moyen d'obtenir avec 15 litres de gaz un pouvoir éclairant ne descendant jamais au-dessous de 15 bougies et on adopta à cet effet une pression de 120 à

130 $^{m/m}$. Enfin la Compagnie de l'Est fit préparer des lanternes spé-ciales par la Société Internationale du Gaz d'Huile, dont l'Admi-nistrateur délégué, M. le Comte Delamarre, par sa grande expé-rience des conditions de fonctionnement des lanternes de wagons, était bien placé pour déterminer les dispositions à prendre en vue de l'application de l'incandescence par le gaz.

On en arrive alors à la période décisive des essais. Trois lanternes, ainsi bien appareillées, furent montées dans une voiture de 1re classe à couloir partiel, qui commença à circuler en février 1902 sur la ligne Paris-Mulhouse. Les résultats furent excessivement satisfai-sants : l'éclairement, très bien réparti, était tel qu'on pouvait lire

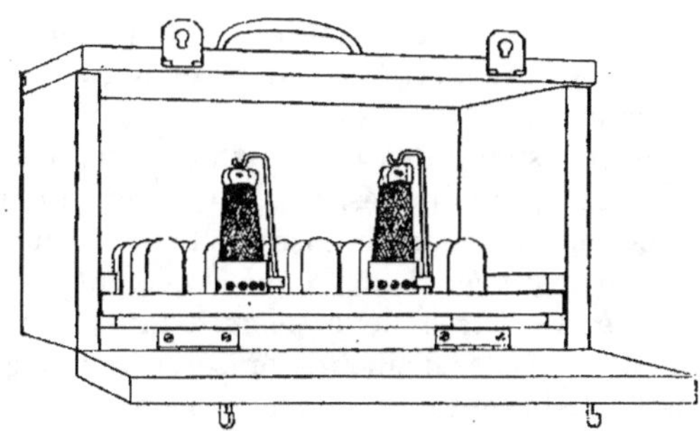

Fig. 116. — Boîte pour le transport des manchons.
de la Compagnie de l'Est.

commodément à toutes les places et que les voyageurs manifestaient une préférence marquée pour la voiture en question ; les manchons atteignirent des durées variant de 50 à 111 jours, correspondant à des parcours kilométriques de 21.000 à 49.000 kilomètres.

Cinq voitures de 1re classe furent alors éclairées au bec Auer et circulèrent sur les trois grandes lignes ; le bec vertical y avait été remplacé par un bec coudé avec injecteur horizontal, étudié par MM. Giraud et Mauclère, et qui, d'un très bon rendement, avait l'avantage de baisser assez sensiblement le point lumineux dans la lanterne.

Les essais furent étendus en même temps à une voiture de 2ᵉ classe et à une voiture de 3ᵉ classe, dans lesquelles on maintint la coupe hermétiquement close, ces premiers essais ayant pour but de se rendre compte de l'influence que pouvaient avoir sur les manchons la suspension et le roulement de ces voitures.

Les divers wagons éclairés au bec Auer furent, à partir de ce moment, traités comme des véhicules quelconques au point de vue de l'entretien ; les gares terminus furent simplement approvisionnées de manchons de rechange disposés dans les boîtes spéciales que représente la figure 116.

Les résultats, calculés pour la période 17 février-31 décembre 1902, furent concluants : la moyenne générale dans les voitures de 1ʳᵉ classe fut de 50 jours, correspondant à 28.000 kilomètres, et l'on prévoyait la possibilité d'obtenir une moyenne de 60 à 70 jours, après l'adoption de certains perfectionnements définitifs et dès que le personnel chargé de l'entretien aurait acquis une plus grande expérience.

Dans cette statistique, les résultats des deux voitures de 2ᵉ et 3ᵉ classes ne sont pas comptés, car, en raison du maintien des coupes fermées à l'intérieur, ils eussent été de nature à fausser les moyennes. On parvint cependant, dans ces conditions défectueuses d'appareillage, à une durée moyenne de 30 à 40 jours, qui prouvait que, toutes choses égales d'ailleurs, on serait arrivé à un fonctionnement aussi satisfaisant que dans les wagons de 1ʳᵉ classe.

MM. Giraud et Mauclère signalent, dans leur Note, un point très important : c'est que, depuis le commencement des essais avec système rigide, c'est-à-dire de février au 31 décembre 1902, *la rupture d'un manchon en cours de route ne s'est jamais produite ;* on pouvait donc considérer dès ce moment la sécurité de l'éclairage comme acquise et il était inutile de recourir à un dispositif de bec papillon s'allumant automatiquement si le manchon disparaissait, dispositif ingénieux qu'avait imaginé M. le Comte Delamarre. Cette expérience suffisamment longue établit que les manchons se détruisaient généralement par une déchirure, qui s'agrandissait très lentement, et fournissaient encore un long service; il était alors facile, dès la détérioration constatée, de surveiller spécialement les manchons et de les remplacer en temps voulu.

A la suite de ces essais, on fixa définitivement le type à adopter pour la lanterne neuve aménagée pour l'incandescence avec suspension rigide. Le brûleur courbe type Est, avec douille à coupelle, est représenté sur la figure 117.

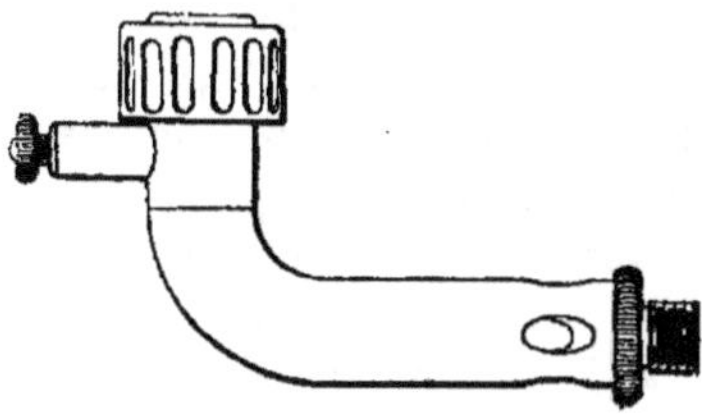

Fig. 117. — Brûleur courbe, type Est, avec douille à coupelle.

Ce brûleur a été légèrement modifié comme courbure pour pouvoir se loger commodément dans les lanternes existantes, dont M. le Comte Delamarre a étudié une transformation rationnelle destinée à permettre d'utiliser le matériel en service et de réduire par suite les frais d'application de l'incandescence par le gaz à l'éclairage des wagons.

La douille à coupelle, adoptée par l'Est, a réalisé un très grand progrès en augmentant encore la sécurité de l'éclairage ; en effet, le manchon, fixé à cette douille par une tige latérale en nickel, s'engage par sa partie inférieure dans la coupelle ; s'il se décapite, il tombe verticalement et repose dans cette position dans cette coupelle. La Compagnie de l'Est a constaté qu'un manchon ainsi décapité avait pu faire encore, dans de bonnes conditions, une quinzaine de jours de service avant d'être remplacé. Moi-même, j'ai eu l'occasion d'en faire l'expérience, au cours d'un essai sur le P.-L.-M., lorsque cette Compagnie a repris l'étude de la question après la réussite du système sur l'Est : lors d'un voyage d'une voiture éclairée au bec Auer de Paris à Dijon et retour, l'un des manchons a été décapité volontairement à Dijon avant le retour et il a supporté, sans changer de position et en continuant à assurer un éclairage très satisfaisant, les manœuvres d'attelage en gare et les trépidations violentes subies de Dijon à Paris à la queue d'un train ultra-rapide.

Le diamètre de la douille est tenu assez supérieur à celui du brûleur pour qu'elle puisse toujours jouer librement et qu'il n'y ait à craindre aucun frottement dur du fait des dilatations inégales ; les petits mouvements de rotation de la douille sur le brûleur, qui en résultent, se produisent doucement et n'ont absolument aucun inconvénient. La manipulation des douilles est ainsi très facile : les lampistes peuvent les tenir par la tige assez haute du manchon et effectuer très aisément, par substitution de douilles, les remplacements nécessaires ; les grilles de combustion, portées par les douilles et non par les brûleurs, peuvent par ce moyen être constamment propres et en bon état.

La pression de débit, après avoir passé de 120 à 150, puis à 180 m/m, a été fixée définitivement à 200 m/m ; les becs, consommant 15 litres de gaz riche à l'heure, fournissent un pouvoir éclairant atteignant 22 bougies. L'allumage se fait toujours par le toit des voitures pour ne pas déranger les voyageurs.

Les conclusions tirées de ces essais, dans la Note de la Compagnie de l'Est, sont que le système fonctionne aussi bien au point de vue de l'économie qu'à ceux de l'éclairement et de la manipulation. Durant dix mois consécutifs, la Compagnie a pu assurer l'éclairage de 22 compartiments pendant environ 18.000 heures, sans aucun incident, en procurant une lumière double, malgré une réduction de consommation de gaz de 40 %, les voitures n'ayant fait l'objet d'aucun choix spécial en ce qui concernait la qualité de leur suspension et de leur roulement.

« Dans ces conditions, ajoutent MM. Giraud et Mauclère, il est « remarquable que les parcours kilométriques supportés par les « manchons ont souvent dépassé les parcours limites que peuvent « fournir les roues entre deux opérations de retournage des « bandages. »

Les auteurs de la Note font, en outre, remarquer que, malgré le supplément d'entretien nécessaire, l'augmentation d'éclairage est obtenue économiquement, puisque, à la réduction de consommation de 10 litres à l'heure, pendant les 400 heures représentant la durée minima moyenne des manchons, correspond une réduction de dépense, à raison de 0 fr. 60 le mètre cube de gaz riche, de

$$0 \text{ fr. } 60 \times 4 = 2 \text{ fr. } 40$$

alors que le coût d'un manchon de wagon ne dépasse pas 0 fr. 40 à 0 fr. 50.

Le tableau ci-dessous, dont j'emprunte quelques éléments à MM. Giraud et Mauclère, et à une intéressante Notice de M. le Comte Delamarre sur l'éclairage au gaz des trains par l'incandescence, fait bien ressortir, au point de vue du prix de revient de la carcel-heure, combien le bec Auer est supérieur à tous les autres systèmes et à quel point il a résolu le problème.

MODE D'ÉCLAIRAGE	CONSOMMATION HORAIRE par lanterne	POUVOIR éclairant en carcels	PRIX DE BASE	DÉPENSE EN CENTIMES	
				par heure	pᵣ carcel heure
Lampe à huile de colza système Faucon	17 gram.	0, 35	53ᶠ » les % k.	0, 9	2, 57
Gaz d'huile sans récupération .	25 litres	0, 60	0,60 le m. c .	1, 5	2, 5
Gaz d'huile avec récupération .	25 —	0, 96	0,60 —	1, 5	1, 56
Gaz d'huile avec bec Auer. . .	15 —	2, 15	0,60 —	0, 9	0, 42
Gaz de houille comprimé avec bec Auer	35 —	2, 15	0,30 —	1, 05	0, 49
Acétylène pur.	8 —	1, 00	1,45 —	1, 16	1, 16
Gaz mélangé (gaz d'huile et acétylène)	25 —	1, 50	0,85 —	2, 12	1, 4
Électricité par accumulateurs .	36 watts	1, 25	1,20 le k. w .	4, 32	3, 45
Électricité syst. autogénérateur.	48 —	1, 66	0,76 —	3, 65	2, 2

Extension du système sur l'Est. — J'ai exposé en détail les essais de la Compagnie de l'Est pour montrer à quel degré de perfection on était arrivé en 1903 sur ce réseau. En présence des résultats obtenus, la Direction prit la décision de principe de transformer à l'incandescence toutes ses voitures éclairées au gaz et de remplacer, dans les autres voitures, l'huile par le gaz avec bec Auer.

Un grand nombre de wagons circulant sur les lignes de banlieue sont à deux étages et leur éclairage est assuré par des lanternes verticales : MM. Giraud et Mauclère étudièrent en 1903-1904 un type de bec droit convenant bien à ces lanternes et, lorsqu'il eût été définitivement fixé en mars 1904, la Compagnie de l'Est en confia l'exécution à la Société du bec Auer. La disposition adoptée pour la lanterne est représentée sur la figure 118 ; elle comporte actuellement des manchons avec tige à crochet, parce que, les lanternes étant encastrées dans les parois du wagon, l'expérience a prouvé que cette tige convenait mieux dans ce cas, en raison des chocs assez violents occasionnés par la fermeture des portières.

Sous l'impulsion de MM. Salomon et Lancrenon, Ingénieur en Chef et Ingénieur en Chef adjoint du Matériel et de la Traction, sous la direction de M. Biard, Ingénieur principal du Matériel Roulant, avec le concours éclairé de MM. Mauclère, Inspecteur du Matériel Roulant, et Verdier, Contrôleur de l'Éclairage et du Chauffage du même Service, le nouveau système prit rapidement la grande extension demandée par M. Picard, Chef de l'Exploitation, qui en avait rapidement apprécié les mérites. Aussi en août 1904 un

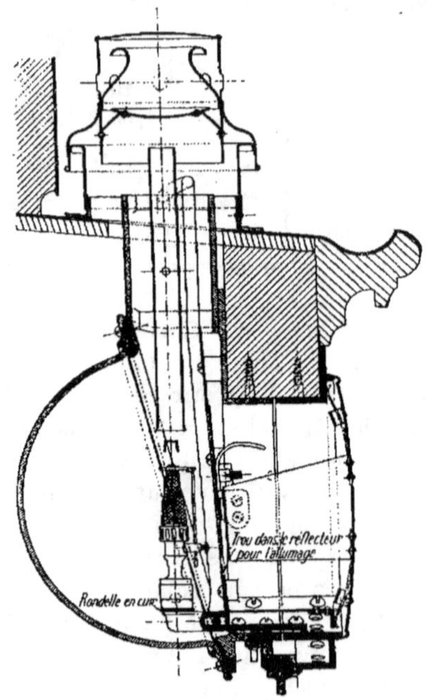

Fig. 118. — Lanterne de côté avec bec droit Auer,
pour voitures à deux étages.

millier de voitures, représentant 5.000 à 6.000 becs Auer, étaient déjà en service; l'application du nouvel éclairage se poursuit d'ailleurs régulièrement.

Le réseau de l'Est, dont les installations sont admirablement exécutées et entretenues dans les wagons, doit être cité comme l'auteur principal de cette importante application du bec Auer, qu'il a menée à bien avant tout autre en France ou à l'étranger, et comme un modèle pour l'organisation de son service d'entretien.

Sous l'influence des essais ultérieurs de la Compagnie de l'Ouest, la Compagnie de l'Est a essayé également le bec renversé et en a muni quelques voitures. Au début, la durée moyenne des manchons ne dépassait pas 10 jours; cette durée s'améliora après que la transformation des lanternes eût été confiée à la Société Internationale du Gaz d'huile, mais demeura cependant très irrégulière suivant les manchons. En fait, la Compagnie de l'Est paraît préférer très nettement les becs à flamme non renversée, auxquels elle a donné un développement considérable.

Compagnie des Chemins de fer de l'Ouest. — La Compagnie de l'Ouest, à la suite de la réussite des essais de l'Est, a étudié, en vue de son emploi dans les wagons, le bec renversé système Farkas, qui venait d'être introduit en France pour l'éclairage particulier.

Les voitures de l'Ouest étaient éclairées au gaz riche dans les trains de banlieue et à l'huile sur les grandes lignes. Après que M. Chapsal, Ingénieur Chef des Services Techniques de l'Exploitation, eût, avec le concours de M. Mondin, Inspecteur de ce Service, déterminé le type de lanterne à employer avec le bec renversé, des essais furent commencés en 1903 sur la ligne d'Auteuil.

Les résultats obtenus en 1904 engagèrent la Compagnie à étendre l'application du nouvel éclairage à tous les trains de banlieue et à décider en même temps, sur les trains de grande ligne, la substitution des becs renversés à incandescence par le gaz aux anciennes lampes à huile et même aux ampoules électriques. D'autre part, dans les voitures à deux étages, munies de lanternes verticales, on employa des becs droits.

Actuellement, environ 300 voitures de banlieue sont éclairées par des becs renversés, fonctionnant au gaz riche à raison de 15 litres de consommation horaire sous la pression de 190 $^{m/m}$. Le pouvoir éclairant obtenu atteint 20 à 25 bougies et la durée moyenne des manchons est d'une vingtaine de jours.

A la suite d'expériences effectuées dans les deux rapides du

Havre, le gaz de houille comprimé à 15 kilos va être incessamment seul adopté pour tout le réseau; l'Ouest juge en effet qu'il assure un meilleur fonctionnemment des becs renversés dont la consommation sera fixée à 40 litres.

Je représente sur la figure 119, ci-dessous, la disposition de la lanterne de wagon de l'Ouest, munie d'un bec renversé.

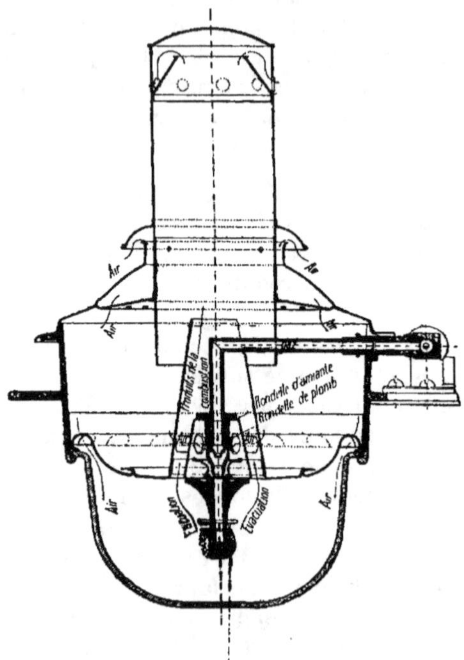

Fig. 119. — Lanterne Ouest avec bec renversé.

Compagnie Internationale des Wagons-Lits. — La Compagnie Internationale des Wagons Lits n'avait pas oublié les résultats probants obtenus au début dans ses voitures et, ne pouvant pas, en raison des longs parcours qu'elle a à effectuer, se livrer utilement la première à des expériences aussi détaillées que celles qu'exigeait l'appropriation des becs à incandescence à l'éclairage des trains, elle n'attendait que la découverte d'un système permettant un entretien pratique, pour donner satisfaction à ses nombreux voyageurs.

Aussi, dès que les essais de l'Est eurent démontré que la solution était proche, c'est-à-dire dès 1902, MM. Gain, Ingénieur en chef, et

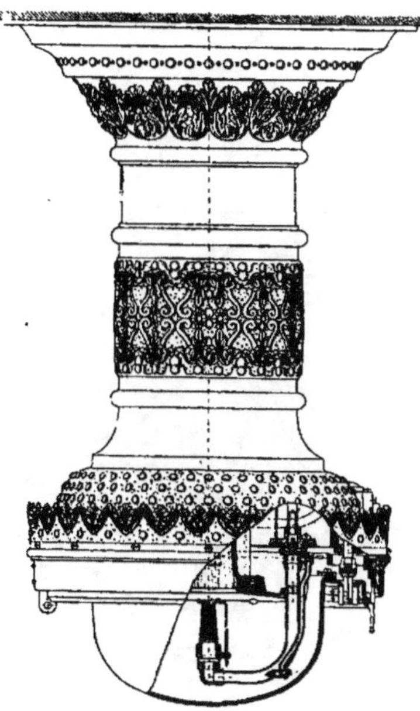

Fig. 120. — Lanterne pour wagon-lit.

Doassans, Ingénieur en chef adjoint de la Compagnie, étudièrent les résultats obtenus sur ce réseau et adoptèrent, sans plus tarder, le dispositif qui y avait donné entière satisfaction.

En août 1903, 25 voitures, à 12 brûleurs en moyenne, étaient munies de becs à incandescence.

En août 1904, il y avait en service une centaine de voitures avec environ 1070 brûleurs; la transformation de l'éclairage se poursuit régulièrement depuis.

Les becs employés consomment environ 20 litres de gaz riche à l'heure sous la pression de 200 m/m ; la moyenne de durée des manchons atteint une quarantaine de jours, malgré la longueur des trajets et le changement du personnel aux frontières.

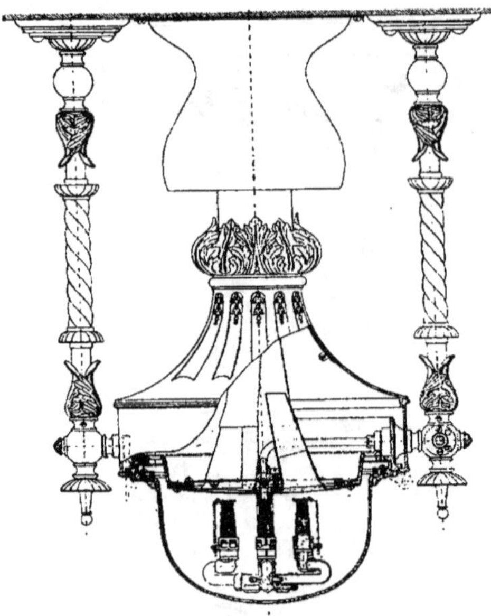

Fig. 121. — Lanterne pour wagon-restaurant.

La Compagnie des Wagons-Lits a un certain nombre de becs renversés en service, mais la grande majorité de ses brûleurs sont du type courbe de l'Est.

La transformation de son éclairage est assurée, dans d'excellentes conditions, par la Société Internationale du Gaz d'huile, avec becs de la Société Auer.

Les figures 120 et 121 représentent la disposition des lanternes des Wagons-Lits (compartiments-lits et wagons-restaurants).

Compagnie P.-L.-M. — La Compagnie P.-L.-M., qui avait pris l'initiative des premières expériences d'éclairage des wagons au bec Auer, et qui, depuis, avait amélioré son éclairage en employant un mélange de gaz riche et d'acétylène, s'occupa à nouveau, en 1903, de l'application de l'incandescence par le gaz, dès qu'elle eut confirmation des résultats définitifs de l'Est.

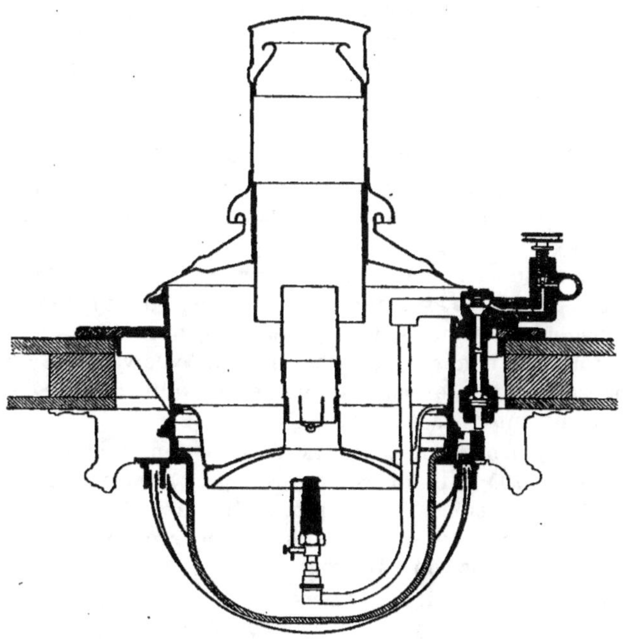

Fig. 122. — Lanterne à gaz à incandescence, système P.-L.-M.

Après de premiers essais au gaz de houille, abandonnés parce que l'utilisation de ce gaz ne présentait pas d'avantages bien marqués en raison des installations existantes d'usines à gaz riche, la Compagnie P.-L.-M. étudia simultanément la production de l'incandescence par le gaz riche seul et par le mélange de ce gaz avec l'acétylène, sous la pression de 200 $^{m/m}$. Le pouvoir éclairant cherché était de 20 bougies et fut obtenu avec environ 15 litres brûlés dans un bec courbe type Est pour le premier cas, et 11 litres brûlés dans un bec droit type Est pour le second cas.

Les expériences furent dirigées de concert par les Services du Matériel et de l'Exploitation et menées à bien, avec le concours de la Société Française d'Incandescence par le gaz (système Auer), par MM. Carcanagues, Ingénieur en chef du Matériel, Lancrenon, Ingénieur principal du Matériel et Rodary, Inspecteur Principal du Service de la Télégraphie et de l'Éclairage, assistés de MM. Tête, Ingénieur du Service Central du Matériel, et Dumartin, Inspecteur du Service de l'Éclairage.

Les résultats furent tels que, dès la fin de 1904, la Compagnie P.-L.-M. prit la décision de principe de procéder à la transformation générale, au moyen du bec Auer, de l'éclairage de ses wagons.

L'adoption du gaz riche pur est prévue pour une date ultérieure, mais l'éclairage est assuré provisoirement avec le mélange, pour ménager une transition et éviter les graves difficultés qui proviendraient de la mise en service simultanée de voitures à becs à incandescence par le gaz riche pur et de voitures à brûleurs ordinaires alimentés par le mélange.

600 becs environ sont en cours d'installation, dont 400 réglés à 12 litres et 200 à 11 litres de mélange. La transformation se poursuit actuellement et l'on atteint déjà une durée moyenne d'environ quarante jours, malgré la longueur du réseau et les profils accidentés que l'on y rencontre.

Le dispositif définitif de lanterne n'est pas encore fixé; la figure 122 représente le type actuellement en service.

Des essais de becs renversés ont été également exécutés sur le P.-L.-M., concurremment avec ceux des becs droits; mais ils ont été abandonnés.

La double mise en veilleuse (générale et individuelle par les stores) fonctionne très bien avec les becs droits choisis par le P.-L.-M.; la consommation est ainsi réduite à environ 5 litres.

Chemins de fer de l'Etat. — L'Administration des Chemins de fer de l'Etat a commencé ses essais en 1903 et les a fait porter sur une vingtaine de lanternes de quatre systèmes différents, dont deux avec becs droits et deux avec becs renversés.

La casse des manchons des becs renversés a été sensiblement supérieure à celle des becs droits et, en mars 1904, un des types de ces becs a été abandonné. Les essais se sont poursuivis depuis cette époque et le système qui a donné les meilleurs résultats est la lanterne Delamarre avec bec Auer type Est. L'installation de cinq nouvelles voitures de ce modèle a, par suite, été demandée, vers la fin de 1904, à la Société Internationale du gaz d'Huile.

Les essais sur les chemins de fer de l'Etat sont dirigés par M. Coupan, Inspecteur Principal chargé des Etudes Techniques de l'Exploitation, secondé par M. Brunel, Inspecteur de ce Service.

Autres Compagnies. — Parmi les autres réseaux, la Compagnie du Nord a un grand nombre de voitures éclairées à l'électricité ; elle étudie cependant une amélioration pour ses voitures éclairées à l'huile et, sous l'impulsion de M. Sartiaux, Ingénieur en chef de l'Exploitation et de M. Javary, Ingénieur des Ponts-et-Chaussées attaché au Service Central de l'Exploitation, elle recherche cette amélioration dans la voie de l'incandescence par l'alcool.

Les Compagnies du Midi et de l'Orléans, dont la majeure partie des voitures sont éclairées à l'huile, se sont également préoccupées du grand progrès réalisé par l'incandescence et ont décidé des essais au moyen du gaz de houille comprimé.

Quant à la Compagnie des chemins de fer de Ceinture de Paris, ses voitures sont, depuis quelques années déjà, éclairées à l'électricité.

Considérations générales. — Comme on le voit, c'est à la France qu'est dûe l'amélioration si importante qu'a occasionnée l'application de l'incandescence par le gaz à l'éclairage des wagons; la Société Française d'Incandescence par le Gaz (système Auer) a entrepris dès 1893 l'étude de la question ; la Compagnie P.-L.-M., grâce aux essais auxquels elle s'est prêtée, a la première fait connaître la valeur probable qu'aurait le système, après la découverte des perfectionnements destinés à le rendre tout à fait pratique.

La Compagnie des Chemins de l'Est a trouvé la solution du problème, à laquelle ont également contribué la Société Internationale du Gaz d'Huile et la Société Auer ; enfin la Compagnie des Chemins de fer de l'Ouest a mis au point l'éclairage des trains par becs renversés.

Le grand progrès, ainsi réalisé, a eu un énorme retentissement dans tous les pays étrangers et le nouvel éclairage des wagons, révélé dans l'Europe entière et partout apprécié grâce aux voitures de la Compagnie Internationale des Wagons-Lits, a fait l'objet, dès 1903, de nombreuses demandes de renseignements émanant de Belgique, d'Angleterre, d'Italie, des Etats-Unis, d'Espagne, de Portugal, d'Autriche, d'Allemagne, etc.

De l'historique que je viens de terminer, il résulte que deux systèmes de becs sont employés concurremment en France : les becs à flamme normale système Auer et les becs renversés.

A mon avis, les premiers offrent beaucoup plus de garanties de service régulier. Les becs renversés paraissent, il est vrai, bien répondre aux conditions de l'éclairage des wagons, en raison de leur analogie avec les ampoules électriques et parce qu'ils semblent émettre plus de lumière vers le sol ; mais, dans la pratique, ils présentent des difficultés de fonctionnement de nature à annihiler, au profit des becs à flamme normale, les avantages précédents.

Tout d'abord leurs manchons se brisent plus souvent que ceux des becs type Est ; c'est ce qui résulte des essais comparatifs de l'Est, du P.-L.-M. et de l'Etat.

Bien que les chances de casse soient plus grandes sur de longs parcours effectués à grande vitesse, comme je l'ai fait observer en comparant les résultats des premiers essais sur le P.-L.-M. (grandes lignes) et sur l'Ouest (ligne d'Auteuil), les moyennes de durée, obtenues actuellement avec becs droits sur l'Est (grandes lignes et banlieue) sont très sensiblement supérieures à celles des becs renversés de l'Ouest (banlieue seule).

Pour contrebalancer cette plus grande fragilité des manchons renversés, la sécurité de l'éclairage devrait être mieux assurée. Or, c'est l'inverse qui se produit : j'ai fait remarquer, en effet, qu'avec le type de douille à coupelle, adopté par l'Est, si un manchon se décapite en cours de route, ce qui est excessivement rare, il reste debout dans la coupelle de la douille, d'après les démonstrations pratiques qui en ont été faites, aussi bien sur l'Est que sur le P.-L.-M. Le manchon renversé, au contraire, dont la casse est, la plupart du temps, produite par une déchirure circulaire à l'attache supérieure, tombe dans la coupe et l'éclairage est supprimé.

Pour y remédier, on a adopté un protecteur en treillis métallique entourant le manchon, mais les chocs répétés du manchon détaché contre les fils du treillis doivent le détruire rapidement, surtout sur les longs parcours ; d'ailleurs, même s'il ne se détruit pas totalement, il risque de se détériorer suffisamment pour ne pas pouvoir conserver une position qui lui permette de devenir utilement incandescent.

Le treillis métallique me semble plutôt avoir pour but principal de faciliter le maniement des manchons : il était en effet très difficile, avant l'adoption de cet accessoire, de les fixer sur leur support au moyen de leur couronne à baïonnette, car, pendant l'opération, le manchon se trouvait entièrement à l'intérieur de la main du lampiste et le moindre mouvement brusque pouvait le détériorer.

D'autres inconvénients à signaler sont enfin : les prises plus fréquentes à l'injecteur, très nuisibles à la bonne conservation des becs et entraînant le noircissement des réflecteurs, puis l'encrassement plus facile, le brûleur, dont les orifices se trouvent à la partie supérieure de la lanterne, étant évidemment beaucoup moins protégé contre la poussière que le brûleur du bec Auer type Est placé dans la coupe.

En résumé, les manchons de ce dernier bec paraissent, en l'état actuel de la question, susceptibles d'une durée sensiblement plus longue et d'un meilleur maintien du pouvoir éclairant que les manchons renversés. Pour bénéficier de ces avantages dans une application de ce genre, il est évidemment tout-à-fait nécessaire de n'utiliser que des manchons de tout premier choix ; c'est pourquoi les manchons Plaissetty ont eu un très grand succès et sont employés par toutes les Compagnies qui ont déjà en service d'importantes installations d'éclairage de wagons, c'est-à-dire l'Est, le P.-L.-M. et les Wagons-Lits.

Régulateur Fournier. — J'ai fait ressortir précédemment l'heureuse influence exercée par une pression très régulière sur la bonne marche des becs à incandescence. Cette remarque a d'autant plus d'importance pour les becs de wagons que leur consommation est très faible. Aussi, plusieurs Compagnies se sont-elles préoccupées d'avoir un régulateur-détendeur très sensible, assurant, avec la plus petite variation possible, la pression de débit lorsque la pression descend dans les réservoirs des voitures. Elles ont ainsi adopté le régulateur Fournier, dont le brevet est exploité par la Société Auer et dont le fonctionnement est le suivant (fig. 123).

Le gaz arrive du réservoir, à haute pression, en A et pénètre, par l'ouverture circulaire qui existe entre le clapet c et son siège,

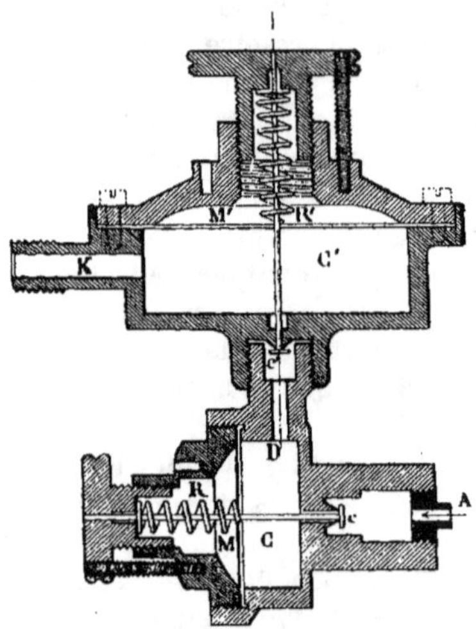

Fig. 123. — Régulateur double de pression et de débit,
système Fournier.

dans la chambre C, où il se détend. Le réglage du clapet c se fait au moyen du ressort antagoniste R, qui agit sur la membrane métallique M.

Lorsque le gaz s'est détendu dans la chambre C, il passe par le conduit D et pénètre, par l'ouverture circulaire existant entre le clapet c' et son siège, dans la chambre C', où il subit une nouvelle détente; le réglage du clapet c' se fait par l'intermédiaire du ressort antagoniste R' agissant sur la membrane M' en cuir. —

Enfin, de la chambre C', le gaz sort par le conduit K et est distribué dans la canalisation qui dessert les lanternes.

Pendant la première phase, le gaz s'est détendu dans la chambre C à une pression, réglée par l'action du ressort R sur la membrane M, intermédiaire entre la pression du réservoir et la pression de débit. Au cours de la seconde phase, il se détend dans la chambre C' de cette pression intermédiaire jusqu'à la pression d'utilisation aux becs. Mais le débit reste constant en C', même si l'on éteint plusieurs becs, en raison de la pression constante dûe au réglage de l'action du ressort antagoniste R' sur la membrane M'. Donc, la première partie de l'appareil est un régulateur de pression et la seconde un régulateur de débit.

En dehors de sa grande sensibilité, le régulateur Fournier a l'avantage d'être d'un volume très restreint et de pouvoir, par suite, se placer commodément sur la paroi du wagon, à portée de la main. A la suite d'essais prolongés très concluants sur quelques voitures du réseau de l'État, l'Ouest l'a adopté pour toutes ses voitures à incandescence; le P.-L.-M. vient à son tour d'en commencer l'application.

CHAPITRE III

Éclairage des Côtes.

Brûleurs à huile minérale. — Brûleurs à incandescence par le gaz. — Brûleurs à incandescence par la vapeur de pétrole comprimée. — Comparaison des trois systèmes d'éclairage. — Situation en 1905.

Brûleurs à huile minérale.

Les services rendus par les phares sont tels que leur éclairage présente un intérêt capital.

L'éclairage d'un phare dépend de l'optique employée et de la source lumineuse. Je ne m'occuperai que de cette dernière, qui, seule, rentre dans le cadre de cette étude.

Autrefois, en dehors de quelques feux de premier ordre comportant l'emploi de l'électricité, les seules sources lumineuses en usage étaient les brûleurs à huile minérale, à mèches multiples, qui constituaient deux séries : la série dite " impaire " et la série dite " paire ".

Dans les deux cas, les brûleurs peuvent être à une, deux, trois, quatre, cinq et six mèches, et la série paire ne diffère de la série impaire que par la réduction des diamètres et la suppression du disque central.

Les remarquables Notices, publiées par le Ministère des Travaux Publics, sur les appareils d'éclairage exposés par le Service des Phares à l'Exposition Universelle de 1900, font admirablement comprendre la situation ancienne et l'immense amélioration réalisée dans l'éclairage des côtes par l'incandescence ; je ne saurais donc puiser mes renseignements à meilleure source.

Il résulte des expériences faites par le Service Central des Phares français que, pour les brûleurs à huile minérale, l'accroissement de la puissance lumineuse est de plus en plus faible à mesure qu'augmentent les dimensions et l'intensité du brûleur, et par suite sa consommation de combustible, ainsi que les difficultés et les vices de fonctionnement.

Le regretté M. Bourdelles, Inspecteur Général des Ponts-et-Chaussées, a donné l'explication de ce fait, alors qu'il était Directeur des Phares, et a démontré que l'éclat du faisceau émis par un panneau lenticulaire est proportionnel, non pas à l'intensité lumineuse, mais à l'éclat intrinsèque de la source mise au foyer.

Or, il résulte des courbes dressées par le Service des Phares que l'éclat intrinsèque moyen des flammes ne croit que très lentement, lorsqu'on augmente leurs dimensions. Aucune amélioration importante n'était donc possible dans cette voie; mais l'apparition des brûleurs à incandescence par le gaz, système Auer, vint heureusement en ouvrir une nouvelle et permit, grâce à l'éclat intrinsèque élevé des nouveaux becs, une solution économique du progrès recherché.

Brûleurs à incandescence par le gaz.

Comme on le verra par la suite de cette étude, la situation actuelle de l'éclairage des phares par incandescence ne comporte pas uniquement l'emploi du gaz, qui n'a même pas conservé le premier rang comme agent combustible. Mais l'intérêt qui doit s'attacher à cette branche si importante du génie civil, le rôle joué par le gaz dans les expériences et la mise au point primitive, aussi bien que l'application généralisée du manchon Auer pour tous les modes d'éclairage perfectionnés, autres que l'électricité, m'ont paru justifier la consécration d'un chapitre à cette question, à l'étude de laquelle j'ai eu l'occasion de contribuer, dès le début, guidé par le Service Central des Phares.

Aussitôt que le bon fonctionnement des becs Auer fut assuré en éclairage privé, c'est-à-dire dès 1893, le Service Central des Phares français entreprit les premières études et les mena rapidement à bonne fin, sous la haute direction de MM. les Inspecteurs Généraux des Ponts-et-Chaussées Bourdelles d'abord, Quinette de Rochemont ensuite, Directeurs du Service, avec le concours de M. Ribière, Ingénieur en chef des Ponts-et-Chaussées, de MM. Blondel et de Joly, Ingénieurs des Ponts-et-Chaussées, et de M. Meurs, Conducteur principal des Ponts et-Chaussées.

Ce service, qui n'a cessé, depuis cette époque, de rechercher et de réaliser les améliorations successives qui ont amené l'éclairage à son point de perfection actuel, fut, en l'occurence, un véritable précurseur et fit bénéficier tous les pays civilisés de sa grande et fructueuse expérience.

Les essais portèrent d'abord sur le choix du manchon et du gaz, en même temps que sur la pression la plus convenable pour débiter ce gaz.

En ce qui concerne la source d'incandescence, des expériences comparatives furent faites entre les manchons Auer des types courants et des paniers en chaux ou en magnésie (système Clamond) perfectionnés ; la supériorité des premiers se manifesta clairement, bien que l'on ne disposât pas, à cette époque, de manchons d'un diamètre plus grand que le type n° 2 du commerce.

Le gaz choisi fut le gaz riche (fabriqué avec le bog-head d'Écosse ou les huiles de schiste et de pétrole), en raison de sa propriété de supporter, sans inconvénient, des pressions de 10 à 12 atmosphères, qui permettent de l'accumuler, sous un faible volume, dans des réservoirs portatifs. De plus, sa fabrication très simple n'exige que des usines dont le coût ne dépasse guère 20.000 francs, et dont la surveillance peut être confiée aux seuls gardiens de phare ; le prix de revient du mètre cube de ce gaz, fabriqué dans les phares, est d'environ un franc. Il est, en outre, employé pour l'éclairage des bouées lumineuses et, par suite, les usines créées peuvent souvent être utilisées à double fin.

Le gaz de houille a été proscrit, comme ne supportant pas le degré de compression nécessaire et ne réalisant pas une économie sensible, surtout dans les phares isolés.

Le Service des Phares a reconnu, d'autre part, qu'aux basses pressions de l'éclairage ordinaire l'éclat intrinsèque fourni par les becs à incandescence par le gaz riche n'était guère supérieur à celui des brûleurs à huile minérale à deux mèches. Pour parvenir à des éclats intrinsèques plus grands que ceux des plus gros brûleurs à mèches, il convient d'utiliser la propriété de ce gaz de supporter la compression, qui permet de le débiter, sous le manchon, pendant le même temps, en quantité croissant avec la pression et qui donne en outre le moyen, en activant la combustion, d'élever graduellement la température et par suite l'éclat intrinsèque du manchon.

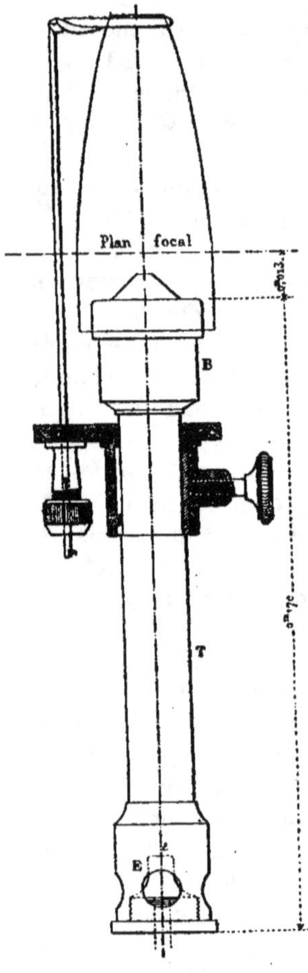

Ce phénomène a été clairement mis en lumière par les expériences effectuées au Dépôt des Phares, sur le brûleur du type auquel il s'est arrêté, muni d'un manchon Auer n° 2. De ces expériences sont résultées en outre les constatations suivantes :

1° Pour obtenir une combustion satisfaisante, il est nécessaire d'injecter un volume d'air 8 fois supérieur à celui du gaz riche et, lorsque cette condition est réalisée, l'éclat du foyer lumineux augmente rapidement avec la pression jusqu'à ce qu'on arrive à détruire le manchon.

2° Le rendement par carcel s'améliore à mesure que la compression augmente jusqu'à atteindre un dixième de kilogramme. Pour des pressions plus considérables, pouvant s'élever jusqu'à 3 dixièmes de kilogramme, ce rendement demeure sensiblement constant et égal à 4 litres par carcel mesurés à la pression atmosphérique.

La pression à adopter doit donc être au moins égale à 1/10 de kilogramme et il y a intérêt à l'augmenter le plus possible pour obtenir un plus grand éclat du manchon, dont il ne faut pas toutefois dépasser la limite de bonne conservation.

Partant de ces principes, le Service Central des Phares français a adopté la pression de 1ᵐ60 d'eau,

Fig. 124.
Brûleur à incandescence par le gaz d'huile
(du Service des Phares français)

.tout en constatant qu'on pouvait sans inconvénient, s'il était nécessaire, l'élever jusqu'à 2 mètres.

Le brûleur adopté, représenté par la figure 124, est un bunsen composé d'un injecteur conique à un trou t, d'un tube de brûleur T et d'une galerie B munie de la grille de combustion et supportant le manchon Auer n° 2 qui fonctionne sans verre. Des entrées d'air réglables sont ménagées à la base du brûleur et l'on reconnaît que la combustion est complète lorsqu'il ne subsiste qu'un faible panache de flamme au-dessus du manchon.

La première application pratique du système fut faite vers 1895 sur le feu de port de Royan, qui est abandonné la nuit sans surveillance : les résultats furent excellents; il ne se produisit aucun accident et la durée du manchon atteignit 800 heures, malgré le tirage ménagé pour assurer l'évacuation des produits de la combustion.

D'après l'État de l'Éclairage des Phares en 1895, sur environ 640 feux, un seul, le phare de Royan, était en voie d'installation à l'incandescence par le gaz riche comprimé et une douzaine fonctionnaient à l'électricité (Dunkerque, Calais, Cap Gris-Nez, phare de la Canche ou du Touquet, la Hève, Barfleur-Gatteville, Pointe de Créach, Belle-Ile, Ile d'Yeu, Phare des Baleines (Ile de Ré), Pointe de la Coubre (Charente-Inférieure), Planier (Bouches-du-Rhône).

Comme sanction aux résultats démonstratifs obtenus à Royan, une première application complète de l'incandescence fut faite au phare de Chassiron (nord de l'Ile d'Oléron) qui était éclairé par une optique ancienne de 1er ordre avec un bec à six mèches de la série paire ; on construisit une usine à gaz d'huile fonctionnant tous les quinze jours environ, sous la conduite des trois gardiens du phare.

Cette expérience sur un phare important a fait ressortir la régularité, la simplicité et la sécurité du service, à tel point que les gardiens pouvaient dormir pendant leur quart, dans un lit situé à proximité de la lanterne du phare. Un brûleur à huile de secours était cependant disposé de façon à être substitué très rapidement au brûleur à gaz en cas d'accident et la même précaution a été prescrite dans tous les autres phares, mais l'expérience a démontré qu'elle était superflue et que l'on n'aurait à y recourir que dans le cas, improbable d'ailleurs, où le gaz viendrait à manquer.

Les transformations de phares prirent alors plus d'extension, le bon fonctionnement du système étant d'ores et déjà acquis.

On installa successivement, en appropriant les optiques anciennes, les feux-éclairs des Iles de Groix (Morbihan) et de Sein (Finistère), puis, au moyen d'optiques neuves spéciales, tracées et calculées par M. l'Ingénieur Blondel, le phare isolé en mer d'Ar-Men (Finistère) alimenté par deux réservoirs accumulateurs pour la période, souvent longue, durant laquelle il reste inabordable, enfin le phare de l'Ailly (près Dieppe).

Il y avait ainsi, d'après l'État de l'Éclairage des Phares au 1er janvier 1900, 7 feux munis de brûleurs à incandescence par le gaz d'huile, y compris le feu flottant de Talais (Gironde). Le nombre des phares électriques s'était, à la même époque, augmenté d'un, le phare d'Eckmühl (Finistère).

L'incandescence par le gaz aurait certainement pris un développement beaucoup plus grand dans les phares de France, si le Dépôt des Phares n'était parvenu, vers 1898, à réaliser un nouvel et important progrès en produisant l'incandescence avec la vapeur de pétrole comprimée.

Brûleurs à incandescence par la vapeur de pétrole comprimée.

Le Service des Phares suivit attentivement toutes les lampes à incandescence de ce genre qui parurent dans le commerce, mais leurs éclats intrinsèques restaient très inférieurs à ceux des brûleurs à incandescence par le gaz d'huile et tout à fait insuffisants pour l'éclairage des phares. De plus, elles nécessitaient l'emploi de pétroles légers, tels que la Luciline, l'Oriflamme, etc., dont le point d'éclair est très inférieur et le prix de revient sensiblement supérieur aux mêmes éléments du pétrole des phares. On préférait donc conserver ce dernier, dont le point d'éclair varie entre 50 et 60° centigrades et la densité entre 0,795 et 0,808, et c'est sur lui qu'ont porté les expériences entreprises par le Service des Phares.

Elles ont eu pour résultat l'adoption d'un brûleur, dont le principe consiste à injecter du pétrole liquide dans un vaporisateur, porté à haute température par la chaleur que dégage le manchon, et à envoyer ensuite dans un bunsen la vapeur ainsi produite, après mélange avec l'air nécessaire à sa combustion. Pour l'amorçage du début, le vaporisateur est amené à la température convenable par

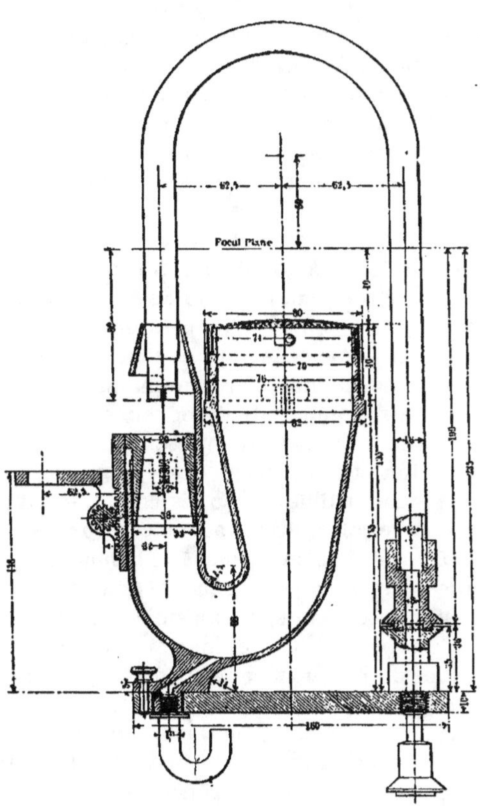

Fig. 125. — Brûleur à incandescence par la vapeur de pétrole comprimée
(type des Phares français).
Diamètre du manchon à la base : 85 m/m.

un chauffage direct à l'alcool, suivant le procédé déjà connu et adopté pour les lampes à feu nu intensif système Seigle, Wells, etc.

Le principe des brûleurs à incandescence par la vapeur de pétrole est le même que lorsqu'on utilise le gaz ; mais, en ce qui concerne le vaporisateur, il a été reconnu nécessaire, pour obtenir les éclats intensifs voulus, d'augmenter le plus possible sa surface de chauffe en même temps que sa température ; aussi a-t-on adopté une forme en U renversé, dont les branches serrent d'aussi près que possible le manchon, représentée sur la figure 125. Au début le diamètre des manchons à la base était de 55 $^{m}/_{m}$; mais, comme on avait intérêt à leur donner le plus grand diamètre possible, compatible avec une bonne fabrication, pour obtenir un faisceau plus large et augmenter la durée des éclats, on a porté, dans certains cas, ce diamètre à 85 $^{m}/_{m}$.

Les mêmes considérations, qui ont eu pour effet d'augmenter la pression pour les brûleurs à gaz riche, interviennent lorsqu'il s'agit de la vapeur de pétrole, et avec plus de force encore, car, à mesure que la pression s'accroît, la température de vaporisation du pétrole s'élève, ainsi que celle que le manchon transmet au vaporisateur. La vapeur obtenue, ainsi surchauffée et très sèche, est plus réfractaire aux condensations et aux engorgements de l'injecteur, défauts que l'on constate presque toujours dans les lampes à basse pression et qui exigent des épinglages et des nettoyages fréquents, incompatibles avec les conditions du service dans les phares. Avec les dispositions adoptées pour ces derniers, l'épinglage n'est nécessaire qu'au moment de la mise en marche de l'éclairage, lorsque la vaporisation est encore défectueuse.

Avec une pression insuffisante, et par suite avec une température trop faible du vaporisateur, on constate en outre au manomètre des variations de pression pouvant dépasser 1 mètre d'eau dans le vaporisateur et les oscillations consécutives du pétrole ont pour effet de faire varier constamment la production et la tension de la vapeur ; d'où des variations correspondantes de l'intensité du manchon et même des projections de pétrole liquide.

Tous ces inconvénients sont évités par l'adoption d'une pression minima de 2 kilogrammes, pouvant avantageusement être doublée, et procurant un rendement, en service courant, de 5 grammes par carcel.

L'emploi du pétrole entraîne forcément des sujétions résultant des résidus de goudrons, qui, en se calcinant, arrivent à former des dépôts de charbon très adhérents aux parois internes du vaporisateur et qui deviendraient un obstacle au fonctionnement régulier des brûleurs, si l'on ne réussissait pas à les enlever fréquemment.

A cet effet on donne au vaporisateur une forme telle que l'on puisse y introduire un écouvillon en crin monté sur un fil métallique

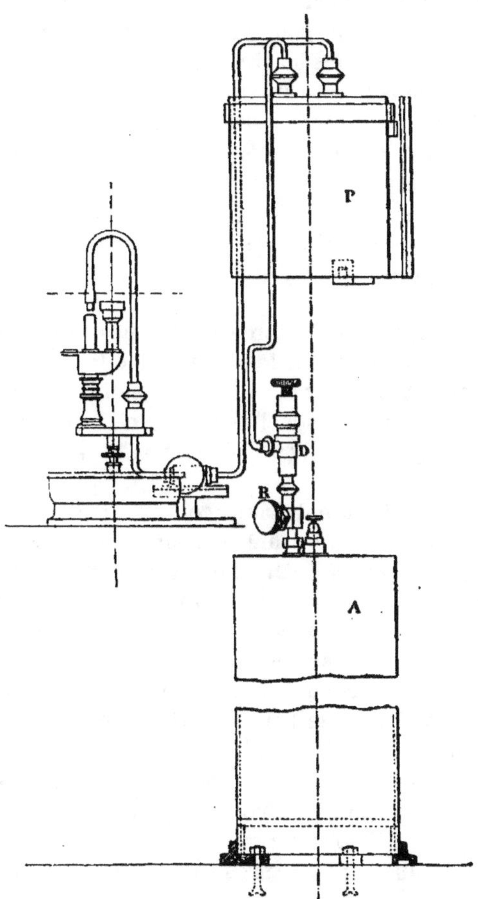

Fig. 126. — Ensemble des appareils nécessaires pour l'éclairage d'un phare à l'incandescence par la vapeur de pétrole comprimée.

flexible. En dévissant préalablement l'injecteur, on peut procéder à un nettoyage parfait, auquel il est utile de se livrer chaque jour, à la fin de l'éclairage, pour éviter une trop grande adhérence des dépôts.

Afin d'augmenter les garanties d'éclairage régulier, on a pris une autre précaution, qui a pour but d'obvier à l'obstruction de l'injecteur par les particules entraînées dans le vaporisateur et d'éviter l'épinglage dans le courant de la nuit.

Le dispositif en question consiste à interposer, au-dessus de l'injecteur, une sorte de filtre, composé de 5 toiles métalliques à mailles très fines, superposées, et serties ensemble sur les bords. Ce filtre doit être renouvelé chaque matin après le ramonage du vaporisateur et, si ces prescriptions sont bien observées, le brûleur assure l'éclairage complet de la nuit sans nécessiter l'intervention du gardien.

On voit toutefois que ce système n'offre pas la même sécurité absolue que l'incandescence par le gaz et exige la surveillance des gardiens pendant tout leur quart, au même titre que les anciens brûleurs à huile à mèches multiples, mais en imposant cependant, si les gardiens sont soigneux, des sujétions bien moindres.

Ceci posé, une installation d'éclairage de phare à l'incandescence par la vapeur de pétrole comprimée comprend (fig. 126) un réservoir à pétrole P, d'une capacité minima de 4 litres, communiquant, d'une part, avec le bec au moyen d'un tube portant un filtre à rotin, d'autre part, avec un second réservoir A, rempli d'air à la pression d'environ 6 kilogrammes et de capacité au moins double de celle du réservoir P : chaque jour avant l'allumage on remplit le réservoir avec de l'air que l'on comprime rapidement au moyen d'une simple pompe à bicyclette.

Entre les deux réservoirs sont interposés un manomètre et un petit détendeur-régulateur Fournier répondant au principe que j'ai décrit dans le chapitre relatif à l'éclairage des wagons, mais du type simple (régulateur de pression seul), spécial pour air comprimé.

Après les expériences faites au Dépôt des Phares en 1897-1898, une première installation de ce genre fut réalisée, vers la fin de 1898, au phare de l'île de Penfret (Finistère). Elle fut suivie, en 1899 et 1900, par les éclairages des phares du Four (Finistère), des Roches-Douvres (Côtes-du-Nord), du feu de direction de Grave (Gironde), des feux de Trézien et de Saint-Mathieu (Finistère), enfin des phares

Kermorvan (Finistère) et des Grands-Charpentiers (Loire-Inférieure).

En présence des résultats satisfaisants obtenus, le Service Central des Phares s'est décidé à développer les applications de ce mode
d'éclairage, non-seulement dans les phares pourvus d'anciens
appareils, mais encore dans les établissements nouveaux en les
munissant d'optiques spécialement appropriées.

Au moment de l'Exposition de 1900, de tels établissements
étaient en construction au Cap Béar (Pyrénées-Orientales) et au
Mont-Saint-Clair, près de Cette (Hérault). Deux autres applications
étaient en cours d'exécution pour les phares de l'île de Batz (Finistère) et de Camarat (Var).

Comparaison des trois systèmes d'éclairage.

Le Service Central des Phares, dans la notice qu'il a rédigée à
l'occasion de l'Exposition de 1900, procède à une comparaison très
intéressante entre les trois systèmes d'éclairage, par lampes à
mèches, par incandescence au gaz riche et par incandescence à la
vapeur de pétrole.

Cette comparaison porte sur quatre éléments qui sont : la
dépense totale annuelle, la dépense annuelle rapportée aux éclats
intrinsèques, la sécurité et la simplicité du service, enfin la durée
des éclats.

a) Dépense totale annuelle. — On ne peut établir à ce sujet que
des moyennes, en raison de la différence de prix des matières premières d'après la position des phares et les conditions du transport.

Les prix moyens admis sont, pour le pétrole 0 fr. 50 le kilog.
emmagasiné, et pour le gaz 1 fr. le mètre cube quand l'usine pro-
ductrice est affectée à un seul phare, l'entretien et l'amortissement
de cette usine étant évalués à 1.000 francs par an.

Sur ces bases, et en tenant compte de la consommation des
mèches, cheminées, manchons, etc., ainsi que des frais d'entretien

et de renouvellement des brûleurs et accessoires, on obtient les dépenses totales annuelles suivantes :

Brûleurs à mèches, série impaire, prix variant, de 1 à 6 mèches, entre 120 et 2.870 francs.

Brûleurs à mèches, série paire, prix variant, de 2 à 6 mèches, entre 210 et 2.760 francs.

Incandescence par le gaz riche (usine affectée à un seul phare), à peine 1.800 francs.

Incandescence par le gaz riche (cas où l'on peut utiliser le gaz d'une autre usine), à peine 800 francs.

Incandescence par la vapeur de pétrole, à peine 650 francs.

D'après le tableau du Service des Phares, l'incandescence par le gaz, sans usine spéciale, équivaut à un brûleur de la série impaire à 3 mèches, et avec usine spéciale, à un brûleur de la même série à 5 mèches.

L'incandescence par le pétrole équivaut à un brûleur de la série paire (sans disque) à 3 mèches.

b) Dépenses annuelles rapportées aux éclats intrinsèques. — L'élément précédent ne suffit pas comme base d'appréciation; il convient en outre de tenir compte de la puissance lumineuse réalisée dans les optiques, car elle constitue l'effet utile des brûleurs employés.

Or, on a vu précédemment que cette puissance était proportionnelle à l'éclat intrinsèque moyen de l'optique obtenu avec ces différents brûleurs, éclat qui dépend de l'amplitude horizontale et verticale de l'appareil.

En négligeant les circonstances qui diminuent considérablement l'éclat intrinsèque des brûleurs à mèches (occultation produite par le brûleur dans les régions de l'optique inférieures au plan focal horizontal, diminution de l'éclat moyen dans les parties supérieures à mesure qu'on se rapproche de la verticale du centre du bec à cause des vides de lumière entre les mèches), c'est-à-dire en plaçant ces brûleurs dans les conditions les plus favorables, il suffit de prendre pour terme de comparaison entre tous les brûleurs leur éclat maximum et de diviser par cette valeur la dépense annuelle correspondante.

D'après les expériences photométriques du Dépôt des Phares, l'intensité totale des manchons atteignait 35 carcels, chiffre adopté pour la marche normale du service de l'éclairage, les consommations correspondantes étant de 160 litres pour le gaz, soit 4,5 litres par carcel, et de 175 grammes pour le pétrole, soit 5 grammes par carcel.

En partant de ces bases, le Service des Phares a dressé le tableau suivant :

	Dépense annuelle par unité d'éclat intrinsèque maximum dans l'axe.
Brûleurs à mèches, série impaire (1 à 6 mèches), variant suivant le nombre de mèches entre.	63 fr. et 383 fr.
Brûleurs à mèches, série paire (2 à 6 mèches), variant suivant le nombre de mèches entre	55 fr. et 333 fr.
Incandescence par le gaz (avec usine spéciale)	180 fr.
— — (sans usine spéciale)	80 fr.
— par la vapeur de pétrole.	65 fr.

Le gaz sans usine spéciale et le pétrole entraînent ainsi une dépense sensiblement inférieure à celle des brûleurs à 3 mèches de la série paire, qui est de 118 francs, et le gaz avec usine spéciale ne nécessite lui-même qu'une dépense égale à celle des brûleurs à 4 mèches de la série paire, qui s'élève à 182 francs.

c) *Sécurité et simplicité du service.* — L'incandescence par le gaz est de beaucoup le système le plus sûr et le plus simple ; le seul accident possible, en effet, serait la destruction du manchon au cours de la nuit, et l'expérience, déjà longue, actuellement acquise, n'a révélé aucune défaillance de ce genre, si bien qu'on a choisi ce mode d'éclairage pour les feux non gardés pendant la nuit.

Comme on l'a vu dans la description des brûleurs à incandescence par le pétrole, ces derniers offrent une sécurité notablement moindre, puisqu'ils exigent, chaque matin, le ramonage du vaporisateur et le changement du filtre en treillis métallique. Si l'entretien laisse à désirer, des engorgements sont possibles, à l'improviste, pendant l'éclairage ; c'est pourquoi les applications de ce système sont limitées aux phares à deux gardiens ; mais, cette condition étant réalisée, on les étend le plus possible, en raison de l'économie qu'elles procurent.

Les brûleurs à mèches sont, par rapport aux précédents, dans un état d'infériorité manifeste, à tous les points de vue, et d'autant plus grande qu'il y a plus de mèches. Leur flamme est soumise à de nombreuses influences nuisibles, dépendant de la température, du tirage, etc., et les bris de cheminées, les enfumages, etc., sont fréquents. Les gardiens, astreints par ces brûleurs à une surveillance constante et souvent inefficace, prennent l'habitude de modérer leur flamme aux dépens de l'éclairage et ils ont accueilli avec une grande faveur l'éclairage par incandescence, beaucoup moins assujettissant pour eux.

Le Service des Phares tend à limiter le plus possible l'emploi de ces anciens brûleurs aux phares à un seul gardien, qui comportent au plus trois mèches de la série paire sans disque.

d) Durée des éclats. — Une réserve est faite, cependant, sur les becs à incandescence, en ce qui concerne les phares munis d'anciens appareils à rotation lente, dont les éclats se succèdent à longs intervalles. Dans ces phares, d'après Fresnel, il est nécessaire que la durée des éclats se prolonge pendant au moins cinq secondes, pour laisser aux navigateurs le temps de prendre des relèvements.

Or, si on remplaçait par un manchon nº 2 les brûleurs à mèches de fort diamètre, on réduirait très sensiblement la durée des éclats, qui deviendrait insuffisante.

Une solution consiste à augmenter la vitesse de rotation de l'optique et elle peut être adoptée en maintenant en service les anciens brûleurs jusqu'à ce que le moment soit venu de transformer le système de rotation des phares correspondants.

On pourrait également employer des manchons de plus fort diamètre; ce moyen, difficilement applicable avec le gaz riche, en raison de l'augmentation de consommation et, par suite, de dépense qu'il exige, est beaucoup plus praticable avec le pétrole, plus économique; c'est pourquoi le Service des Phares utilise aujourd'hui dès manchons de 85 $^{m}/_{m}$ de diamètre à la base.

Situation en 1905.

Actuellement, le gaz riche est limité aux feux qui n'exigent pas de surveillance spéciale, tels que les feux permanents sur appuis fixes, n'ayant pas de gardiens permanents, les feux flottants, etc. Le pétrole est plus économique, et, d'après la conférence faite par M. Ribière, Ingénieur en Chef du Service central des Phares et Balises de France, au Congrès du Génie civil à l'Exposition de Saint-Louis (1904), son éclat intrinsèque atteint trois carcels, alors que celui du gaz riche n'est que de deux carcels; il est donc adopté dans la plupart des cas où l'emploi de l'incandescence est possible, avec manchons de 55 $^m/_m$ de diamètre dans les petits appareils et de 85 $^m/_m$ dans les grands.

L'arc électrique est réservé pour les phares d'atterrissage de première ligne et pour certains phares très importants, comme ceux de La Hève, près du Havre, et du Planier, près de Marseille; son éclat atteint 900 carcels par centimètre carré du cratère.

D'après l'État de l'Éclairage des Phares au 1er janvier 1905, le nombre des phares électriques n'avait pas augmenté depuis 1900.

Les phares à incandescence par le gaz riche étaient les feux flottants de Sandettié (Nord) et de Talais (Gironde), le feu de port de Royan et les quatre feux d'alignement de Pauillac.

De nouvelles applications sont prévues, en 1905, pour les deux feux d'alignement de la nouvelle entrée du Havre, et, ultérieurement, seront transformés les feux permanents sur appuis fixes sans surveillance.

Enfin, la réussite du système pour les feux flottants a décidé le Service des Phares à faire, en ce qui concerne les bouées lumineuses, des essais destinés à déterminer les conditions dans lesquelles l'éclairage pourrait en être assuré, malgré les mouvements de la mer. Les expériences se poursuivent actuellement au Dépôt Central des Phares, au moyen de petits becs à faible consommation, analogues aux brûleurs droits des voitures à deux étages du Chemin de fer de l'Est.

Les phares éclairés à l'incandescence par la vapeur de pétrole sont déjà excessivement nombreux: il y en avait plus de cinquante au 1er janvier 1905, d'après la nomenclature suivante: Gravelines (Nord), L'Ailly (Seine-Inférieure), Iles Chausey et Granville (Manche), cap Fréhel, Roches-Douvres, Sept-Iles et les Triagoz (Côtes-du-Nord), Ile de Batz, Ile Vierge, Le Four, Trézien, Kermorvan, Saint-Mathieu, Les Pierres-Noires, Ar-Men, Ile de

Sein, **La Vieille** et **Ilé de Penfret** (Finistère), **Ile de Groix**,
La Teignouse, feu inférieur de Port-Navalo et Pointe-des-Poulains
(Morbihan), Le Four et le Grand-Charpentier (Loire-Inférieure),
phare et feu auxiliaire du Pilier et Les Barges d'Olonne (Vendée),
feu accessoire du phare de la Coubre, Terre Nègre, Saint-Georges

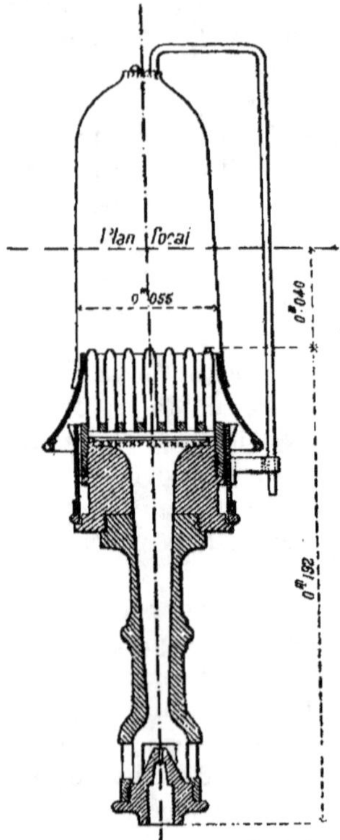

Fig. 127. — Brûleur à incandescence par l'acétylène.
Phare de Chassiron.

et Suzac (Charente - Inférieure), Cordouan, Pointe - de - Grave,
Richard, Trompeloup, Patiras, Dunes de Hourtin et bassin
d'Arcachon (Gironde), Biarritz (Basses - Pyrénées), Mont-Saint-
Clair (Hérault), Beauduc, La Camargue, fort de Port-de-Bouc
et cap Couronne (Bouches-du-Rhône), Grand-Rouveau, Iles de

Porquerolles, Le Titan et cap Camarat (Var), La Garouppe et Villefranche (Alpes-Maritimes), cap Corse, golfe d'Ajaccio ou les Sanguinaires et Porto-Vecchio (Corse).

Enfin il existe au phare de Chassiron un feu à incandescence par l'acétylène dont le brûleur a la disposition représentée sur la figure 127.

L'éclairage obtenu est très satisfaisant, mais d'un prix de revient si élevé que le Service des Phares n'a pas l'intention de donner une plus grande extension à ce système.

La puissance lumineuse totale réalisée dans les phares dépend évidemment des appareils optiques employés. D'après la conférence précitée de M. l'Ingénieur en chef Ribière, on obtient avec l'incandescence par le gaz ou par le pétrole des éclats pouvant aller, suivant les cas, de 20.000 à 50.000 carcels ; le foyer à incandescence par l'acétylène du Phare de Chassiron réalise une puissance de 36.000 carcels. Enfin les arcs électriques atteignent des éclats de plus d'un million de carcels, avec un courant de 60 ampères, et bien supérieurs encore si le courant est de 120 ampères.

En ce qui concerne l'incandescence dans les phares, l'emploi de manchons de qualité supérieure est encore plus important, à tous les points de vue, que pour les autres applications étudiées dans ce travail : après essais comparatifs d'un grand nombre de manchons divers, le Service Central des Phares français a reconnu la supériorité des manchons de la Société Auer, notamment au point de vue de l'éclat intrinsèque, et il les emploie exclusivement pour toutes ses installations au gaz, au pétrole ou à l'acétylène.

CONCLUSION

Je crois avoir, dans le cours de cet ouvrage, fait connaître la plupart des progrès dont la découverte de l'incandescence par le gaz a entraîné la réalisation, ainsi que les grands avantages qui en ont été retirés aussi bien pour l'éclairage privé que pour l'éclairage public des villes.

J'ai signalé les nombreux perfectionnements successifs dont ce mode d'éclairage a déjà été l'objet, perfectionnements qui ont permis de résoudre le difficile problème de l'éclairage brillant des wagons de chemin de fer et de tous les locaux soumis à l'action des perturbations atmosphériques et des trépidations plus ou moins violentes.

J'ai terminé en mentionnant les importantes applications tous les jours plus nombreuses, qui ont été faites par le Service des Phares à l'éclairage des côtes de France et de quelques récifs particulièrement dangereux.

Mais, s'il y a de notables résultats acquis, l'incandescence n'a certes pas encore dit son dernier mot. La voie est ouverte aux inventeurs et chaque jour de nouvelles améliorations sont mises à la disposition du public. Le gaz n'y participe pas seul; j'ai exposé en effet plus haut que déjà le service des Phares a fait appel au manchon Auer pour obtenir le meilleur rendement possible de ses appareils alimentés par la vapeur de pétrole et par l'acétylène. L'alcool n'a pu se révéler comme agent d'éclairage que grâce à l'incandescence et l'électricité elle-même, qui n'avait vu jusqu'ici qu'une rivale dans la nouvelle découverte, commence à en retirer des avantages précieux, caractérisés par la lampe à osmium, la lampe à arc à charbons minéralisés dizones, etc.

Quand on se rappelle comment nos cités étaient éclairées il y a moins de quarante ans, quand nos pères nous racontent qu'ils ont vu pendant de longues années l'éclairage pratiqué, dans les plus grandes villes, au moyen de ces quinquets fumeux à l'huile, suspendus au milieu des voies publiques et qu'il fallait descendre tous les soirs au moyen de moufles, quand on se souvient qu'à cette même époque les arrondissements extérieurs de Paris n'étaient pas, pour la plupart, mieux partagés, on ne peut s'empêcher d'admirer les résultats immenses obtenus pendant le dernier demi-siècle par l'industrie de l'éclairage, qui était restée stationnaire pendant les cinq ou six siècles précédents.

Grâce à l'incandescence, grâce à l'électricité, grâce aux Expositions Universelles et aux Congrès spéciaux, qui ont permis aux inventions nouvelles de se transmettre rapidement, sans distinction de frontières et aux savants des divers pays d'échanger facilement et librement leurs idées, la lumière s'est répandue à flots, aussi bien dans les appartements et magasins que sur les voies publiques de nos villes, et même dans certaines de nos plus humbles bourgades.

La lumière matérielle est, sans conteste, un puissant facteur du développement des lumières morales : elle apporte partout la bonne humeur, l'hygiène, la santé, la sécurité, et procure le moyen aux travailleurs des ateliers et des usines, comme aux artisans de la pensée humaine, de produire avec goût, et par conséquent avec succès, les œuvres auxquelles ils se sont attachés.

La nation belge, qui a toujours été l'une des premières à comprendre l'utilité des Expositions Universelles, mettra en lumière, à celle qui s'annonce si brillamment dans cette belle ville de Liège, si pittoresque et si industrielle à la fois, les nombreux et importants progrès réalisés, au cours de ces dernières années, dans les questions d'éclairage. Pour ma part, je suis heureux de pouvoir produire, pour la première fois, ce modeste travail dans ce pays de Belgique si hospitalier et qui, petit par son territoire, égale les plus grands par la pépinière de ses ingénieurs et de ses savants, qui ont fait profiter l'univers entier de leur science et de leur industrie.

INDEX ALPHABÉTIQUE DES FIGURES

A

C

K

L

M

O

P

R

S

TABLE DES MATIÈRES

PREMIÈRE PARTIE

L'ÉCLAIRAGE A L'INCANDESCENCE PAR LE GAZ EN GÉNÉRAL

Éclairage des villes (*suite*) :

Paris. — Imprimerie Vauthrin Frères, rue des Archives, 61

PRIX DE REVIENT DE LA CARCEL-HEURE

POUR LES DIVERS BECS EMPLOYÉS SUR LA VOIE PUBLIQUE A PARIS

CONSOMMATION HORAIRE DU BEC	POUVOIR ÉCLAIRANT en carcels	NOMBRE DE CARCELS-HEURE fournis annuellement en tenant compte de la mise au bec papillon à partir de minuit 1/2. — OBSERVATION. — Nombre total d'heures d'allumage : 3.750.	CONSOMMATION ANNUELLE DU GAZ EN FRANCS en tenant compte de la mise au bec papillon à partir de minuit 1/2. — Nombre d'heures d'allumage jusqu'à minuit 1/2 : 2.254. — Différence : 3.750 − 2.254 = 1.495.	FRAIS D'ENTRETIEN annuels du bec (bec seul non compris la lanterne)	PRIME ANNUELLE D'AMORTISSEMENT du récupérateur	DÉPENSE TOTALE annuelle	PRIX DE REVIENT de la carcel-heure (cent.)	FRAIS DE PREMIER ÉTABLISSEMENT du bec seul (non compris la lant.)
Bec papillon de 140 litres. . .	1,1	3.750 × 1,1 = 4.125 c. b.	3.750 × 140' = 525 m^3 à 0f15 = 78f75	Néant	Néant	78f75	1,9	Négligeabl...
Bec 4 Septembre de 875 litres.	8	2.255 × 8 = 18.040 1.495 × 1,1 = 1.644 } 19.684	2.255 × 875 = 1.973.125 1.495 × 140 = 209.300 } 2.182 m^3,425 à 0f15 = 327f35	0f05 par jour, soit : 18f25	Néant	345f60	1,76	24f75
Bec 4 Septembre de 1.400 litres.	14	2.255 × 14 = 31.570 1.495 × 1,1 = 1.644 } 33.214	2.255 × 1.400 = 3.157.000 1.495 × 140 = 209.300 } 3.366 m^3,300 à 0f15 = 504f95	0f05 par jour, soit : 21f90	Néant	526f85	1,59	30f50
Récupérateurs : 350 litres . .	4	2.255 × 4 = 9.020 1.495 × 1,1 = 1.644 } 10.664	2.255 × 350 = 789.250 1.495 × 140 = 209.300 } 998 m^3,550 à 0f15 = 149f80	0f11 par jour, soit : 40f15	20f »	209f95	1,96	150f »
— 480 litres . .	6	2.255 × 6 = 13.530 1.495 × 1,1 = 1.644 } 15.174	2.255 × 480 = 969.650 1.495 × 140 = 209.300 } 1.178 m^3,950 à 0f15 = 176f85	0f11 par jour, soit : 40f15	25f »	242f »	1,59	150f »
— 550 litres . .	8,5	2.255 × 8,5 = 19.167 1.495 × 1,1 = 1.644 } 20.811	2.255 × 550 = 1.240.250 1.495 × 140 = 209.300 } 1.449 m^3,550 à 0f15 = 217f35	0f11 par jour, soit : 40f15	25f »	282f50	1,35	150f »
— 750 litres . .	13	2.255 × 13 = 29.315 1.495 × 1,1 = 1.644 } 30.959	2.255 × 750 = 1.691.250 1.495 × 140 = 209.300 } 1.900 m^3,550 à 0f15 = 285f10	0f11 par jour, soit : 40f15	30f »	355f25	1,14	170f »
— 1.000 litres . .	19	2.255 × 19 = 42.845 1.495 × 1,1 = 1.644 } 44.489	2.255 × 1.000 = 2.255.000 1.495 × 140 = 209.300 } 2.464 m^3,300 à 0f15 = 369f65	0f11 par jour, soit : 40f15	35f »	444f80	0,99	195f »
— 1.200 litres . .	24	2.255 × 24 = 54.120 1.495 × 1,1 = 1.644 } 55.764	2.255 × 1.200 = 2.706.000 1.495 × 140 = 209.300 } 2.915 m^3,300 à 0f15 = 437f80	0f11 par jour, soit : 40f15	40f »	517f45	0,92	210f »
Bec Auer n° 2 de 100 litres. .	6	3.750 × 6 = 22.500	3.750 × 100 = 375 m^3 à 0f15 = 56f25	11f90 p' an } bec et appareillage spécial	»	68f15	0,30	20f » appar. de la...
Bec Auer n° 3 de 150 litres. .	11	3.750 × 11 = 41.250	3.750 × 150 = 562 m^3,500 à 0f15 = 84f38	16f10 p' an } bec et appareillage spécial	»	100f48	0,24	20f » bec...

COURBES DE VARIATIONS DE DÉBIT

CORRESPONDANT AUX VARIATIONS DE PRESSION

pour

les Becs Auer Bb et nº 2.

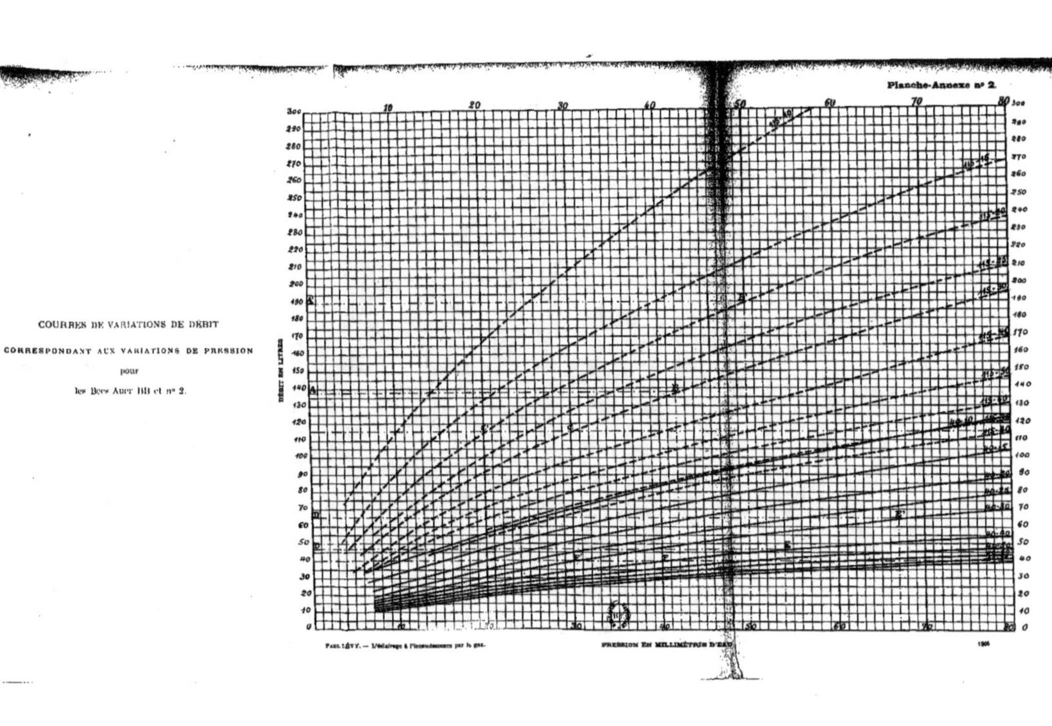

COURBES DE VARIATIONS DE DÉBIT

CORRESPONDANT AUX VARIATIONS DE PRESSION

pour

les Becs Auer n° 1 et n° 3.

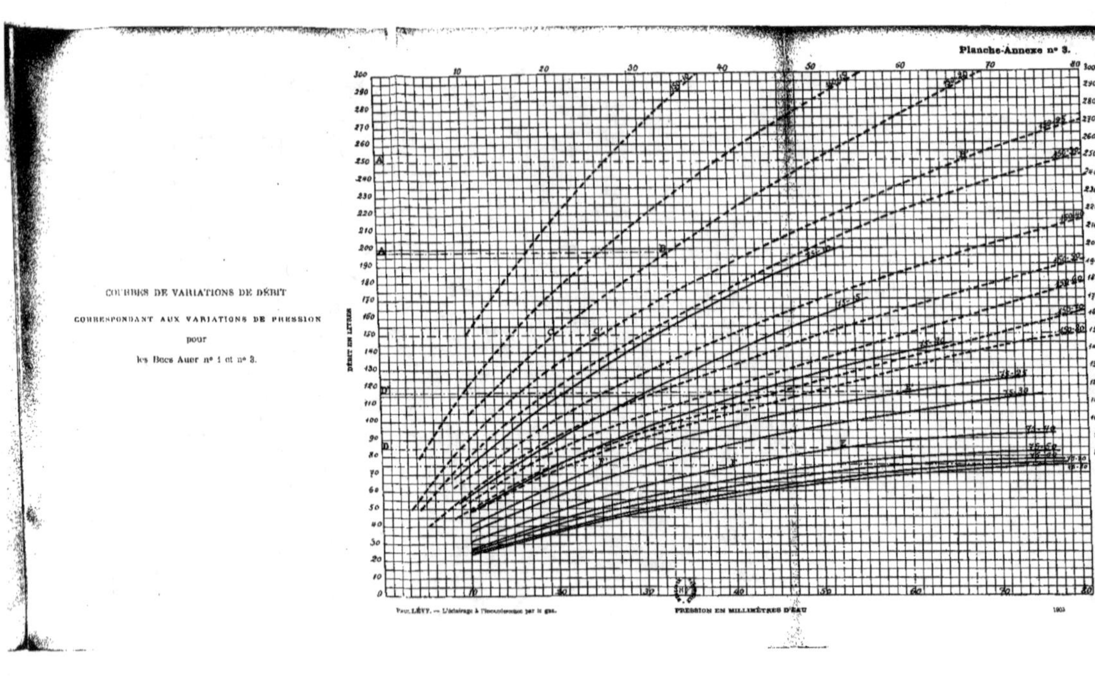

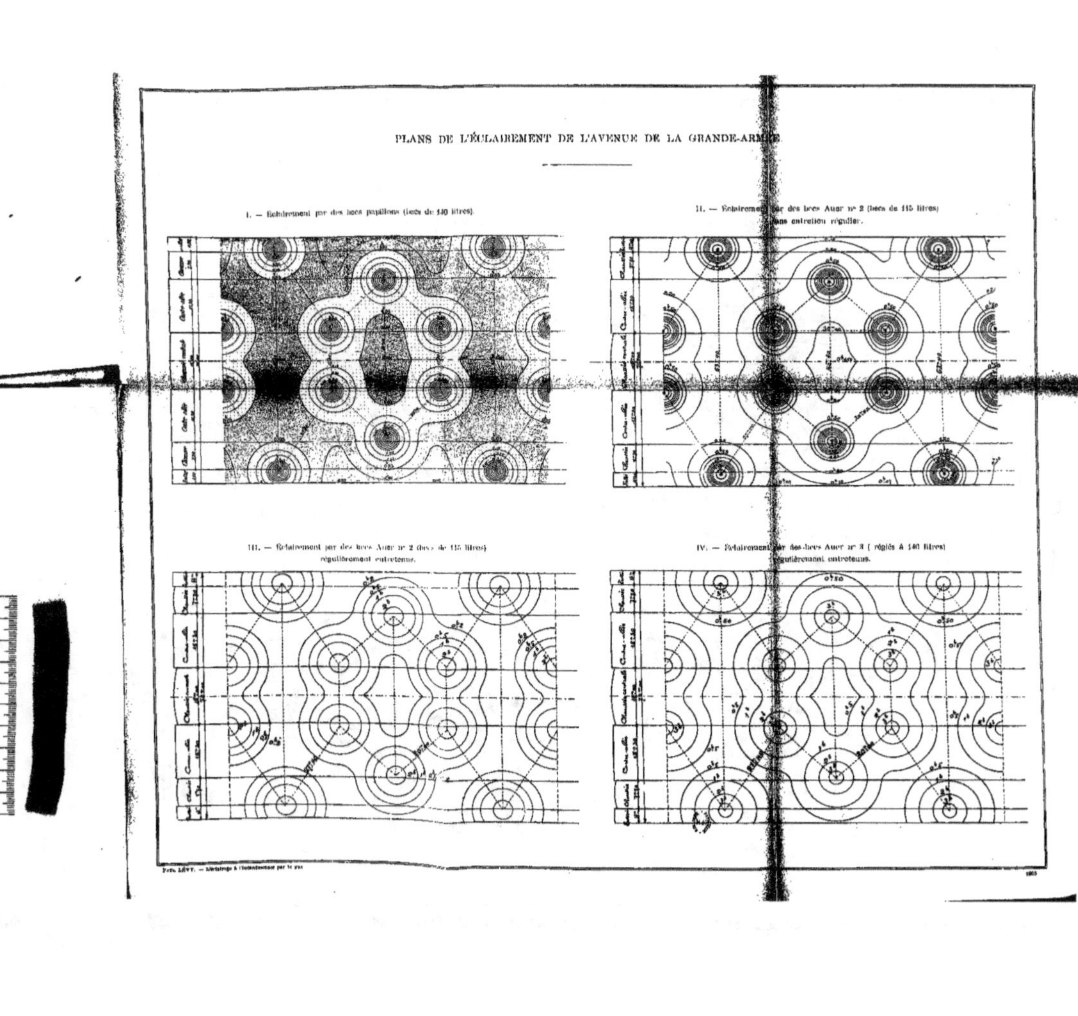

PLANS DE L'ÉCLAIREMENT DE L'AVENUE DE LA GRANDE-ARMÉE
I. — Éclairement par des becs papillons (becs de 140 litres).
II. — Éclairement par des becs Auer n° 2 (becs de 115 litres) sans entretien régulier.
III. — Éclairement par des becs Auer n° 2 (becs de 115 litres) régulièrement entretenus.
IV. — Éclairement par des becs Auer n° 3 (réglés à 140 litres) régulièrement entretenus.
Imp. LÉVY. — L'Éclairage à l'incandescence par le gaz.

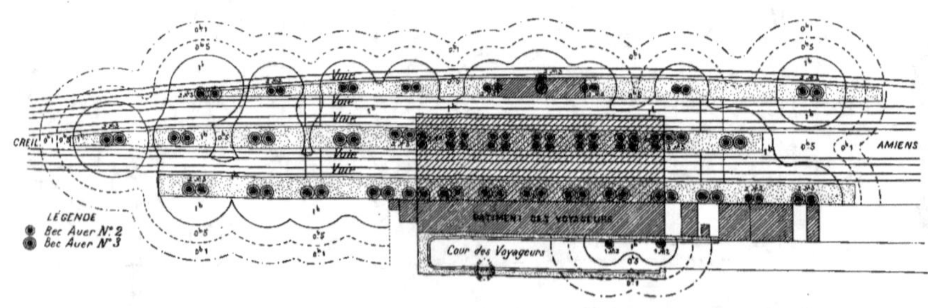

GARE DE LONGUEAU

PLAN DE L'ÉCLAIREMENT SUR LES TROTTOIRS
Échelle : 8 mètres par mètre.

ÉCLAIRAGE ANCIEN (BECS PAPILLONS)

A l'intérieur des courbes en traits pleins, l'éclairement est de 1 bougie.
— — intermédiaire (pointillé), l'éclairement est de 0b.5
— — extrêmes, l'éclairement est de 0b.1.

CREIL
AMIENS
Voie
Voie
Voie
Voie
Voie
BATIMENT DES VOYAGEURS
Cour des Voyageurs

LÉGENDE
Bec Papillon

ÉCLAIRAGE ACTUEL (BECS AUER N° 2 ET 3)

CREIL
AMIENS
Voie
Voie
Voie
Voie
Voie
BATIMENT DES VOYAGEURS
Cour des Voyageurs

LÉGENDE
Bec Auer N° 2
Bec Auer N° 3

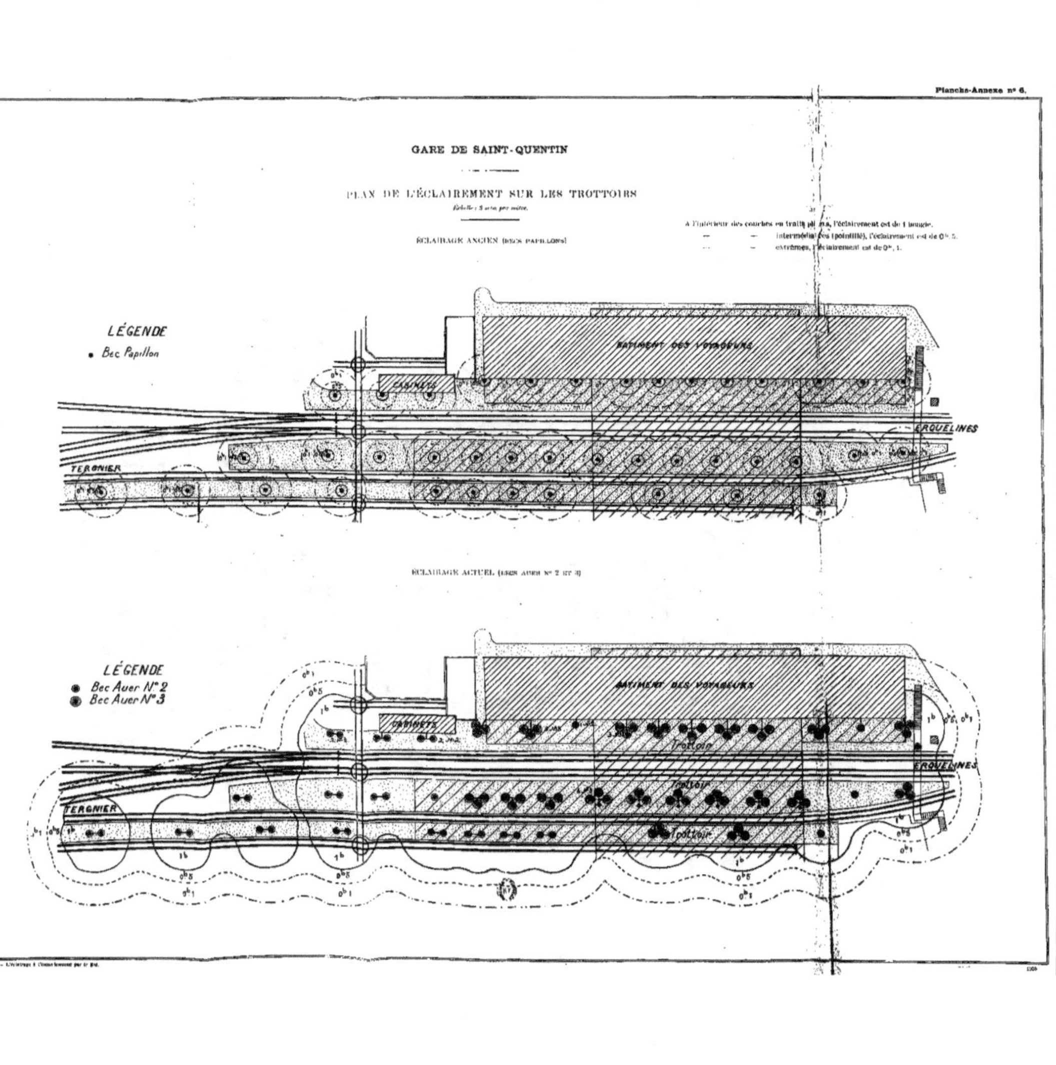
GARE DE SAINT-QUENTIN
PLAN DE L'ÉCLAIREMENT SUR LES TROTTOIRS
Échelle : 3 m/m par mètre.
ÉCLAIRAGE ANCIEN (BECS PAPILLONS)
A l'intérieur des courbes en trait plein, l'éclairement est de 1 bougie.
— intermédiaires (pointillé), l'éclairement est de 0^b,5.
— extrêmes, l'éclairement est de 0^b,1.
LÉGENDE
Bec Papillon
BATIMENT DES VOYAGEURS
TERGNIER
ERQUELINES
ÉCLAIRAGE ACTUEL (BECS AUER N° 2 ET 3)
LÉGENDE
Bec Auer N° 2
Bec Auer N° 3
BATIMENT DES VOYAGEURS
CABINETS
Trottoir
Trottoir
Trottoir
TERGNIER
ERQUELINES

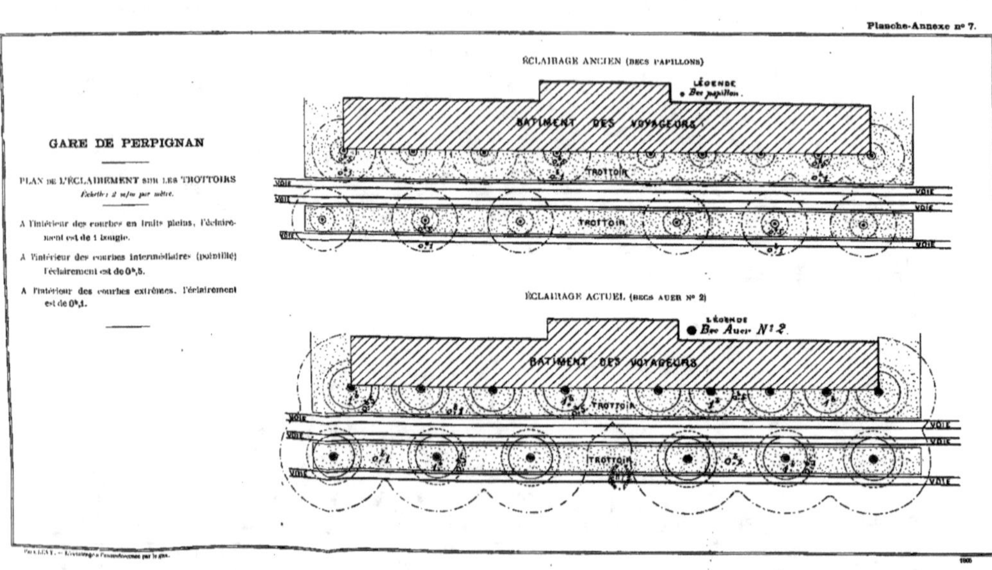

GARE DE PERPIGNAN
PLAN DE L'ÉCLAIREMENT SUR LES TROTTOIRS
Échelle : 2 m/m par mètre.
A l'intérieur des courbes en traits pleins, l'éclairement est de 1 bougie.
A l'intérieur des courbes intermédiaires (pointillé) l'éclairement est de 0ᵇ,5.
A l'intérieur des courbes extrêmes, l'éclairement est de 0ᵇ,1.
ÉCLAIRAGE ANCIEN (BECS PAPILLONS)
LÉGENDE
Bec papillon.
BATIMENT DES VOYAGEURS
TROTTOIR
VOIE
ÉCLAIRAGE ACTUEL (BECS AUER Nº 2)
LÉGENDE
Bec Auer Nº 2.
BATIMENT DES VOYAGEURS
TROTTOIR
VOIE

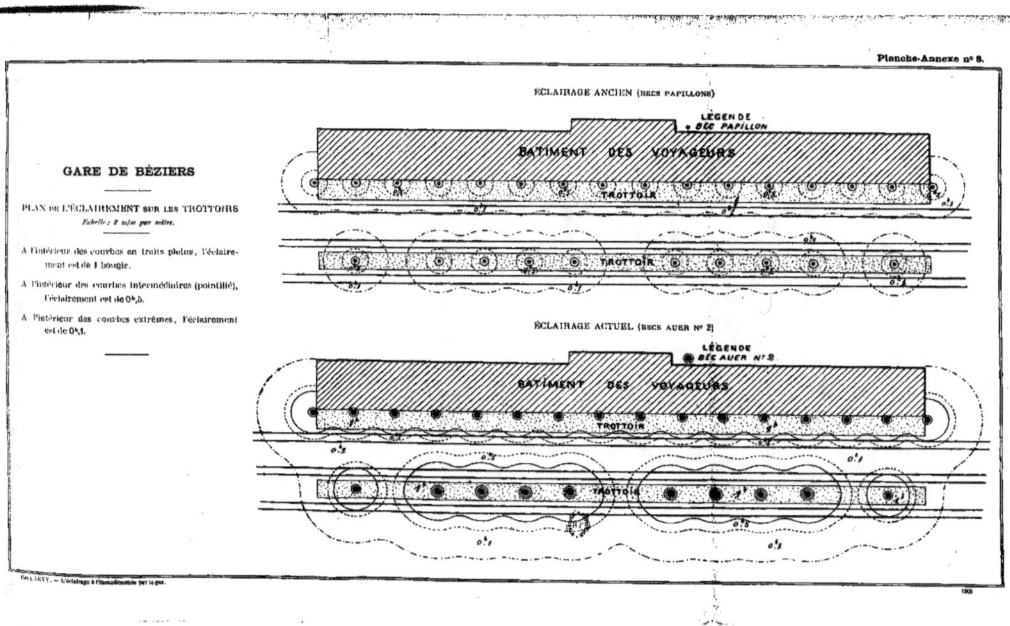

Paul LÉVY. — L'éclairage à l'incandescence par le gaz.